알폰소의 파스타 공작소

알폰소의 파스타 공작소

초판 1쇄 인쇄일 2017년 1월 23일
초판 1쇄 발행일 2017년 2월 10일

지은이 노순배(알폰소 셰프)
펴낸이 양옥매
디자인 최원용
교　정 조준경

펴낸곳 도서출판 책과나무
출판등록 제2012-000376
주소 서울시 마포구 방울내로 79 이노빌딩 302호
대표전화 02.372.1537　**팩스** 02.372.1538
이메일 booknamu2007@naver.com
홈페이지 www.booknamu.com
ISBN 979-11-5776-361-0(03590)

이 도서의 국립중앙도서관 출판시도서목록(CIP)은 서지정보유통지원 시스템 홈페이지
(http://seoji.nl.go.kr)와 국가자료공동목록시스템
(http://www.nl.go.kr/kolisnet)에서 이용하실 수 있습니다.
(CIP제어번호 : CIP2016032536)

Alfonso of Pasta Shop

알폰소의 파스타 공작소

노순배(알폰소 셰프) 지음

파스타에 홀릭되어 보낸 그때 그 시절을
셰프 알폰소는 이 책을 통해
추억으로 간직하려 한다

책나무

책을 쓰면서

이 책은 셰프 알폰소가 호텔 이탈리안 레스토랑 주방에서 10여 년 동안 근무를 하며 야식으로 만든 파스타요리를 기준으로 레시피를 엮은 것이며, 특히 네이버 블로그 "알폰소의 파스타 스토리아"의 내용을 정리하고 엮은 것이다. 주방 업무를 종료한 후 4년 동안 혼자 주방을 지키며 노력하고 얻어진 파스타의 결과물을 많은 분들에게 소개하려 한다. 또한, 2001년 I.C.I.F 요리학교를 시작으로 여러 번의 파스타 미식기행을 통해 얻어진 지식과 경험을 토대로 새로운 지식을 기반으로 이론편을 정리하였으며, 배움을 통해 얻어진 생파스타의 기초를 현지 주방의 셰프들에게 다시 한 번 검증받아 책의 질을 높였다.

이 책은 셰프로 일하면서 현장에서 얻은 경험을 바탕으로 정리하여 현장에서 얻을 수 있는 경험에 초점을 맞추어 설명하려 노력했다. 특히, 이태리 요리를 처음 입문하는 요리사나 조리과 학생들의 눈높이에 맞춰 쉽게 이해할 수 있도록 재료에 대한 설명과 조리 용어 해설 및 파스타에 관한 얽힌 이야기 등을 첨부하면서 딱딱한 요리 책으로서의 단점을 보완하려 했다. 더불어 이탈리아 요리사들에게 파스타 지침서로서 누구나 쉽게 다양한 생파스타를 만들 수 있도록 소개하려 한다.

이 책에 사진을 비롯하여 이탈리아 요리 부분과 이론 정립에 도움을 준 나폴리 근교 아벨리노(Avellino)의 오아시스 레스토랑의 셰프인 리나 그리고 오아시스 가족들에게 깊은 감사를 드린다. 아울러 이탈리아 파스타 기행에 도움을 준 분들이 많은데, 건파스타의 전반적인 과정과 촬영 협조를 해 준 토레 안눈챠타(Torre Annunziata)의 파스타 공장 '파스티피쵸 세타로'(Pastificio Setaro)의 가족들과 나폴리 시내의 생면 공장인 '마티카르디'(Maticardi)의 대표인 라파엘에게도 깊은 감사를 드린다. 또한 블로그, 알폰소의 파스타 스토리아를 통해 이탈리아 파스타기행에 관심을 가져 준 이웃분들에게 깊은 감사를 드린다. 마지막으로 책에 대한 이론 부분의 오류가 있다면, 입문하는 요리사분들에게 필요한 파스타 책이 되도록 더욱 노력하여 수정 · 보완할 것을 약속한다.

2017년 2월

노순배(알폰소 셰프)

꼭 알아두기

이탈리아 파스타 종류는 오래전부터 전통적으로 매우 다양하게 만들어져 내려오고 있으며, 지금 이 시간에도 파스타 종류는 계속 만들어져 다양한 이름의 파스타로 불리고 있다. 가령 어떤 파스타들은 모양이 다른데 다른 지방에서는 같은 이름으로 쓰기도 하고, 지방색이 강해서 하나의 파스타 이름이 지방마다 다르게 불리는 일도 비일비재하다. 처음 접하는 요리사라면 인내심을 가져야 할 부분이 용어의 다양성 문제이다.

건파스타의 경우, 파스타를 만드는 파스티피쵸(pastificcio: 파스타 공장)마다 크기가 다르거나 독창적인 파스타를 만들면서 창작의 힘을 더하기 위해 기존의 이름을 사용하기보다는 새 이름을 만드는 경우도 있다. 이런 특수한 경우를 이해한다면, 파스타의 종류에 대해 접근하는 데 이해가 편할 듯하다. 지금 이 시간에도 이탈리아에서는 파스타 디자이너들은 새로운 제품을 만들어 내고 있고 파스타 이름의 다양성 때문에 소개하는 데 한계가 있음을 알게 되었지만, 가급적 여러 종류의 파스타를 소개하려 했다.

또한, 파스타 소개는 찾기 편하게 알파벳 순으로 정리했으며, 모양이 비슷한 파스타는 일일히 열거하지 않고 같은 이름 부분에 언급했다. 각 파스타 별로 첨부된 레시피는 호텔 이탈리안 레스토랑 주방에서 근무 중에 만든 것으로, 이탈리아 원재료의 구입에 한계가 있어 국내 식재료 사용의 비중이 높았기에 다소 조리 방법들이 현지와 차이가 있을 수 있다. 또한 조리방법과 재료들이 다소 겹치는 부분이 많은 점에 양해를 부탁한다.

책에 자주 등장하는 용어 '세몰라'는 세몰라를 곱게 간 '리마치나타 디 세몰라(Rimacinata di Semola)' 혹은 '세몰라타(Semolata)'를 의미한다. 용어가 길어 편의상 "세몰라"로 표기했으며, 우리에게 흔히 잘 알려진 세몰리나와 구분을 주기 위해서 원어를 선택했다. 현지 언어의 연질밀 표현은 대부분 강력분을 의미하는 것으로 보면된다. 다른 밀가루 종류를 사용한 것은 구체적인 밀가루 이름을 기술하였다.

생면에 사용되는 라자냐 형태(널판지 크기의 길다란 면)의 면을 현지 용어인 '스폴리아(Sfoglia)'로 통일시켰다. 그리고 레시피에 사용된 강력분은 이탈리아 밀가루가 아닌 '대한제분' 밀가루를 사용했으며, 세몰라는 데체코(Dececo)의 '세몰라 리마치나타(Semola Rimacinata)'를 사용하였다. 생면 반죽은 치댄 후 최소 1시간 정도는 냉장고에 넣어 휴직하기를 권장한다. 물론, 최소 30분도 휴직이 가능하지만 성형할 때 잘 늘어나지 않는 불편함을 감수해야 한다.

　요리 부분에 사용된 크림소스의 생크림은 다른 액체를 첨가하지 않은 매일유업의 동물성 생크림을 100%로 사용했다. 올리브유는 모두 엑스트라 올리브유이며, 퓨어 올리브유를 사용한 경우에는 정확하게 기재했다. 레시피에 기재된 파스타 반죽과 소스는 모체소스 부분에 따로 설명해 두었다. 외래어 표기는 국립국어원 표기법을 따르되, 일부는 현지 발음과 유사하게 표현했다.

말폰소의 파스타 공작소

Se la semola é oro
La pasta
é gioia vivere

세몰라가 황금이라면, 파스타는 인생을 살아가는 기쁨이다.
– 로마 파스타 박물관에 기재된 내용 중에서

CONTENTS

PART 03 맛있어지는 파스타 노트

PART 04 파스타의 세계

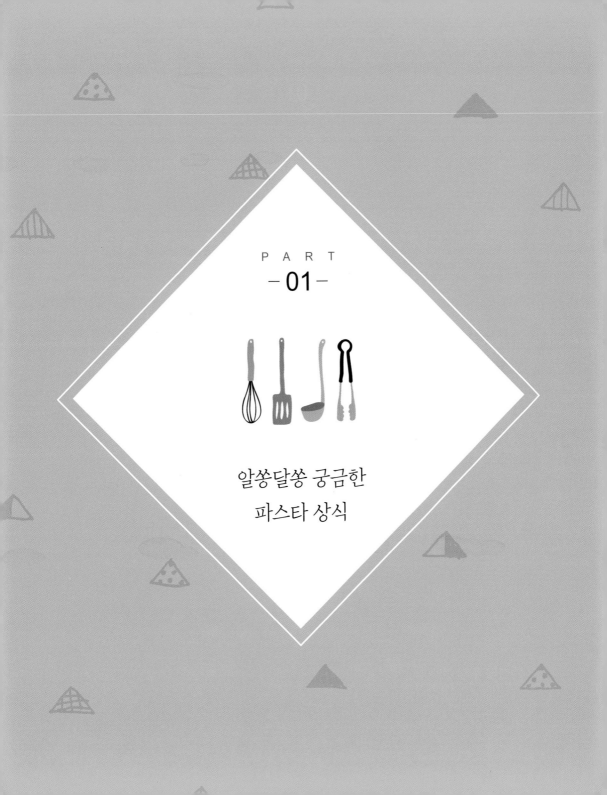

PART
-01-

알쏭달쏭 궁금한
파스타 상식

01

파스타의
유래 및 역사

·

　파스타의 유래에는 여러 가지 설이 존재하는데, 첫 번째는 베니스의 전설적인 상인 '마르코 폴로'가 중국과 아시아를 25년간 여행하고 돌아와서 그의 저서 『동방견문록』에 파스타를 언급하며 중국에서 배운 파스타를 이탈리아에 처음 파스타를 전파했다는 설이다. 하지만 전 세계에 퍼져 있는 130여 개의 『동방견문록』 판본 중 이탈리아 피렌체 도서관에 소장된 원본에 가장 가까운 3개의 복사본 모두에서 국수를 보았거나 가져왔다는 글은 찾을 수 없어, 마르코 폴로에 의한 유입설은 근거가 희박해 보인다. 유일하게 그가 국수를 묘사한 것은 '판수르'라는 섬을 묘사한 대목이다. 그가 보았다는 신비의 섬, 판수르는 오늘날의 인도네시아 부근으로 추정되며, 오늘날의 동남아시아에서 즐겨 먹는 쌀국수의 시초가 아닌가 한다.

　결국 마르코 폴로의 가설은 그동안 특별한 검증 없이 영화와 대중매체를 통해 확산돼 왔던 것이다. 세계적인 역사학자이자 불로냐 대학교의 '맛시모 몬타나리

(Massimo Montanari)' 교수는 "마르코 폴로의 가설이 허무맹랑한 속설일 뿐이라고 일축했다. 한 가지 확실한 것은 마르코 폴로가 중국에 가기 전에 이미 이탈리아인들은 파스타를 알고 있었다는 것이다. 그들은 파스타를 먹고 있었고 판매까지 하고 있었다. 따라서 마르코 폴로의 가설은 완벽하게 지어 낸 이야기다."고 주장했다. 게다가 제네바 고문서 자료관에서 마르코 폴로의 가설이 허구란 것을 증명해 줄 결정적인 증거가 발견됐다. 이 근거 자료는 13세기 제네바의 각종 사문서를 엮은 책으로, 1244년에 쓰인 한 의사의 처방전에 파스타가 등장했다. 소화불량을 겪고 있는 환자에게 파스타를 먹지 말라는 권유였다. 적어도 마르코 폴로가 중국으로 떠나기 25년 전에 이탈리아인은 파스타를 먹었다는 뜻이다. 또한, 1296년 마르코 폴로가 항해를 마치고 돌아오기 전에 칼리아리(Cagliari), 사르데냐(Sardegna)에서 이미 파스타 생산과 교역이 이뤄졌다.

파스타의 기원에 대한 또 다른 가설 중 하나로 고대 로마에서 유래됐다는 설이 있다. 하지만 폼페이(Pompei) 고고학 연구소의 아나 마리아 시갈로 씨는 "2,000년 전 고대 로마시대에는 파스타가 없었다."고 단정지었다. 피자와 비슷한 빵이 있었을 뿐이라는 것이다. 서기 78년 베수비오산의 폭발로 폼페이를 순식간에 뜨거운 용암으로 뒤덮은 사건이 남긴 화석들은 그의 주장을 뒷받침한다. 점심 식사가 끝나 갈 무렵에 터진 이 사건은 당시 음식을 고스란히 유물로 남겼는데, 그 속에 파스타는 없었다고 한다.

세 번째는 아랍인들이 시칠리아에 파스타를 전달했을 가능성이다. 827년 어느 날, 시칠리아 해안가에 당도한 이슬람 군대가 시칠리아를 정복한 후, 200여 년간 그곳을 통치했다. 이슬람인들은 불과 200년밖에 시칠리아를 지배하지 않았지만, 그들이 남긴 문화적 영향은 오랫동안 지속되었다. 그들은 시칠리아에 어류의 일종인 정어리를 잡는 방법과 소금에 절여 먹는 법을 알려 주고, 그밖에도 잣, 가지, 레몬, 설탕 등을 전했다. 이때 '이트리야(Itriya)'로 불리는 건조국수도 함께 전해졌다. 9세기, 시리아에는 이트리야가 존재했던 것이다.

그리고 예루살렘 탈무드에는 5세기에 국수가 유대인의 음식 규정에 위배되는지 아니면 유월절에 먹어도 되는 음식인지에 관한 논쟁이 기술되어 있다. 같은 시대에 시리아의 「Jesu bar Ali」가 언급한 논평에서는 세몰리나 가루로 만든 실 모양으로 만든 이트리야에 대한 언급을 찾을 수 있다.

마씨모 몬타나리 교수는 "아랍인들이 중세 초기 시칠리아를 점령했을 때 오랫동안 저장 가능한 건조국수 형태의 파스타를 시칠리아에 전해 주었을 것"이라고 주장했다. 이슬람들은 유럽인보다 먼저 국수를 만들고 그들만의 독특한 국수문화를 갖고 있었지만 현재 이슬람 세계에 국수문화는 거의 남아 있지 않다. 칼국수와 유사한 모양의 '리스타'와 리스타를 햇볕에 말린 '아슈리스타'을 이란의 몇몇 농촌마을에서 만날 수 있을 뿐이다. 면을 잘게 잘라 수프처럼 만든 국수요리는 이란의 정통 요리이지만, 이슬람 세계에서 더 이상 주된 음식은 아니다. 손으로 음식을 먹는 이들이 국수를 손으로 집어 먹기에 불편했기 때문일까. 리슈타 혹은 이트리아의 흔적으로 지금의 이란에서는 리슈타는 '실'을 뜻하며, 농가에서는 실 모양의 파스타를 리슈타라고 불리고 있다.

리슈타는 우리의 칼국수 형태로 만들어 말려서 수프에 넣어 끓여 형체를 찾아보기 힘들 정도의 수프로, 이란의 전통요리인 아슈리슈타를 만드는 데 사용된다. 아랍인들은 이탈리아인들보다 먼저 국수를 만들었으며, 아랍인들이 시칠리아를 점령하면서 오래 저장할 수 있는 건조 파스타를 만드는 방법을 전파시켰을 것이다. 이것이 가장 믿을 만한 건파스타의 유래이며 역사이다.

카라반은 사막을 횡단하기 때문에 일주일 정도 식량을 보관할 수 있는 방법, 즉 밀가루로 빵을 만들어 말려 보관하는 등 국수를 건조하는 방법을 알고 있었다. 그리고 10세기 무렵 이슬람에는 국수를 만드는 방법을 이미 알고 있었다. 고대 이슬람 문화에서는 건조시키는 음식문화가 많이 발달되었으며, 북아프리카 튀니지에도 반죽하여 작게 손가락으로 밀어 만든 '하마스'라는 파스타가 있는데 이것 또한 말려서 6개월 이상 보관하여 사용할 수 있다. 이탈리아 남부에서는 건조 파스타에 듀럼 밀을 사용하고 있었고, 남부 지역에서는 경질밀이 잘 자라는 장점을 가지고 있었기에 파스타가 발전될 수 있었을 것이다.

옥스퍼드대학 보들라이언 도서관에 소장된 1154년 아랍인 학자 무하마드 알 이드리시가 쓴 지리서에 파스타 역사상 가장 중요한 문헌을 찾게 된다. 원본은 소실되고 전 세계 13개의 필사본만 남아 있는 이 책에는 유럽 곳곳의 지형과 생활이 묘사되고 있는데, 특히 이탈리아 남부의 시칠리아 섬에 대해 자세히 나와 있다. 이 섬의 트라비아(Trabia)란 작은 마을을 묘사한 부분에서 '이트리야(Itriya)'라는 낯선 이름의 음식이 등장하는데, 이트리야는 파스타의 일종으로 문헌에 등장하는 이탈리아 최초의 건조 국수다. 옥스퍼드 대학 동양연구소의 '에밀 새비지스미스'는 "시칠리아 트라

건조국수의 시초, 시칠리아

비아에서 이트리야를 대량 생산했으며 이를 칼라브리아(Calabria)와 이슬람 국가, 기독교 국가로 수출했다."고 문서의 내용을 전했다.

파스타의 고향, 시칠리아는 지금까지 전 세계에서 파스타를 가장 많이 먹는 도시로 알려져 있다. 그들에게 파스타는 우리에게 밥과 같아 하루에 두 접시는 먹는다고 한다. 그런데 파스타는 왜 유럽대륙도, 이탈리아 본토도 아닌 지중해의 외딴섬에 돌연 등장했을까? 그 단서는 12세기에 지어진 시칠리아 팔라티나 성당 천정의 이슬람 벽화 속에 있는 것으로 알려진다. 팔라티나 성당은 이슬람 문화를 적극적으로 수용했던 노르만 왕조의 성당이다. 이 성당 벽화에는 200년 동안 아랍의 통치가 시칠리아에 가져다준 문명이 집약적으로 담겨 있다.

아랍인들에게서 파스타와 건조국수 기법을 배운 시칠리아는 파스타 재료인 듀럼밀이 잘 자라는 환경과 파스타를 만들어 건조시킬 수 있는 기후로 건파스타를 발전시켰고, 해상 무역을 통해 이탈리아 본토의 바닷가인 리구리아의 제노바를 통해 파스타 문화가 전파되면서 북부와 남부 그리고 유럽 전역으로 파스타가 알려지게 된다.

13세기 말에 제노바의 시몬(Simon)이라는 의사의 서류에 '트리(Tri)'의 정의를 내렸는데 '긴 실 모양의 발효시키지 않은 도우'라고 표현했으며, 같은 시기의 요리책에서는 첫 번째 파스타 레시피에서 실 같은 누들을 이태리 이름인 '베르미첼리(Vermicelli)'라고 표현했다. 여러 논문에서 '트리(Tri)'가 지방에 따라 다르게 불리는 것을 찾아냈다. 안코나(Ancona)에서는 '트리아(Tria)', 토스카나(Toscana)에서는 '베르미첼리(Vermicelli)', 볼로냐(Bologna)에서는 '오라티(Orati)' 그리고 베네치아(Venezia)에서는 '미뉴텔리(Minutelli)'라고 불렀다.

아랍과 안달루시아에서도 베르미첼리를 스튜 형태의 요리에 같이 곁들여서 먹었다. 오트밀, 옥수수 죽과 같은 요리에 넣어서 먹었고 아몬드, 우유, 설탕 그리고 샤프란을 가미하여 농도를 짙게 하여 먹었으며 베르미첼리로 만든 음식인 폴렌티나(Polentina)는 아픈 사람에게 제공했다.

14세기 한 의학서에 새로운 형태의 면을 만드는 모습이 등장했는데, 실 모양의 파스타인 트리 또는 이트리아를 만드는 모습을 하고 있는 두 여성의 모습이 그려져 있었다. 14세기에 등장한 또 다른 파스타는 라자냐인데 「Liber de Coquina」라는 문헌에서 기재되어 그 이전보다 다른 조리 방법을 언급했으며, 파스타를 삶아서 치즈로 맛을 내거나 면을 삶아서 케이크 형태로 면을 쌓아서 오븐에 구웠다. 또 다른 문헌의 레시피에서는 라자냐 면발의 크기는 손가락 세 마디 넓이로 잘라서 사용되었다고 적혀 있다.

라자냐(Lasagne)는 얇은 종잇조각과 마름모꼴로 된 반죽을 의미하며, 인접 국가에서는 라자냐 면을 튀겨서 디저트로 먹기도 했다. 이건 오늘날의 이태리 디저트인 '프리텔레(Fritelle)'라고 말할 수 있다. 라쟈냐는 다른 파스타를 만드는 데 영향을 주었으며 14세기에는 라자냐가 소형화되어 토르텔리(Tortelli)나 라비올리(Ravioli) 등이 나타났는데, 처음에는 육수에 조리하지 않고 팬에 기름을 넣어 튀기거나 오븐에 조리하여 먹었고 논문에서는 소를 채운 파스타를 때때로 물에 삶거나 튀겨서 먹었다고 적고 있다. 또한, 14세기 밀라노 스포르챠 궁의 주방장 마에스트로 마르티노(Maestro Martino)가 만든 라비올리에 대한 언급이 있었는데, 라비올리는 더 이상 튀기지 않고 육수에 조리하게 되었고 그는 후에 아퀼라라의 대주교의 궁전의 셰프가 되기도 했다.

02

이탈리아 지역별
파스타의 특징

⋮

　이탈리아는 통일 이전 각 지역을 대표하는 도시국가였으나 1861년도에 통일이 되어 오늘날의 이탈리아가 되었는데, 독특한 식문화가 각 도시별로 아직도 남아 있다. 파스타 또한 북부와 중부는 연질밀에 달걀을 넣은 생파스타인 탈리아텔레(Tagliatelle)나 파파르델레(Papardelle) 등이 발달한 반면, 산간지방에서는 감자를 이용한 뇨키(Gnocchi) 등이 발달했고 특히 북부지방에서는 버터나 생크림을 이용한 소스들이 많다. 남부는 경질밀을 이용한 건파스타가 발달하였고, 세몰라에 물을 넣어 만든 생파스타도 발달했다. 조개와 생선 등을 이용한 해산물 파스타 요리들이 많고 버터보다는 올리브유를 주로 사용한다.

1) 발레 다오스타(Valle d'Aosta)
　산악지역으로 스위스의 알프스와 프랑스를 인접한 주로, 주 도시는 아오스타

(Aosta)이며, 북부지방으로 매우 추운 도시이다. 대표적인 특산품으로는 폰티나 (Fontina) 치즈가 있으며 치즈로 만든 이태리식 퐁듀인 폰듀타(Fonduta) 요리가 유명하다. 돼지 등쪽 지방으로 만든 라르도(Lardo)와 폴랜타(polenta) 요리도 유명하며, 야생고기류로 만든 살루메(salume) 등도 질 좋은 식재료로 손꼽는다.

육류 요리로는 코스톨레타 알라 발도스타나(Costoletta alla Valdostana)가 대표적인데, 송아지 고기를 겹으로 잘라 폰티나 치즈로 소를 채워 만든 요리다. 이색적인 살루메인 *모체타(Mocetta)는 야생 염소 고기로 만들어진다. 그리고 아페르티보 (Apertivo)용으로 사용되는 제네피(Genepi)는 아르테미지아(Artemisia)로 만든 술이다.

파스타는 뇨키 알라 폰티나(Gnocchi alla Fontina)가 있는데, 감자, 넉넉한 버터와 폰티나 치즈로 그라탕을 하여 만든 뇨키로 폰듀타를 곁들여 먹는 독특한 요리이다. 특히 뇨키 반죽을 메밀가루로 사용한 투박한 요리라는 점이 이색적이다.

그 외에 아뇰로티 디 보우딘 알 부로 디 몬타냐(Agnolotti di boudin al Burro di Montagna)가 있으며, 라비올리는 감자와 보우딘이라고 하는 순대형태의 살라미인 상귀나쵸(Sanguinaccio)를 기초로 만든 음식이다. 또한 페투치네 디 카스타냐 콘 베르차 에 코스테(Fettucine di Castagna con Verza e Coste)는 밤가루와 연질밀, 달걀을 넣어 만든 파스타를 채소와 돼지 갈비를 넣어 만든 독특한 음식이다.

*모체타는 발레 다오스타와 피에몬테 등에서 만들어진 소 어깻살로 만든 살루메 종류다.

2) 피에몬테(Piemonte)

롬바르디아 주, 리구리아 주 그리고 프랑스와의 인접한 주로 프랑스 요리의 영향을 많이 받았으며 오래된 피에몬테의 전통적인 요리가 공존하는 지역이다. 특히 올리브유보다는 버터를 많이 사용한다. 주 도시는 토리노로 초콜릿이 유명하며, 그중에서도 특히 견과류를 넣어 만든 *잔두야(Gianduja)는 지역의 특산품이다.

또한, 푸른 곰팡이 치즈인 고르곤 졸라(Gorgonzola)와 몇 년 동안 동굴에서 숙성시켜 만든 탈레지오(Taleggio) 등이 유명하다. 버섯은 흰색 송로버섯인 타르투포 비앙코(Tartufo bianco)가 알바(Alba) 지역에서 매년 생산되어 전 세계 미식가들의 관심을 받고 있어 피에몬테 요리를 포장하는데 한몫하는 값비싼 버섯 중의 하나이다.

이 주의 자랑거리로 질 좋은 와인을 빼놓을 수 없는데, 레드 와인이 유명한 곳

아뇰로티

타야린

중의 하나로 바롤로(Barolo), 바르베라스코(Barberasco)에서 만든 두 와인과 아스티(Asti) 지역에서 만들어지는 **스푸만테(Spumante), 랑게(Langhe) 지역에서 만들어진

레드 와인은 전 세계적으로 명성이 자자하다.

레드와인인 바르베라 와인을 첨가하여 만든 리조토 알 바르베라(Risotto al Barbera)가 프리미 피아티(Primi piatti) 요리에 종종 이용된다. 산도가 지나치지 않아 상큼한 맛과 루비색을 띤 리조토가 식욕을 자극한다.

대표적인 파스타로는 아뇰로티(Agnolotti)와 타야린(Tajarin)이 있다. 아뇰로티는 리구리아 기원으로 여러 가지 소를 달리해서 만든 라비올리로 조리하여 구운 고기 소에 치즈와 달걀 등을 양념하여 소를 채운 아뇰로티 달 플린(Agnolotti dal Plin)이 피에몬테에서 많이 만들어지며, 주름이 잡힌 소를 꼭 눌러 세워서 만드는 것이 이색적이다. 타야린은 연질밀에 노른자만을 넣어 손 반죽하여 얇게 만든 탈리올리니(Tagliolini) 정도 굵기의 생면으로, 랑게와 알바지역에서 주로 먹는다. 타야린은 삶은 고기나 고기를 굽고 나온 고기 즙에 버무려 먹기도 하며 가벼운 소스인 세이지 버터에 볶아서 먹기도 한다.

이태리 최고의 쌀 생산 지역이 있으며, 리조또 쌀에 적합한 아르보리오(Arborio)와 카르나롤리(Carnaroli)가 생산된다. 특히, 최고의 쌀이라 부르는 것 중에 베르미첼리(Vermicelli)라는 평야에서 재배되는 리소 아퀘렐로(Riso Acquerello)는 이 지역에 적합한 재배 조건을 갖추고 있다. 비옥한 대지와 풍부한 물을 확보하고 있어 질 좋은 쌀을 생산을 하고 있다. 리조또 쌀인 카르나롤리(Carnaroli) 품종으로 기존 쌀보다 더 맛이 풍부하고 섬세하다는 평가를 받고 있다.

* 잔두야는 헤이즐넛이 30% 정도 들어가 있는 토리노에서 만들어진 초콜릿이다.
** 이탈리아의 발포성 와인을 가리키는 용어이다.

3) 롬바르디아(Lombardia)

롬바르디아 북부는 포강(Fiume di Po)의 중류에 이르는 지역으로, 산지와 구릉지대가 많고 남쪽은 비옥한 토지로 쌀, 밀, 옥수수와 포도 등이 잘 재배되는 지역이다. 손드리오 (Sondrio), 크레모나 (Cremona), 만토바 (Mantova), 레코 (Lecco) 등이 주 도시이며, 2개의 큰 호수 코모(Como), 가르다(Garda)가 있어 담수어 요리가 많고 또한 절인 대구요리도 즐겨 먹는다. 피에몬테와 베네토 주 등 여러 주와 인접하고 있으며, 주요 특산물로는 아스파라거스와 파비아(Pavia) 지역에서는 쌀이 많이 재배되며, 그라노 파다노(Grano Padano), 고르곤졸라 (Gorgonzola), 프로볼로네(Provolone), 마스카르포네(Mascarpone) 등이 유명하다.

올트레포 파베제(Oltrepó Pavese)와 발텔리나(Valtellina) 지역에서는 롬바르디아 주의 고급 레드와인이 생산되는데, 프란챠코르타(Franciacorta) 지역에서는 발포성 와인도 생산된다. 이 지역의 살루메인 브레자올라(Bresaola)가 소고기로 만들어지며, 훌륭한 이태리 요리의 전채요리인 아페타티 미스티(Affettati misti)의 식재료로 평가받고 있으며 프레시 소시지인 살시챠(Salsiccia)도 유명하다.

밀라노의 대표적인 요리로는 샤프란을 넣어 만든 쌀요리, 리조토 알라 밀라네제(Risotto alla Milanese), 소 정강이를 끓여 만든 오쏘부코 알라 밀라네제(Ossobuco alla Milanese) 등도 빼놓을 수 없는 전통요리다. 대표적인 파스타로는 아뇰리(Agnoli) 혹은 아뇰리니(Agnolini)라고 불리는 소 채운 파스타가 있으며, 그리고 수닭, 골수, 계피, 정향과 치즈 등으로 소를 채워 만든 라비올리를 닭 육수에 넣어 먹는 만토바(Mantova)의 파스타 요리도 있다.

그리고 카펠로니(Capelloni)는 큰 카펠레티(Cappelletti)로 스튜를 한 소고기와

카손세이

살라미로 소를 채워 만든 로멜리나(Lomellina) 지역의 소 채운 파스타이며, 카손세이(Casonsei)는 브레샤(Brescia)와 베르가모(Bergamo)의 전통 라비올리로 소는 살라미, 시금치, 건포도, 달걀, *아마레티(Amaretti), 치즈와 빵가루 등으로 만든 소를 채워 만든 라비올리도 있는데 이는 세이지 버터 소스와 잘 어울린다.

발텔리나(Valtellina)의 전통 파스타로 메밀가루 양이 많이 들어가 만

메밀

피초케리

들어진 짧은 탈리아텔레 모양을 하고 있는 피초케리(Pizzocheri)는 베르차(Verza)라고 하는 양배추, 감자 그리고 비토(Bitto)라고 하는 연질치즈를 넣어 요리로 만들어진다. 이 파스타는 글루텐이 거의 없는 메밀가루가 주재료로 사용되기 때문에 삶은 면을 팬에 넣어 볶지 않고 부재료와 같이 섞어서 오븐에 넣어 조리하는 것이 특징이다.

*아마레티는 아몬드 가루로 만든 비스킷

4) 트렌티노-알토 아디제(Trentino-Alto Adige)

북쪽의 산악지대로 오스트리아와 접경해 있는 주로 볼자노(Bolzano)와 트렌토(Trento)가 주 도시이다. 두 가지 언어가 공존하며, 독일과 이탈리아 식문화가 복잡하게 섞여 있는 지역이다. 이 지역에서는 감자, 양배추, 보리 등이 많이 생산이 되며 뇨키(Gnocchi), 폴랜타(Polenta) 등이 유명하다.

대표적인 파스타로 빵가루와 치즈를 넣어 만든 카네데를리 디 판 그라타토(Canederli di Pan gratatto)인 빵가루 뇨키와 파스티쵸 디 마케로니(Pasticcio di Macheroni)가 있는데, 삶은 파스타를 비둘기 소스에 양념하여 달달한 반죽으로 쌓아서 만든 트렌토(Trento)의 *팀발요리(Timballo)가 있다.

특산품으로는 우유로 만든 경질 치즈인 **아시아고(Asiago)가 있으며, 다른 나라의 살루메 류인 ***스펙(Speck)과 파이 생지에 사과를 채워 오븐에 구워 만든 오스트리아의 전통 디저트인 스트루델(Strudel)도 이 지방의 특별 요리로서 자리 잡고 있다.

* 팀발로는 원하는 틀에 조리한 내용물을 채워 오븐에 구워 내는 요리로 '탱발'이라고도 한다.
** 아시아고 지역에서 생산되는 우유로 만든 치즈로 프레시와 숙성시켜 만든 두 종류로 판매된다.
*** 스펙은 독일어로 라드를 의미하며, 알토 아디제의 훈제한 프로쉬토를 말한다.

5) 프리울리-베네치아 쥴리아(Friuli-Venezia Giulia)

슬로베니아와 인접한 주로, 다른 나라의 식문화에 영향을 받은 북쪽 지방으로
트리에스테(Trieste)가 주 도시다. 이탈리아의 생햄 중 질이 우수한 산다니엘레 프
로쉬토(Prosciutto di San Daniele)가 있으며, *그라파(Grappa)도 이 지방의 특산품
이다.

이 지역은 장어가 풍부하여 튀김이나 그릴 요리가 발달하였고, 연질 치즈에 감
자와 버터를 넣어 감자 파이 형태의 요리인 프리코(Frico)도 유명하다. 가재 새우
튀김과 화이트 와인을 넣어 조리한 아귀요리도 빼놓을 수 없는 일품요리다.

대표적인 파스타로 비스나(Bisna)를 들 수 있다. 북부 지방답게 옥수수 가루로
만든 폴랜타 요리를 말하며, 옥수수에 콩을 넣어 만들고 절임 양배추인 사우어
크라우트와 라드에 볶은 양파를 같이 곁들여서 먹는 산악지대의 요리다. 그리고
찰촌스(Cialzons)를 들 수 있는데, 고기, 달걀과 풍부한 치즈를 넣어 소를 채워 만
든 라비올리의 일종으로, 풍부한 허브 등과 곁들여서 먹거나 구운 닭, 골수와 향
초로 소를 채워 만들어 먹기도 하는 카르냐(Carnia) 지역의 파스타다.

* 그라파는 포도주를 짜고 남은 포도 찌꺼기와 향신료와 주정을 넣어 만든 증류주이다.

6) 베네토(Veneto)

베네토 주는 해상도시 베네치아(Venezia)와 온화한 도시로 명성이 자자한 베로나 (Verona)가 주 도시로, 파도바(Padova), 트레비소(Treviso) 등도 베네토에 포함된 도시이다.

대표적인 파스타로는 비골리 콘 라나트라(Bigoli con L'anatra) 요리가 있다. 이 파스타는 토르키오(Torchio)라고 하는 틀에 반죽을 넣어 뽑아내는 두꺼운 파스타로, 오리 육수에 삶고 오리 내장으로 만든 소스에 버무려 먹는 빈첸초(Vincenzo)의 대표적인 요리다. 그리고 카순첼(Casunziel)은 벨루노(Belluno) 지역의 소 채운 라비올리 일종으로, 단호박이나 시금치를 넣어 만들어 삶은 고기나 계피, 훈제 리코타 치즈와 녹인 버터와 같이 곁들여 먹기도 한다.

그 외에 빈첸자 스타일의 염장 대구 요리인 바칼라 알라 비첸티나(Baccalà alla Vicentina), 베네치아 스타일의 송아지 간 요리인 페가토 디 비텔로 알라 베네치아나(Fegato di Vitello alla Veneziana)도 빼놓을 수 없는 유명한 요리다. 그리고 이 지역을 대표하는 채소는 트레비소에서 생산되는 라디치오가 있다. 라디치오는 쌉싸름한 쓴맛이 매력적인 맛을 가지고 있는 재료로, 파스타소로 혹은 파스타소스의 곁들임으로 종종 사용된다.

이 주에서는 유명한 와인이 많이 생산되는데, 발포성 와인인 프로세코 발도비아덴네(Prosecco Valdobbiadenne), 화이트와인 소아베(Soave), 가르다 호수(Lago di Garda) 근교에서 생산되는 바르돌리노(Bardolino), 발폴리첼라(Valpolicella)와 아마로네(Amarone)까지 전 세계적으로 알려진 와인들이 즐비하다.

그 외에도 파도바(Padova)의 특산물로 말고기를 15일 동안 염장하고 훈제하여 건조한 후 얇게 찢은 살루메(Salume)의 한 종류인 스필라치 디 카발로 아푸미카토 (Sfilacci di Cavallo Affumicato)를 들 수 있다. 샐러드에 같이 곁들이거나 녹인 치즈와 같이 혹은 뇨키나 폴랜타 요리에 잘 어울리는 재료다.

7) 리구리아(Liguria)

지중해와 인접하여, 주로 해산물 요리와 바질, 올리브 등의 질이 우수하다. 제노바를 기점으로 라 스페치아(La Spezia), 임페리아(Imperia), 제노바(Genova), 사보나(Savona) 등의 해변가 도시들이 있다. 풍부한 제노바산 바질을 이용한 페스토 알라 제노베제(Pesto alla Genovese)가 유명하며, 식전 빵인 포카치아가 리구리아주 제노바에서 탄생했다. 등 푸른 생선인 멸치, 정어리, 참치 등이 풍부하며, 임페리아 지역에서 생산되는 타쟈스카(Taggiasca) 올리브는 이태리에서도 맛이 우수하여 손꼽히는 올리브 중 하나다.

코르제티   트로피에

제노바를 대표하는 파스타가 많은데, 링귀네(Linquine)를 비롯해 모습이 비슷한 트레네테(Trenette)와 바베테(Bavette) 등의 건파스타가 있고, 동전만 한 크기의 원형 면에 모양을 새겨 만든 코르체티(Corzetti), 우리나라의 올챙이 국수와 비슷해 보이는 트로피에(Trofie) 등과 같은 생파스타가 있다. 이 생파스타는 양 손바닥으로 면을 비벼서 꼬불꼬불한 모양을 만들어 제노바산 바질 페스토로 양념을 하면 최상의 맛을 낼 수 있다.

삼각형 모양으로 만드는 판소티(Pansotti)라고 하는 라비올리도 유명한데, 판소티는 소를 유리지치라고 불리는 *보라지네(Borragine) 비트와 허브 등을 넣어 삼각형으로 만들어 전통적으로 호두 소스를 이용해서 만들었다. 병아리콩가루를 묽게 반죽하여 오븐에 구워 내는 밀 전병과 유사한 파리나타(Farinata)도 제노바를 대표하는 음식으로, 이색적인 요리이다.

*보라지네는 녹색 잎을 가진 채소

8) 에밀리아-로마냐(Emilia-Romagna)

교통 중심지인 볼로냐를 기점으로 파르마(Parma), 모데나(Modena), 페라라(Ferrara), 리미니(Rimini) 등이 주 도시들이다. 대부분 평야 지대로, 미식의 도시답게 이태리 요리에 사용되는 양념류 등이 주로 생산된다. 파르마와 레지아(Reggia)에서는 파마산치즈가, 모데나에서는 발삼 식초가 생산이 되며, 파르마 햄이라고 불리는 프로쉬토는 파르마에서 생산된다.

이 지역에는 라비올리 종류들이 많은데, 소고기 스튜를 끓여 고기에 파마산 치즈, 달걀, 빵가루로 양념해서 만든 아놀리니(Anolini)는 스튜 국물을 소스로 사용해서 만든 이색적인 라비올리 중 하나다.

카펠레티

토르텔리니

카펠라치(Capellacci), 모자모양인 카펠레티(Cappelletti), 고기 소들을 넣어 만든 배꼽 모양의 토르텔리와 토르텔리니 등 로마냐 지방에서는 다양한 소 채운 파스타들이 많다.

리구리아와 인접한 지역인 벨도냐(Beldonia) 지역과 아펜니노 파르멘세(Appennino Parmense)에서 찾아볼 수 있는 크로세티(Crosetti)가 있다. 이 파스타는 리구리아의 코르제티(Corzetti) 파스타와 같다. 미트소스인 라구 알라 볼로네제(Ragú alla Bolognese)를 곁들여 만든 라자냐(Lasagne)와 탈리아텔레(Tagliatelle)도 원조의 맛을 볼 수 있는 곳이다. 그리고 이색적인 파스타로 파사텔리(Passatelli)가 있는데 빵가루, 치즈, 달걀 등으로 반죽해서 틀에 넣어 거친 베르미첼리(Vermicelli) 모양으로 뽑아 낸 파스타를 고기육수에 삶아 먹는 이색 파스타이다.

대표적인 특산품인 발삼식초는 모데나에서 우바 트레비아노(Uva Trebbiano)라고 하는 산도가 높은 품종으로 만들어지며, 10년 이상 여러 통을 옮겨 가며 만들어지는 전통식초인 아체토 발사미코 트라디지오날레 디 모데나(Aceto Balsamico Tradizionale di Modena)도 만들어진다.

파르마 햄이라 불리는 이 지방의 질 좋은 프로쉬토에 사용되는 돼지는 파마산 치즈를 만들고 남은 찌꺼기를 먹이로 사용되는데, 칼슘이 풍부하여 이것을 이용하여 만든 프로쉬토의 맛 또한 훌륭하다고 한다. 그리고 햄 사이사이에 피스타치오와 지방이 들어간 모르타델라(Mortadella) 햄도 빠지지않는 특산품 중의 하나이다.

이 지방에서 빼놓을 수 없는 길거리 음식으로는 '피아디나(Piadina)'라고 하는 얇은 빵이 있다. 납짝한 빵 안에 소를 채워 말아 먹는 것으로, 로마냐 지방의 길거리의 간이 판매대에서 쉽게 볼 수 있다. 크레쉰티나(Crescentina), 사각형 반죽을 튀겨 만든 뇨코(Gnocco) 그리고 발효된 빵 반죽을 길다란 십자 모양으로 겹쳐 한 쌍의 빵처럼 만드는 코피아 페라레제(Coppia Ferrarese)도 즐겨 먹는 빵이다.

9) 토스카나(Toscana)

르네상스의 발생지인 피렌체를 기점으로 피사(Pisa), 시에나(Siena), 리보르노(Livorno), 아레초(Arezzo) 등의 도시가 주축을 이룬다. 리구리아 해와 티레노(Tirreno) 해가 인접해 있어 해안가 도시에는 해산물 요리도 유명하다. 푸른 초원에서 방목하여 길러진 키아니나(Chianina) 소품종을 이용한 비스테카 알라 피오렌티나(Bistecca alla Fiorentina)가 대표적인 요리 중 하나이다. 트라토리아 형태의 식당에서 보면 피 흘리는 채로 티본 스테이크를 게걸스럽게 먹는 모습을 볼 수 있는 곳이다.

토스카나의 대표적인 소 채운 파스타인 아뇰로티 알라 토스카나(Agnolotti alla Toscana)는 송아지 고기와 골수 그리고 모르타델라(Mortadella)를 넣어 만든 소 채운 파스타가 있다. 바닷가 근처인 리보르노(Livorno)에서는 풍부한 해산물을 넣어 만든 바베테 술 페쉐(Bavette sul Pesce)도 있다. 바베테는 링귀네(Linguine)와 유사한 면으로 드라이 면으로도 판매되며 제노바와 인접한 리보르노의 지역의 대표적인 파스타 중 하나다.

또한 파파르델레(Papardelle) 면도 유명한데, 오리 살과 간으로 만들어진 라구소스와 곁들이기도 하며 산토끼 소스를 이용한 파파르델레 술라 레프레(Papardelle sulla Lepre)도 있다. 이색적인 파스타 요리인 쿠스쿠스 알라 리보르네제(Couscous alla Livornese)가 있는데, 쿠스쿠스는 세몰리나 가루로 좁쌀 모양 크기로 만들고 양배추 스튜와 고기 완자 등을 토마토소스에 곁들여 만들어 내는 파스타다.

몬탈치노(Montalcino) 지역에서는 연질 밀가루와 물로 만든 반죽을 스파게티 모양으로 만든 피치(Pici)면을 빼놓을 수 없으며, 허브 빵가루에 묻혀서 먹는 것이 이 지방의 독특한 요리법이다.

피치

10) 마르케(Marche)

아드리아 해와 인접한 주로 해안도시 앙코나(Ancona), 페사로(Pesaro), 아스콜리 피체노(Ascoli Piceno) 등의 내륙 도시가 대표적이다. 살라미, 살구, 배, 복숭아, 사과 등 과일이 풍부하게 생산되고 브로콜리, 아티초크 등이 유명하며, 아스콜리의 올리브는 커서 과육이 풍부하여 올리브 씨를 제거하여 고기 소를 채워 빵가루를 입혀 튀겨 낸 올리브 튀김이 매우 유명하다.

이 지역의 대표적인 파스타로는 탈리엘리니 알 라구(Taglierini al Ragú)가 있는데, 피에몬테 주 랑게(Langhe) 지역의 타야린(Tajarin)과 유사한 면이다. 이 지역에서는 반죽에 물을 전혀 사용하지 않고 밀가루와 달걀로만 반죽해서 만들며, 정향을 가미하여 여러 가지 고기를 이용해 미트 소스를 만들어 낸다.

그리고 오븐에 구워 낸 파스타로 라자냐가 있는데, '빈치스그라시(Vincisgrassi)'라 불리는 마르케주나 움브리아주의 전통요리로, 특히 마르케의 마체라타(Macerata)의 대표적인 요리로 고기라구와 베샤멜 소스, 닭 내장, 골수, 프로쉬토와 블랙 송로버섯을 소로 채워 만든 마체라타 스타일의 라쟈냐다. 보통 라자냐는 건면 혹은 생면으로 얇게 밀어 만든 파스타를 삶아서 소스 사이에 넣지만, 이것은 밀가루 반죽에 마르살라(Marsala) 와인이나 포도 농축 소스인 빈 코토(Vin cotto)를 넣어 반죽하여 만든다. 마치 크레페(Crepe) 스타일의 생파스타처럼 말이다. '타코니(Tacconi)'라고 하는 파스타는 잠두콩가루와 연질밀가루를 섞어서 반죽하여 길이 3-4mm, 두께 3-4mm로 만든 면이다. 그 외에 파싸텔리(Passatelli)가 있는데, 페사로(Pesaro) 지역에서는 파싸텔리 면을 생선국물이나 조개 육수에 넣어 먹기도 한다.

11) 움부리아(Umbria)

토스카나와 마르케 주와 인접한 내륙에 위치한 주로, 외국인 언어학교가 위치해 있는 페루쟈(Perugia)가 주 도시이다. 그 외에 테르니(Terni), 아씨시(Assisi), 노르챠(Norcia), 오르비에토(Orvieto) 등이 있다. 이 지역의 대표적인 채소로는 보라색 양파, 렌틸(Lentil) 콩, 보리 등이 많이 재배되며, 노르챠에서 재배되는 블랙 트러플(Truffle)은 이태리에서도 유명하다. 토르쟈노(Torgiano)에는 와인 박물관이 있으며, 오르비에토(Orvieto)와 몬테팔코(Montefalco)에서는 질 좋은 와인이 생산된다. 페루자는 쵸콜렛으로 유명하며 오래된 올리브 나무를 이용해 만든 공예품들도 시내에는 즐비하다.

움부리아주의 대표적인 파스타로 치리올레(Ciriole)가 있는데, 탈리아텔레 면을 볶은 *소프리토(Sofritto)에 양념하여 먹거나 생토마토와 다진 고기로 소스를 만들어 곁들여지기도 한다. 또한, 굵은 스파게티 모양으로 만든 움부리첼리(Umbricelli)를 이용한 트라시멘토 호수에서 즐겨 먹는 움브리첼리 알 트라시멘토(Umbricelli al Trasimento) 파스타 요리도 있다. 이 파스타는 '페르시코(Persico)'라고 하는 담수어에 토마토를 넣은 생선 라구에 버무린 파스타다. 이 주는 검정색 송로버섯이 많이 생산되기 때문에 파스타뿐만 아니라 리조토 등 이태리 요리의 전반적으로 다양하게 사용된다.

*소프리토는 바투토(Batutto)와 같은 개념으로 다진 채소(양파, 당근, 샐러리, 마늘) 등을 올리브유나 버터 등으로 볶은 양념인데, 현재에는 판체타(Pancetta), 프로쉬토(Prosciutto) 등을 넣어 볶기도 한다.

12) 라지오(Lazio)

세계적 관광지, 이탈리아 수도, 바티칸 시국이 있는 로마가 주 도시이며, 라티나(Latina), 비테르보(Viterbo) 등이 라지오를 대표로 하는 도시다. 로마 시내에는 상업적인 리스토란테(Ristorante), 피체리아(Pizzeria), 아이스크림 가게인 젤라테리아(Gelateria) 등이 즐비하다.

라지오의 대표적인 파스타는 부카티니 알라 아마트리챠나(Bucattini all'Amatriciana)로 돼지 염장 볼살, 토마토소스, 페코리노(Pecorino) 치즈와 고추를 넣은 파스타로 아마트리챠(Amatricia)지방에서 유래된 요리다. 또한, 달걀 노른자, 후추와 페코리노 치즈로 만든 크리미한 혼합물을 넣어 만든 광부풍의 스파게티 알라 카르보나라(Spaghetti alla Carbonara) 파스타가 유명하다. 특히, 로마 시내에 '로쉬올라(Rosciola)'라고 하는 레스토랑에서 판매하는 카르보나라 파스타는 명성이 자자하여 관광객들의 발길이 끊이지 않는 곳 중에 하나다.

이색적인 요리로 파야타(Pajata)가 있다. 송아지 내장을 곱게 잘라 올리브유, 마늘, 이태리 파슬리, 화이트 와인, 고추와 토마토로 맛을 낸 소스에 리가토니를 곁들인 파스타 요리다. 이 소스는 고대 로마의 음식인 코다 알라 바치나라(Coda alla Vaccinara)와 유사하며, 이 소스에 감자를 곁들여 오븐에 조리하면 단품 요리로 내놓아도 손색이 없다.

또한, 세몰라와 달걀로 반죽한 톤나렐리(Tonnarelli)가 있는데, 이 면은 아부르초의 '키타라(Chitarra)'라고 하는 틀에 내려 만든 파스타와 모양이 같다. 로마 시내에서는 '톤나렐레'로 불린다. 이 파스타는 삶은 감자와 작게 자른 한치로 맛을 내지만, 카르보나라 소스와도 잘 어울린다.

톤나렐레 알라 카르보나라   톤나렐리

    로마 파스타의 대표적인 소스인 카치오 에 페페(Cacao e Pepe)도 있는데, 페코리노 치즈와 후추 그리고 버터로 맛을 낸다. 어울리는 파스타로는 로마의 전통 면인 톤나렐레나 마케로니 알 페로(Macheroni al Ferro)가 있다. 피자 또한 빠질 수 없는데, 네모난 오븐 팬인 텔리아(Teglia)에 구운 얇고 네모난 피자 텔리아와 길다란 직사각형 나무판에 올려 굽는 팔라 피자(Palla)가 유명하다.

● 로마 100년 전통 생파스타 전문점,
   파스티피쵸 구에라(Pastificio Guerra)

파스티피쵸 구에라

스페인 광장에 위치한 생파스타 전문점이다. 이미 여행 책자에 소개될 정도로 유명세를 타고 있는 곳이다. 그날의 두 가지 파스타를 정해서 판매되는데, 4유로에 한 가지 메뉴를 선택할 수 있다. 내가 방문한 날은 토르텔리니와 페투치니의 두 가지 메뉴였다. 이미 삶은 면에 소스와 양념을 뿌려 담아 주는 식으로 판매가 이뤄진다. 15분 정도 기다려 토르텔리니를 먹긴 했지만, 라비올리 도우가 지나치게 두껍고 면도 익지 않았다. 토르텔리 소는 살시챠(Salsiccia)를 넣은 것처럼 돼지고기 소는 간이 강했으며, 소스는 프로쉬토를 볶아서 맛을 낸 토마토소스 계열을 사용하여 조리했다.

토마토소스에 버무린 토르텔리니를 일회용 용기나 테이크 아웃 용기에 담아 준다. 가게 안은 오래된 파스타 기계들이 쉴 새 없이 작동되면서 스폴리아(Sfoglia)를 만들어 내고 있었다. 좁은 가게 내부에는 서서 식사를 하는 관광객들로 빼곡하여 받아나온 음식을 흘릴 뻔했다.

토마토소스의 맛은 정말 기가 막힌다. 아쉬운 건 토르텔리니의 도우만 얇았어도 평생 잊지 못할 로마의 생파스타 맛이 될 뻔했다는 점이다.

토마토 소스로 버무린 토르텔리니

13) 아브루초(Abruzzo)

이 주는 라퀼라(L'Aquila), 페스카라(Pescara), 키에티(Chieti) 등의 도시가 대표적이며, 대중적인 파스타로는 '키타라(Chitarra)'라고 하는 얇고 가는 현으로 만들어진 전통 파스타기구에 얇게 민 스폴리아(Sfoglia)를 올려서 밀방망이로 올려 잘라내는 마케로니 알라 키타라(Macheroni alla Chitarra)가 있다. 키타라 면은 전통적으로 풍부한 라구소스와 잘 어울린다.

마케로니 알라 무냐이아

이색적인 파스타인 마케로니 알라 무냐이아(Macheroni alla Mugnaia)가 있는데, 연질밀에 물을 섞어 만든 반죽을 나무판 위에서 얇게 자장면처럼 손으로 만든 파스타를 알덴테 상태로 삶아서 가족들이 탁자에 둘러앉아 삶은 파스타와 가벼운 토마토소스에 버무린 파스타를 나눠 먹는 모습이 이색적인 파스타다. 제노바의 트로피(Trofie)에 파스타와 모양이 유사한 체카마리티(Cecamariti)는 세몰라와 곱게 빻은 옥수수가루를 물로 반죽한 양쪽이 뾰족한 지렁이 모양의 파스타이다. 그리고 밀가루 반죽으로 만든 크레페와 유사한 스크리펠레 무쎄(Scrippelle Musse)가 있는데, 파마산 치즈로 소를 채워 만들어 낸다.

14) 몰리제(Molise)

이 주의 대표적인 도시는 캄포바쏘(Campobasso)이며, 대중적인 파스타로는 세몰라와 미지근한 물을 넣어 반죽한 카바텔리(Cavatelli)가 유명하다. 파스타 반죽을 담배모양으로 만든 후 2-3cm 간격으로 자른 반죽을 손가락으로 눌러 당겨 만든다. 카바텔리는 양고기로 만든 라구 소스와 잘 어울리는 파스타다.

카바텔리

또한 생면으로 만든 푸질리도 유명한데, 반죽을 얇은 철사로 돌돌 말아 건조시켜 사용하는 면이다. 이 파스타는 매콤한 토마토소스에 잘 어울린다.

그리고 스파게티 면에 마늘, 올리브유와 고추만을 넣어 만든 스파게티 알리오 올리오 에 페페론치니(Spaghetti Aglio, Alio e Pepperoncino)가 있다. 아주 간단한 파스타이지만 맛을 내기가 까다로운 파스타로, 호불호가 확실히 갈린다. 세 가지 재료에서 맛을 내야 하므로 재료의 맛을 즐길 수 있어, 이탈리아의 파스타 요리를 대표하는 상징과도 같다.

15) 캄파냐(Campagna)

'세계 3대 미항'이라 불리는 나폴리가 주 도시이며, 해변과 관광지로 유명한 소렌토(Sorrento), 아말피(Amalfi), 살레르노(Salerno), 포지타노(Pogitano), 푸른 동굴로 유명한 카프리 섬(Isola di Capri)도 있다. 내륙으로는 베네벤토(Benevento), 카제르타(Caserta), 아벨리노(Avellino) 등도 캄파냐를 대표하는 도시들이다. 풍부한 해산물로, 해물요리와 피자와 파스타의 고장이기도 하다. 물소 젖으로 만든 모차렐라 치즈와 토마토와 바질을 곁들여 만든 파스타 요리들을 비롯하여 다양한 요리에 양념으로 사용되는 토마토는 산 마르자노(San Marzano) 지역에서 생산된 길쭉한 모양의 토마토이다. 샐러드며 소스, 파스타, 이탈리아 요리에 많이 사용된다.

이태리 내에서 생산되는 세몰라를 이용하여 건파스타를 만드는 공장들이 많다. 나폴리 시내와 외곽에 두툼하게 발효시킨 나폴리식 피자가 성업 중인 피자가게들이 즐비하다. 이색적인 피자로는 소를 채운 반달 모양의 반죽을 기름에 튀긴 판제로티(Panzerotti)도 있으며, 싱싱한 해산물, 튀긴 반죽, 튀긴 감자 등을 튀겨 일 필리오 디 카르타 팔리아(IL Figlio di Carta Paglia)라 불리는 튀김용 누런 봉지를 콘 모양으로 말아 튀긴 요리들을 담아 판매하는 길거리 음식의 천국이다.

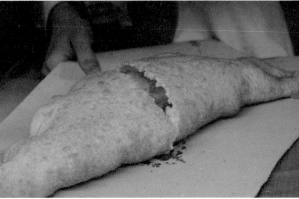

쿠오포   판제로티

    캄파냐의 파스타는 나폴리와 인접한 소렌토 스타일의 파스타 알라 소렌티나(Pasta alla Sorrentina)가 있다. 토마토소스를 기본으로 삶은 파스타와 '카쵸카발로(Caciocavallo)'라고 하는 이 지역의 특산품인 치즈가루를 넉넉히 뿌려 매콤하게 먹는 스타일이다. 이 지역의 대표적인 건파스타인 지티(Ziti)는 라구소스와 채소 등으로 같이 조리하여 오븐에 그라탕을 하는 지티 리피에네(Ziti Ripiene)에 사용하며, 튜브 모양의 건파스타인 파케리(Pacheri)도 이 지방을 대표하는 파스타 중에하나다.

    산간지방인 이르피냐(Irpinia) 지역을 대표하는 아벨리노(Avellino)에서는 트릴리(Trilli) 파스타가 있는데, 이 파스타는 카바텔리와 유사한 경질밀로 만든 생파스타로 호두 소스와 잘 어울린다. 세몰라와 물로 반죽한 파스타를 두툼하게 밀어 토르콜리(Torcoli)라고 하는 밀대로 잘라 만든 마카로나라(Maccaronara)도 아벨리노를 대표하는 파스타 중에 하나이다.

이 지역의 독특한 파스타로는 로마의 톤나렐레와 유사한 파스타가 있는데, 세몰라에 우유를 넣어 반죽한 파스타인 쉬알라티엘리(Scialatielli)다. 우유를 넣어 반죽했기에 파스타 색이 흰색을 띠며, 나폴리의 해산물로 만든 소스와 잘 어우러진다.

또 이 주의 이색적인 소스들도 있는데, 허브페스토 소스인 모레툼(Moretum)은 호두, 마조람, 바질, 마늘, 이태리파슬리, 카치오 리코타(Cacio Ricotta) 등을 절구에 빻아 만든 향초치즈 소스다. 로마시대부터 유래된 것으로서 빵의 스프레드(Spread)로 현재까지 전해 내려오고 있다. 이것은 살레르노의 *은둔데리(Ndunderi)와 같은 파스타와 어울리는 소스다. 그리고 나폴리의 전통소스인 제노베제(Genovese)도 있다. 허브 소스가 아닌 소고기의 볼살을 넉넉한 양파, 당근, 샐러리와 같이 볶고 와인과 육수를 넣어 되직하게 끓여 내는 단맛이 나는 소스로 지티(Ziti), 쉬알라티엘리(Scialatielli) 또는 은둔데리(Ndunderi) 등에 사용되는 소스다.

가재 새우와 호박소스를 곁들인 쉬알라티엘리

또한, 건파스타로 오랜 전통과 역사를 자랑하는 그라냐노에서는 많은 건파스타 공장들이 위치해 있으며, 파스타를 생산하여 이탈리아 현지 등 외국에까지 수출을 하고 있는 곳들이 나폴리 만에 걸쳐 있다.

* 은둔데리는 밀가루, 리코타, 노른자 등으로 만든 반죽을 페티네(Pettine) 틀에 굴려 만든 뇨키 모양의 파스타를 말한다.

● 나폴리 생파스타 전문점, 마트리카르디(Matricardi)

matricardi(pasta fresca)

나폴리 시내에 위치한 파스타 공장으로 20여 가지의 파스타를 만들어 판매를 하는 곳이다. 주 고객은 동네 주민들이며, 가족 단위로 공장을 운영하고 있는 소규모 파스타 가게다. 매일 11시면 그날 만든 신선한 생면을 구입할 수도 있고 건

조한 면도 구매할 수 있다. 주방에는 10여 대의 생면 기계가 작동되면서 점원들은 스폴리아 면부터 여러 종류의 라비올리까지 만들어 내고 있다.

마티카르디의 생면 제조는 100% 세몰라를 기준으로 만들어진다. 세몰라 1kg 기준으로 전란 6-7개 정도를 사용하며, 라비올리는 반죽을 묽게 하지만 다른 짧은 면들은 되직하게 만드는데, 이때 건파스타로 만들 경우에는 소금을 넣지 않고 작업하여 만들어 낸다. 라비올리 종류도 강력분이 아닌 세몰라로 반죽을 한다. 대체적으로 우리 한국 내 이탈리안 레스토랑에서 만드는 라비올리 반죽이 상당히 얇다고 느낄 수 있을 정도로 이곳은 매우 두꺼운 편이다. 방금 만든 라비올리는 건조기에 이틀 정도 말려 주는데, 건조기에는 찬바람이 순환하고 작동되어 건조해 준다. 건조가 완성된 것은 단단하고 달라붙지 않는다. 또한 탈리아텔레 외 작은 면들도 건조용 체에 올려져 건조기에 넣어 말려 준다.

뇨키는 체에 내린 삶은 감자와 박력분을 넣어 반죽기에 돌려 반죽을 한 후, 뇨키 기계로 옮겨 여분의 밀가루를 뿌려 가면서 뇨키 기계에서 성형된 뇨키가 나오게 된다. 오래전에는 수작업으로 했던 파스티피쵸 매장들이 전체적으로 기계를 이용한 가계들이 많아졌다. 나폴리를 여행한다면 수많은 파스타 공장에 들러 파스타를 만드는 과정을 눈여겨볼 만하다.

16) 풀리아(Puglia)

풀리아는 아드리아해와 인접한 주로, 해산물 요리가 풍부하며 타란토(Tarranto) 등지에서 나오는 질 좋은 홍합과 굴을 이용한 그라탕 요리가 유명하다. 이태리 지역 내에 다량의 올리브가 생산되는 지역이며, 풀리아의 대표적인 파스타로는 오레키에테(Orecchiette)가 있다. 이 파스타는 세몰라와 물로만 반죽하여 작은 귀 모양으로 만들어 내는 생파스타로, 세몰라 반죽을 작은 칼로 자른 후 당겨 뒤집어 내어 '작은 귀' 모양으로 만들어 내는데, 특히 바리 시내에 위치한 라 비아 델레 오레키에테(La Via delle Orecchiette) 거리에서는 동네 아주머니들이 집 밖에 나와서 오레키에테를 만드는 광경을 목격할 수 있다.

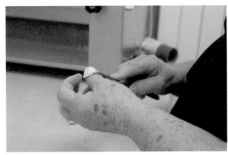

오레키에테 만들기

프레시 오레키에테가 유명한 만큼 자그마한 축제가 매년 열리는데, 남부 이탈리아 바리와 타란토의 중간 지점인 자그마한 코무네(Commune), 카란나 치스테르니노(Caranna Cisternino)에서 매년 8월 '사그라 델라 오레키에테(Sagra della Orecchiette)'라고 하여 축제가 열린다. 수작업으로 만든 파스타를 오랫동안 전통적인 기법으로 만들어 내려온 오레키에테를 '치메 디 라파(Cime di Rapa)'라고 하는 무청에 파스타를 버무린 전통적인 맛을 볼 수 있다. 치체로 에 트리아(Cicero e Tria)는 아랍 기원의 요리로 병아리콩과 탈리아텔레면과 튀긴 파스타를 곁들여 먹는 살렌토(Salento)의 전통파스타다.

굵은 철사를 이용해 손으로 만든 푸질리(Fusilli fatti a Mano con il Ferreto)도 있다. 말고기를 이용한 라구로 살시챠(Salsiccia), 닭고기, 판체타(Pancetta)와 양고기를 같이 섞어서 만든 소스가 이색적이다.

17) 바질리카타(Basilicata)

이 주는 내륙에 속한 포텐차(Potenza)를 대표로 하는 산간지방으로, 양고기나 염소고기 등을 이용한 요리들이 많다. 특히, 양고기 요리인 아넬로 알라 파스토라(Agnello alla Pastora)가 있는데, 감자와 양 어깻살로 만든 양치기 스타일의 음식이며, 세몰라를 반죽하여 잘라 손가락을 이용해서 만든 스트라쉬나티(Strascinati)와 같은 파스타가 유명하다. 큰 조롱박 모양을 하고 있는 카쵸카발로(Caciocavallo) 라고 하는 치즈도 빠질 수 없는 양념 중의 하나이다. 타파렐레(Taparelle)는 편편한 모양의 오레키에테 모양을 하고 있는 파스타로, 새끼 손가락 크기로 자른 세몰라 반죽을 두 손가락으로 당겨서 편편하게 편모양을 하고 있다.

스트라쉬나티

튜브 모양의 파스타인 미누이크(Minuich)는 잘게 자른 세몰라 반죽을 굵은 철사로 튜브 모양으로 만든 것이다.

18) 칼라브리아(Calabria)

육지의 끝에 위치한 주로, 대부분 산과 계곡으로 이뤄진 지역으로 코젠차(Cosenza)와 카탄차로(Catanzaro)가 대표하는 도시다. 이태리 요리에 많이 쓰이는 보라색 양파인 치폴라 디 트로페아(Cipolla di Tropea)가 트로페아 지역에서 생산되며, 이색적인 살라미로 딥이나 스프레드(Spread)로 사용하는 은두야(Nduja)가 있다.

전통적으로 돼지 어깻살, 돼지지방 그리고 삼겹살과 매운 고추를 갈아서 만든 살라미이다. 보통 다른 살라미는 얇게 슬라이스해서 먹지만, 은두야는 *케이싱(Casing) 안에 있는 매콤한 내용물을 꺼내 빵에 발라서 먹기도 하고 파스타 소스

은두야

와 요리의 양념으로도 사용된다. 칼라브리아의 자그마한 '스필리가(Spiliga)'라는 마을의 특산품이다. 이 지역은 산간지방이어서 추운 날씨를 극복하기 위해서 고추를 써서 매운 살라미를 만들었다.

또한, 바다와 인접한 도시에는 해산물 요리가 유명한데 황새치를 이용한 요리로 페쉐 스파다 인 살모릴리오(Pesce Spada in Salmoriglio), 뿔가재인 아라고스타(Aragosta)와 거미가재인 그란세볼라(Grancevola) 등을 이용한 요리들이 유명하다.

그리고 소 채운 파스타인 카펠리 디 프레테(Cappelli di Prete)가 유명한데, 소프레싸타(Sopressata), 삶은 달걀과 카쵸카발로 치즈로 소를 채워 만든 삼각형 모자 모양의 파스타이다. 거친 호밀가루와 통밀 가루로 반죽하여 긴 베르미첼리(Vermicelli) 모양으로 만든 스투룬카투라(Sturuncatura)면은 건면으로도 판매되고 있으며, 마카로니(Macaroni)는 경질밀로 만든 반죽에 굵은 철사를 비벼서 길이 15센티 크기의 원통형의 튜브모양으로 만든 파스타도 있다.

* 케이싱은 소시지나 순대의 내용물을 담는 창자를 말한다.

19) 시칠리아(Sicilia)

이태리 큰 섬 중에 하나로, 주 도시는 팔레르모(Palermo)이며, 시라구사(Siragusa), 카타냐(Catania), 트라파니(Trapani) 등이 주 도시이다. 옛날부터 외세의 침입을 많이 받은 섬으로 여러 문화가 공존하는 곳이며, 특히 아랍인들의 영향을 받아 건조 파스타가 처음 시작된 곳이다. 해산물 요리가 유명하며, 젤라토(Gelato), 페코리노(Pecorino) 치즈와 리코타 치즈, 양고기 등이 유명하다.

보타르가

부지아티

숨어 알과 참치 알로 만든 보타르가(Bottarga)가 특산품으로 잘 알려져 있다. 보타르가는 며칠 동안 소금 물에 침지하고 드라이해서 만들며, 만드는 사람에 따라 염도, 질감 그리고 단단한 정도가 다르다. 오랫동안 보관하기 위해서는 밀랍을 발라서 사용하기도 하며 갈아서 파스타와 레몬조각과 같이 제공하는 *콜컷(Cold Cut)으로도 여러 가지 요리에 사용된다.

시칠리아와 인접한 자그마한 판텔레리아(Pantelleria)섬에서 생산되는 케이퍼는 최고의 품질로 인정을 받는다. 시칠리아에는 최대 소금 생산지 트라파니(Trapani)가 있는데, 수 세기 동안 이탈리아 내륙뿐만 아니라 외국에까지 우수한 품질을 인정받아 수출하고 있으며, 트라파니의 해수, 이글거리는 태양, 따스한 바람 그리고 오래전부터 내려오는 선조들의 전통적인 방법으로 만들어 오는 제염 방법들이 세계적으로 유명한 소금을 만들어 냈다. 일반 소금보다 미네랄과 마그네슘, 요오드, 칼륨 등이 풍부하며, 화학적인 방법을 이용하지 않고 노동자들의 수작업만으로 만들어 낸다고 한다.

우리에게 잘 알려진 요리는 조리한 쌀에 치즈나 고기라구를 넣어 튀겨 낸 **아란치니(Arancini)가 있고, 여러 가지 야채를 튀겨서 볶아 낸 카포나타(Caponata), 토마토를 갈아 만든 시칠리안 페스토인 페스토 알라 트라파네제(Pesto alla Trapanese), 파스타를 삶아 구운 가지에 감싸 오븐에 구워 내는 파스타 은카쉬아타(Pasta n'casciata) 등도 유명하다. 생파스타로는 부지아티 알라 트라파네제(Busiati alla Trapanese)로, 생푸질리와 같은 모양인데 길이가 15센티 정도의 크기이며 전통적으로 시칠리안 페스토로 양념을 한다.

* 햄, 살라미, 소시지 등을 슬라이스 한 전체
** 고기소를 넣은 구 모양의 쌀 튀김

20) 사르데냐(Sardegna)

이태리 본토와의 차별화된 맛을 가진 사르데냐에는 이색적인 파스타가 있는

쿨루르조네스　　　　　　　　　　　　　　프레굴라

데, 좁쌀 크기만 한 파스타로 입에서 터지는 식감이 독특한 프레굴라(Fregula),
세몰라와 샤프란을 넣어 만든 반죽으로 만든 뇨케티 사르도(Gnochetti Sardo) 혹
은 이 파스타를 '말로레두스(Malloreddus)'라고도 부른다. 세몰라 반죽을 얇게 밀
어 매듭 모양으로 만들어 내는 롤리기타스(Lorighittas), 삶은 감자와 페코리노
치즈로 소를 채워 만든 사르데냐의 전통 라비올리인 쿨루르죠네스(Culurgiones)
등이 사르데냐를 대표하는 파스타이다. 그리고 페코리노 치즈, 자페라노
(Zafferano)라 불리는 샤프란, 아티초크, 보타르가(Bottarga)도 빼놓을 수 없는 특
산품이다.

● 이탈리아의 지역별 파스타 종류 및 요리

주 이름	파스타 및 요리
발레 다오스타 (Valle d'Aosta)	뇨키 알라 폰티나(Gnocchi alla Fontina) 아뇰로티 디 부로 디 몬타냐(Agnolotti di Burro di Montagna) 페투치네 디 카스타냐 콘 베르차 에 코스테 (Fettucine di Castagna con Verza e Coste)
피에몬테(Piemonte)	아뇰로티 달 플린 (Agnolotti dal Plin) 타야린(Tajarin)
롬바르디아(Lombardia)	아뇰리(Agnoli), 아뇰리니(Agnolini), 카펠로니(Capelloni) 카존세이(Casonsei), 피초케리(Pizzocheri)
프리울리-베네치아 쥴리아 (Friuli-Venezia Giulia)	비스나(Bisna), 찰촌스(Cialzons)
트랜티노-알토 아디제 (Trentino-Alto Adige)	카네데를리 디 판 그라타토(Canederli di pan gratatto)
베네토(Veneto)	비골리 콘 라나트라(bigoli con L'anatra), 카준치엘(Casunziel)
리구리아(Liguria)	트레네테(Trenette), 바베테(Bavette), 코르제티(Corzetti), 트로피 에(Trofie), 판소티(Pansotti)
에밀리아-로마냐 (Emiglia-Romagna)	아놀리니(Anolini), 카펠라치(Capellacci), 카펠레티(Cappelletti), 토르텔리(Tortelli), 토르텔리니(Tortellini), 라자냐(Lasagna), 탈리 아텔레(Tagliatelle)
토스카나(Toscana)	파파르델레 술라 레프레(Papardelle sulla Lepre) 쿠스쿠스 알라 리보르네제(Couscous alla Livornese)
움브리아(Umbria)	치리올레 알라 테르나라(Ciriole alla Ternara) 움부리첼리 알 트라시멘토(Umbricelli al Trasimento)
마르케(Marche)	탈리엘리니 알 라구(Taglierini al Ragú) 빈치스그라시(Vincisgrassi) 타코니(Tacconi)

라지오(Lazio)	부카티니 알라 아마트리챠나(Bucatini all'Amatriciana) 톤나렐레(Tonnarelli)
아부르초(Abruzzo)	스크리펠레 무세(Scrippelle Musse) 마케로니 알라 무냐이아(Macheroni alla Mugnaia) 마케로니 알라 키타라(Macheroni alla Chitarra) 체카마리티(Cecamariti)
몰리제(Molise)	스파게티 알리오 올리오 에 페페론치노(Spaghetti Aglio, Olio e Pepperoncino) 체카텔리(Cecatelli) 또는 카바텔리(Cavatelli) 푸질리 알 페로(Fusilli al Ferro)
캄파냐(Campagna)	지티 리피에네(Ziti Ripiene) 쉬알라티엘리(Scialatielli) 트릴리 콘 노체(Trilli con Noce) 마카로나라(Maccaronara)
풀리아(Puglia)	오레키에테(Orecchiette) 치체로 에 트리아(Cicero e Tria)
칼라브리아(Calabria)	라비올리 디 카펠리 디 프라테 (Ravioli di Cappelli di Prete) 스트룬카투라(Sturuncatura) 마카루니(Macaruni)
바질리카타(Basilicata)	스트라쉬나티(Strascinati) 타파렐레(Taparelle) 민니키(Minnichi)
시칠리아(Sicilia)	부지아티 알라 트라파네제(Busiati alla Trapanese) 파스타 은카쉬아타(Pasta n'casciata)
사르데냐(Sardegna)	프레골라(Fregola) 말로레두스(Malloreddus) 롤리기타스(Lorighittas)

03

꼭 알아야 할
파스타 상식

1) 파스타 삶는 물은 소금 양이 중요하다

파스타를 맛있게 삶는 황금비율은 물:파스타:소금의 비율이 '1ℓ:100g:10g'이다. 물은 파스타 100g당 1ℓ가 필요하다. 물이 충분해야 하는 이유는 삶는 동안 파스타가 움직일 수 있는 공간이 있어야 서로 들러붙지 않기 때문이다. 또, 건조 파스타 100g은 삶고 나면 무게나 부피가 모두 2배 정도 늘어나기 때문에 그만큼 많은 양의 물이 필요하다. 건면 100g을 삶을 때에는 물 1ℓ에 굵은 소금 10g 정도를 넣는다. 하지만 이탈리아의 지역에 따라 요리하는 셰프에 따라 12g 정도의 소금을 사용하는 경우도 있다.

건파스타 자체에는 전혀 간이 되어 있지 않기 때문에 소금 넣는 것을 잊어버리면 소스를 아무리 맛있게 만들고 간을 강하게 해도 면에 흡수가 안 되며, 파스타 자체가 싱거워 맛이 없어진다. 반대로 면수의 간만 잘 맞아도 파스타 요리는

50% 이상 성공할 가능성이 높다.

또한, 생면은 기본 간을 하여 반죽하기 때문에 면수에 넣는 소금 양은 5g 정도가 적당하다. 파스타 요리를 처음 하는 초보자라면 염도계를 사용하고 물의 간을 확인한 후에 면을 넣는 것도 한 가지 방법이다.

파스타 면 안에서 소금은 맛이 좋아지는 역할을 할 뿐만 아니라, 면의 전분을 바짝 조여 글루텐의 성분을 배출되는 것을 막아 주는 역할을 한다. 또한 소금이 면을 수축하게 만들어 쫄깃함을 주기에 적당한 소금이 중요하다고 볼 수 있다.

2) 면 물에 소금을 넣는 시점은?

면 물이 팔팔 끓으면 소금을 넣고, 소금이 녹으면 면수의 농도를 보고 파스타를 넣어야 한다. 소금을 면 물에 미리 넣으면 물이 더디 끓게 되므로 물이 끓은 다음 소금을 넣는 것이 좋다. 물이 끓을 때 소금을 넣으면 순간적으로 물의 온도가 올라가 끓어 넘칠 수 있어 화상의 위험이 있으므로 면을 넣을 때는 항상 신중해야 한다. 소금이 녹으면 파스타를 넣은 후, 불을 최대한 높이고 바로 파스타 집게 등을 이용해 휘저어 물에 잠기게 한다. 뚜껑을 연 채로 가끔 잘 저어 주면서 삶는다.

3) 파스타 삶는 물에 올리브유는 절대 넣지 않는다

혹시나 파스타를 삶을 때 물속에 면들이 달라붙을까 염려되어 기름을 넣어 삶는 경우가 있다. 하지만 삶아지는 파스타에 올리브유는 아무런 영향을 미치지 못한다. 삶는 시간 동안 두세 번을 젓는다면 전혀 달라붙지 않는다. 올리브유를 넣는다면 면 물 위에 떠 있고 파스타는 물속에 있으므로 아무런 효과를 보지 못한다. 단, 면을 꺼낼 때 물 표면 위에 떠 있는 기름 분자들이 면에 살짝 닿으면서 아주 미세한 양이 파스타에 달라붙는다. 미리 삶아서 조리할 경우, 삶은 후 물기를 제거하고 소량의 기름을 삶은 면 위에 살짝 버무려 사용하는 것이 더 이상적이다.

4) 파스타는 알덴테(al dente)로 삶는다

이탈리아인들이 원래부터 알덴테를 좋아하지는 않았다고 한다. 중세에는 파스타를 푹 삶아 먹었던 것이 일반적이었는데, 이탈리아 지역요리를 집대성한 펠레그리노 아르투시(Pellegrino Artusi)의 저서 『조리법과 식사법(La Scienza in Cucina e L'Arte di Mangiare Bene)』에 '살짝 삶은 파스타'라는 알덴테 개념이 처음 소개되었다고 한다. 이것은 새로운 조리법으로 간주되었고, 19세기 중반까지는 나폴리를 제외한 지역에서는 파스타를 푹 익혀 먹었으며 건조파스타가 발전한 나폴리에서부터 파스타를 덜 익혀 먹는 알덴테가 발전하게 되었다.

알덴테는 삶은 파스타의 가운데 '덜 익은 심지가 미세하게 남아 있는 상태'를 말한다. 파스타를 알덴테로 삶기 위해서는 삶는 시간이 가장 중요하다. 파스타는 굵기나 생김새에 따라 삶는 시간이 다른데, 모든 파스타는 포장지에 삶는 시간이 반드시 표기되어 있다. 이탈리아어로 되어 있다고 해도 '8 minuti', 즉 8분으로 분명 알아보기 쉬운 곳에 표기되어 있으므로 반드시 시간을 확인하는 것이 중요하다. 하지만 파스타를 삶는 시간은 기후나, 물이 경수인가 연수인가, 혹은 불의 화력 그리고 삶는 용기의 크기, 물 양에 따라 차이가 있으며 포장지에 시간은 단지 참고 사항이라고 생각하면 맞을 것 같다. 그리고 알덴테로 조리하기 위해서는 포장지에 표기된 시간보다 약 2-3분 정도 미리 꺼내 확인한 후에 조리하는 것이 이상적이다. 하지만 알덴테의 기준은 이탈리아의 지역에 따라, 요리하는 셰프에 따라 다르므로 어떤 상태가 정확한 알덴테인지는 가늠하긴 힘들다. 기호도와 선호도에 초점을 맞춰야 할 듯하다.

알덴테로 삶은 파스타는 삶아서 건져내면 푹 퍼진 상태가 아니라 여전히 면발이 탱탱하고, 포크에 적당히 감아지며 입안에서는 씹히는 맛이 살아 있다. 가장 정확한 방법은 맛을 보는 것으로, 시간이 거의 다되었다면 파스타를 한 가닥 꺼내서 한 입 깨물어 본다. 알덴테로 삶는 것은 경험상의 문제인데 스파게티를 예로 들면, 스파게티를 삶는 도중에 한 가닥을 꺼내 잘라 보면 가운데에 아직 익지 않은 하얀 심이 남아 있다. 계속 삶으면 스파게티가 익으면서 이 하얀 심이 점점 작아지는데, 이 심이 막 사라지려고 하는 그 시점이 바로 알덴테 상태다. 그러니까 이 하얀 심이 바늘 끝만큼 남아 있을 때 파스타를 건져서 물기를 제거하면 된다. 따라서 봉지에 적혀 있는 시간을 기준으로 그전에 미리 맛을 보는 것이 가장 확실한 방법이다. 또한, 최종적으로 소스와 볶은 면의 간은 소스에 적신 파스타 면의 간을 봐야 한다. 소스만을 봐서는 분간하기 어렵다.

5) 삶은 파스타는 물에 헹구지 않는다

우리나라의 국수는 삶고 나서 물로 헹구지만, 파스타는 물로 헹구지 않는다. 물론 예외가 있기는 하지만, 바로 먹을 파스타라면 체에 걸러 물기만 제거한다. 냉파스타일 경우, 물에 헹구어 내면 쫄깃한 식감을 낼 수 있다. 그러나 에멀전을 하는 파스타일 경우, 헹구어 내면 파스타 표면에 있는 끈적끈적한 전분기가 전부 씻겨져 버리기 때문에 소스가 잘 묻어나지 않고 미끄러져 맛이 없어진다. 지고 면 간도 싱거워진다.

6) 파스타는 왜 알덴테(al dente)로 삶아야 하나요?

알덴테로 삶은 파스타의 표면을 현미경으로 확대해 보면 그물 구조로 되어 있는 것을 볼 수 있는데, 그물 구조는 글루텐이라는 밀 단백질이다. 알덴테로 삶으면 글루텐이 보호가 되어 에멀전(Emulsion) 현상에 지대한 영향을 미친다. 알덴테로 삶은 파스타는 뜨거운 물이 파스타 중심까지 침투했지만, 중심부의 전분 알갱이들은 수분을 비교적 적게 흡수해서 글루텐 그물 조직이 여전히 견고하게 남아 있다.

이 그물 구조가 중요한 이유는 구조 사이로 소스와 오일이 스며들어 면에 맛이 배어들게 하는 데 중요한 역할을 하며, 면과 소스가 따로 되지 않도록 만들어 주는 데 결정적인 역할을 하기 때문이다. 다시 말하면, 면과 소스가 잘 엉기게 되는 역할을 하여 맛 또한 훌륭하게 변하게 되므로 알덴테로 삶아야 에멀전 현상을 만드는 데 도움을 주기 때문이다.

결국 알덴테로 삶는 이유는, 오직 알덴테일 때만 이 그물 구조가 살아 있기 때문이다. 알덴테보다 덜 익은 파스타에서는 이 그물 구조가 덜 일어나 있고, 지나치게 삶은 파스타에서는 아예 그물 구조가 사라지기 때문에 알덴테로 삶아야 한다.

이탈리아인들에게는 알덴테로 삶아서 먹는 것이 소화 흡수에 잘된다고 한다. 소화가 잘되는 것에 대한 과학적 근거를 찾지 못했지만, 파스타를 삶는 면수를 소스에 이용하면 면 물에는 물 양의 1% 정도의 소금이 들어 있기 때문에 면수를 파스타를 볶는 소스로 활용하면 글루텐에 영향을 준다. 즉, 소금은 글루텐을 강화시켜 주므로 파스타를 삶는 소금 양과 소스의 간도 중요하다고 본다. 물론 면수의 간이 가장 중요한데, 면수의 소금이 들어 있지 않거나 미세하게 들어가면 파스타 면의 전분의 용출이 심해지는 겔화 현상과 영양소 손실도 있으며, 당연히 글루텐 조직에도 영향을 덜 주어 훌륭한 맛을 내는 파스타를 만들기에 힘이 들 수밖에 없다. 이태리인들의 파스타가 짠맛이 강하면서 면이 쫄깃한 이유가 여기에 있다. 이탈리아 요리의 특징이 '맛이 있는 짠맛'으로 표현되는 것은 이런 이유가 아닌가 싶다.

가령, 단시간 삶는 면수에는 기본 간 보다 두배 정도는 해야 간이 밸수 있다. 예를들면 스파게티를 2분정도 혹은 미만으로 삶아 숙성 시키는 면과 같은 경우이다. 짧은 시간으로 삶기에 간이 적게 스며들므로 면수를 강하게 한다.

7) 파스타 조리는 에멀전(Emulsion)이 중요하다

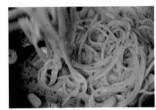 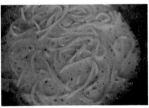 

에멀전은 '유상액'이라는 의미를 지닌다. 하지만 요리에서는 서로 섞이지 않은 액체를 섞이게 만든 걸쭉한 형태를 말한다. 오일 파스타에서 에멀전을 만드는 것

은 오일, 파마산치즈, 면(전분질)과 면수 그리고 와인 등의 재료들이 적당한 온도에서 볶아지면서 걸쭉한 형태를 만들어 낸다. 면과 면수에는 밀 안에 들어 있는 유화제로서의 기능을 하고 있기 때문에 지나치게 오일이 많지 않은 소스에서는 유화제로서 기능을 발휘하여 에멀전 형태를 만들어 낸다. 인위적으로 *루(Roux), **브르마니에 (Beurre Manie), 아몬드 가루, 삶은 물에 세몰라 가루를 넣은 것, 혹은 삶은 면의 육수를 넣는 것은 이 때문이다. 굳이 인위적인 루를 사용하지 않더라도 단시간 삶은 면과 많은 양의 육수, 버터, 올리브 유, 치즈 등을 적절하게 사용하여 볶으면 걸쭉한 형태의 소스를 만들어 낼 수 있다.

* 루는 동량의 밀가루와 버터를 볶은 것
** 브르마니에는 밀가루와 녹인 버터를 섞은 것

8) 에멀전은 버터로도 가능하다

　파스타 요리도 트랜드가 조금씩 변한다는 사실을 잊지 말아야 한다. 10여 년 전까지만 해도 올리브 오일을 이용한 파스타가 대부분이었지만, 이탈리아 북부에서는 올리브 오일로 에멀전을 하지 않고 대부분 버터로 라비올리나 스폴리아를

자른 파스타 등에 사용해 왔다.

물론 생파스타에 버터를 종종 사용해 왔다면, 이제는 건면에도 소스로 또는 마지막 에멀전에 사용하고 있다. 물론 기호도에 따라 다르겠지만 적절하게 사용된 버터는 맛과 풍미에 영향을 미친다.

9) 파마산치즈를 넣는 시점은 요리의 마지막 단계다

수많은 파스타 요리에서는 파마산 치즈를 넣어서 맛을 낸다. 요리사들마다 넣는 시점이 다른데, 파마산 치즈 가루를 요리의 넣는 시점은 조리의 마지막 단계가 적당하다. 치즈는 높은 온도에 넣으면 지방이 분해되므로 맛에 변화가 일어나기 때문이다. 약불에서 단시간 조리한다면 맛의 변화가 없지만 센불에서 장시간 조리하면 소스가 분리될 수 있고 적절한 치즈의 양과 치즈를 넣는 적당한 시점은 끈적한 소스를 만들 수 있는 장점이 있다. 마지막에 넣는 파마산치즈는 소스의 향과 감칠 맛을 늘리고 소스를 걸쭉하게 만든다. 파마산치즈를 넣는 양은 책마다 다른데, 이것은 기호에 따른 것일 뿐 양이 정해져 있지는 않다.

10) 크림소스는 쉽게 분리된다

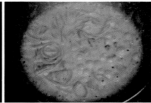

초보자들이 쉽게 범하는 오류로, 요리사들의 경력을 쉽게 가늠할 수 있는 부분이다. 크림소스는 잘못 조리하면 기름과 크림이 유화가 되지 않고 분해가 일어나 크림소스 위에 기름 층이 뜨고 소스가 되직해지는 것을 볼 수 있다.

이유에는 여러 가지 요인이 있겠지만, 지나치게 올리브유의 양을 많이 넣었거나 센 불에서 오랫동안 조리할 경우에 이런 현상이 일어난다. 이럴 때는 기름보다는 버터를 사용하는 것이 이상적이며, 약한 불에서 크림소스의 농도를 천천히 잡는 것이 좋다.

11) 파스타 소스는 삶은 면수를 잘 활용하라!

오일 파스타 소스는 어떻게 만들까? 대부분 오일과 토마토 소스를 만들거나 부족한 소스는 면 물을 이용해서 여분의 소스를 만들어 낸다. 단, 면 물의 소금 염도가 강하므로 새 물로 희석해서 소스를 만드는 것이 좋다.

파스타의 깊은 맛을 위해서는 육수를 사용하는 경우가 많은데 야채, 해물, 치킨 그리고 소고기 육수 등도 사용한다. 파스타는 들어간 재료의 본연의 맛을 즐기는 음식으로, 지나치게 농축된 소스나 육수를 사용하면 본연의 맛을 해칠 우려가 있다. 단지 맛을 보충하는 용도로 소량 사용하는 것은 문제가 없겠지만 말이다.

파스타 소스는 면 물을 기본으로 면을 넣어 볶으면서 마지막에 넉넉한 양의 버터와 치즈를 넣는 것이 에멀전 파스타 소스를 만드는 것이 기본이다. 오일 버전의 파스타는 미리 소스를 만들 수 없기에 순간적인 테크닉이 요구된다. 삶은 면 정도에 따라 볶는 시간이 좌우된다. 면 물을 넣어 파스타를 볶으면서 소스가 형성되는데, 소스가 줄어들어 큰 거품이 사라지면서 작은 거품으로 줄어들면서 전분질로 구성된 거품은 당분으로 변해 입에 감기는 부드러운 식감을 준다. 지나치게 소스가 없어지면 여분의 면 물을 넣어 면발에 붙어 있는 짙은 농도를 풀어 주면 된다.

한국 주방에서 볼 수 있는 소스 혹은 육수 안에 잠긴 파스타를 장시간 조리하여 에멀전을 만드는 방법은 이태리 현지에서는 찾아보기 힘든 방법으로, 한국 내에서 변형화된 조리법으로 보인다. 또한, 이탈리아를 여행하며 먹었던 오일버전의 파스타는 에멀전 보다는 오일에 튀겨진 듯한 형태로 나오는 곳도 있다. 면은 탄력이 있고 꼬들꼬들한 질감은 있었지만 지나치게 많은 오일 때문에 목이 메이는 경우도 있었다. 다시 말하면 전분질의 액체로 걸쭉한 에멀전 소스를 만들거나 아니면 많은 오일에 면을 볶아내는 방법이 있는데 이 또한 두 가지 방법이 옳고 그름이 아닌 기호도에 의한 것이라 보인다.

12) 파스타 1인분의 양은?

파스타 요리 한 가지만 주문하는 단품메뉴일 경우, 건면을 기준으로 1인분에 80g에서 90g 정도가 적당하나, 기호에 따라 100g 혹은 파스타 매니아에게 110g 까지 먹는 사람도 있다. 건면을 삶으면 두 배 정도 가까이 된다는 상식을 알아야 한다. 또한 현지 이탈리아 레스토랑에서 주문 시 파스타 양이 부족할 때는 '돕비오(Dobbio)' 혹은 '아본단테(Abbondante)'라고 하면 두 배 정도 넉넉하게 먹을 수 있으나 약간의 요금이 추가될 수 있음을 알아 두자.

13) 생면도 알덴테로 삶아야 하는가?

생면은 알텐테의 개념이 없다. 그렇다고 푹 익혀서 조리하진 않는다. 세몰라를 기초로 하는 생파스타가 많은 남부 지방의 파스타일 경우 또한 덜 익힌 상태로 소스와 마무리 지어 나온다. 물론 건면처럼 삶은 면을 도중에 건져 확인하는 필수 작업은 하지 않지만, 요리사 나름대로의 익힘 정도가 다르며 군이 신경 쓰는 부분이 아니다. 푹 익혀서 먹는 생면보다 덜 익은 상태가 쫄깃한 식감을 주는 건 사실이다. 하지만 푹 익혀서 먹는 경우도 있어, 생면에서의 알덴테의 규칙은 없지만 익힘 정도는 선호에 따라 달라질 수 있다. 주의할 점은 지나치게 덜 삶으면 날 밀가루의 냄새가 날 수 있음을 감안해야 한다.

14) 세컨 쿡(Second Cook)은 선택이다

레스토랑마다 컨셉이 다른데, 시간적 여유를 가지고 음식을 서비스하는 곳은 군이 면을 미리 삶아서 포장해 둘 필요는 없다. 미리 삶아서 쓰는 곳은 시간적인 제약이 따른 곳에서 단시간에 많은 양을 서비스해야 하는 곳이라면 세컨 쿡을 사용하는 것도 무관하다.

삶는 면이 부서지지 않을 정도로 익었을 때 아마 알덴테 상태 이전인데, 가령 스파게티 면의 포장지에 삶는 시간이 7분이라 써 있으면 4분 정도 삶아서 면의 상태를 보고 건져 내어 물기를 제거하고 올리브유를 바른 후 차갑게 식혀서 사용하는 것을 말한다. 또는 2분 정도 삶아 숙성시켜 넉넉한 육수를 넣어 조리하는 레스토랑들도 늘고 있는 추세에 있다. 권장하는 파스타 조리법은 아니나 업장에 맞게 조리하는 것은 나쁘지 않다.

　이탈리아의 전형적인 파스타 조리법은 바로 삶아서 준비된 소스와 버무려지는 파스타 아쉬타(Pasta Asciutta)가 적당하다고 본다. 이미 삶아진 파스타를 소스에 버무린다면 면이 퍼져 있기에 소스와 같이 볶아지면 퍼진 파스타 요리가 완성될 수 있기 때문이다. 미리 삶아서 사용할 경우는 가급적 짧은 시간에 삶아 숙성과 저장을 거치고도 퍼지지 않고 식감이 살아 있도록 삶기를 권장한다.

PART
-02-

뚝딱!
즐거운 파스타
공작소

01

파스타 기구 및
도구

1) 키타라(Chitarra)

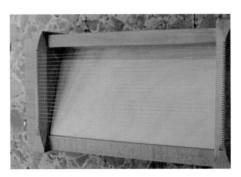

마케로니 알라 키타라(Macheroni alla chitarra)는 1340년 나폴리 왕인 로베르토 단죠(Roberto d'angio)를 위해 만들어진 파스타로, 실 모양의 가늘고 긴 모양을 하고 있는 전설적인 마케로니의 한 종류다. 이 마케로니를 만드는 기구가 키타라

이며, 처음에 직물을 만들기 위해 고안된 기구였으나 후에 파스타 제조에 사용되었다.

　현재 키타라는 너도밤나무로 만든 장방형 베틀 모양이며, 간격이 조밀한 금속의 아주 얇은 실로 마치 기타의 현처럼 구성되어 있다. 가정주부들은 스폴리아를 얇게 밀어 키타라 위에 올려놓고 나무 밀대로 균일한 압력을 주면서 면을 뽑아낸다. 간격이 넓은 현은 탈리아텔레를 반대쪽은 폭이 좁아 탈리올리니를 뽑아낼 수 있다. 뽑아낸 마케로니는 나무 판에 혹은 체에 돌돌 말아서 사용한다.

2) 뇨케티 인 레뇨(Gnocchetti in Regno)

Attrezzo per Malloleddus

　뇨키(Gnocchi)를 만드는 판으로, 표면에 일정한 홈이 파져 있어 완자 반죽을 위에서 아래로 굴려 내려 뒤집어지면서 소스가 들어갈 틈이 만들어진다. 기구가 없을 경우에는 굴곡이 일정하게 나 있는 기구나 용기 혹은 포크 등을 사용해도 무관하다. 사르데냐 뇨키인 말로레두스(Malloreddus)를 만드는 도구도 나무 판에 가로로 골이 파여 있다.

3) 코르체티 스탐파(Corzetti Stampa)

　제노바의 코르체티 파스타를 만드는 도구로, 우리나라 떡살 모양과 비슷하다. 원형의 얇은 반죽을 넣으면 여러 종류의 모양이 새겨진 인장으로 찍어서 앞뒤로 모양을 낼 수 있는 파스타 도구다.

4) 페디네(Pettine)

리구리아 전통의 가르가넬리(Garganelli) 파스타를 만드는 기구로, 빗 모양을 하고 있으며 사각형으로 얇게 자른 면을 가는 나무 봉으로 감아 빗 모양의 판 위에서 굴려 닭의 기도 모양으로 만들 수 있는 파스타 기구 중 하나다.

5) 탈리아 파스타(Taglia pasta)

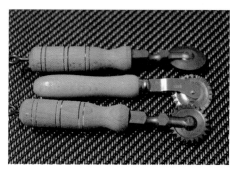

생파스타를 자르거나 여러 종류의 라비올리 등의 모양을 잡거나 스폴리아(Sfoglia) 반죽을 톱니 모양으로 내고자 할 때 사용하는 기구다.

6) 스폴리아 파스타 기계(수동)

파스타 마키나 아 마노 페르 스폴리아(Pasta Machina a Mano per Sfoglia)로 테이블에 고정시켜 사용할 수 있는 것으로, 반죽한 스폴리아를 방망이로 밀어 준 후 파스타 기계에 넣어 면의 두께를 조절할 수 있는 수동 제면기다. 스폴리아로 만들 수 있는 라비올리, 파파르델리, 탈리올리니 등을 만들 때 사용하는 가정용 파스타 기

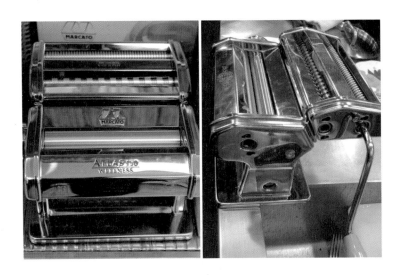

계다. 탈리아텔레나 탈리올리니를 만들 수 있는 틀도 같이 부착되어 있다.

7) 리비올리 스탐파(Ravioli Stampa)

여러 가지 라비올리를 만드는 틀로 원형, 사각형 등이 있으며 하나씩 찍어내는

몰드가 있기도 하지만 한 번에 여러 개의 라비올리를 만들 수 있는 사각 틀이 있다. 오른쪽은 스폴리아 한 장을 틀에 깔고 소를 채워 다시 한 장의 스폴리아를 덮어 제단을 하여 만드는 라비올리 전용 틀이다.

8) 스폴리아 파스타 기계(자동)

　파스타 마키나 아우토마티카 페르 스폴리아(Pasta Machina Automatica per Sfoglia)는 생면 반죽을 라자냐 형태나 얇은 스폴리아 형태로 만드는 자동기구로, 수동보다 작업이 간편하여 업장에서 주로 사용한다. 얇은 면을 자를 수 있는 탈리아텔레나 탈리올리니 틀도 같이 판매된다.

9) 토르콜리(Torcoli)

　수동과 자동 스폴리아 파스타 기계가 나오기 전에 가정에서 사용했던 방망이 모양의 기구로, 도톰한 긴 면을 만들 수 있다. 균일한 간격으로 홈이 나 있어서

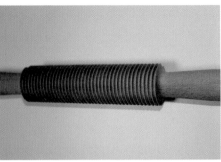

양손으로 방망이를 굴려 스폴리아를 자를 수 있으며, 재질은 나무 혹은 동으로 된 두 가지 형태가 있다. 톤나렐라나 키타라 면 등과 같은 두께의 파스타를 만들 때 사용한다.

10) 파싸텔리(Passatelli)

Atrezzo per Passatelli   Schiacciapatate   passatelli

생파스타인 파싸텔리를 만드는 기구로 빵가루, 밀가루, 달걀, 치즈로 만든 반죽 덩어리를 손잡이를 눌러 뽑아 생파스타를 만들어 내는 기구이다. 혹은 감자 으깨는 기구인 스키아챠파타테(Schiacciapatate)와 같은 기구로도 면을 만들 수 있다.

11) 파스타 마키나 아우도마티코(Pasta Machina Automatico)

자동 파스타 기계로 밀가루, 물, 소금, 달걀 등을 넣어 작동시키면, 일정 시간이 지나면 반죽이 덩어리가 되어 원하는 면의 몰드를 끼워서 파스타를 만들어 뽑아내는 자동 기계다.

12) 라비올라트리체(Raviolatrice)

기계에 준비된 스폴리아 반죽과 소를 넣어 주면 원하는 모양의 소 채운 파스타

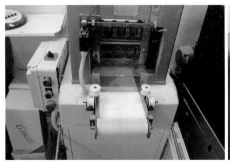

를 만들 수 있는 라비올리 기계다. 여러 가지 모양의 라비올리 틀을 몸체에 바꿔 끼워 주면, 원하는 원형, 반달, 사각 라비올리, 그리고 토르텔리니 등 원하는 라비올리 모양들을 만들 수 있는 자동 파스타 기계다. 그리고 반죽한 뇨키를 기계에 넣으면 자동으로 뇨키를 만들 수 있는 자동 기계도 있다.

13) 자동 파스타 건조기 및 건조대

세몰라와 물로 만들어진 파스타를 건조하기 위한 기계로, 내부에는 여러 건조

대로 넣을 수 있으며 파스타를 쉽게 말릴 수 있는 장점이 있다. 파스타 생산 규모에 따라 자체 제작한 건조기를 크기에 맞게 다양하게 만들 수도 있으며, 가정용 건조기도 판매된다.

14) 토르키오(Torchio)

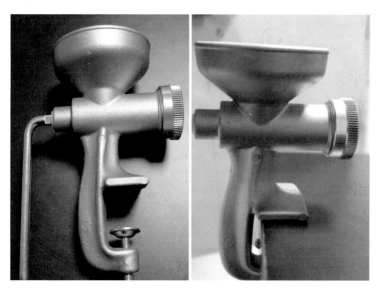

생반죽을 넣어서 원하는 몰드를 끼워서 손잡이를 돌려 가며 뽑아내는 생면기구이다. 또는 '비골라로(Bigolaro)'라고 부르기도 한다. 베네토(Veneto) 주의 굵은 생스파게토네(Spaghettone) 굵기의 비골리(Bigoli) 면을 만드는 기구로, 주로 가정에서 주부들에 의해 사용된 전통 파스타 기구이다.

Se la farina è argento la semola è oro

밀가루가 은이라고 한다면, 세몰라는 금이다.
— 로마 파스타 박물관에 기재된 내용 중에서

02

파스타 재료의
특징

1) 밀(Grano)의 종류

● 연질밀(Grano tenero)

연질밀은 '그라노 테네로(Grano tenero)'
라고 하여 부드러운 밀을 의미하며, 제분
을 하면 흰색의 고운 밀가루가 된다.

일반 밀은 뜨겁고 건조한 기후를 견디
지 못하기 때문에 선선하고 비가 많이 오
는 이탈리아 북부에서 잘 자라는 특징을
가지고 있다. 연질밀은 제분이 고운 흰색
밀가루로 가격이 비싸서 경제적으로 풍요

로운 북부에서 주로 먹었다. 재배환경도 좋지 않은 남부는 쉽게 먹을 수 있는 재료가 아니었기에 경제적으로 부유하고 재배 환경도 좋은 북부에서 연질밀인 파리나 제로(Farina 'o')와 달걀을 넣은 생면이 발달했다. 에밀리아-로마냐(Emilia-Romagna) 주에서 파스타가 번창을 한 것도 북부에 부를 축적한 사람들이 모여 살았기 때문이었다.

파리나는 연질밀을 제분한 것으로 흰색의 밀가루인 파리나 제로제로(Farina "oo"), 파리나 제로(farina 'o') 그리고 파리나 인테그랄레가 있으며, 그 외 파리나 1(farina1)과 파리나2(farina2)가 있다. 제분 형태가 가장 고운 것은 파리나(farina) 00, 0 순서로부터 파리나 1, 2 순으로 이어진다. 현행 유럽 법은 잔여 회분에 기초하여 밀가루를 00, 0, 1, 2, 통밀 가루 등으로 구분한다. 사용 용도로는 파스타, 피자, 디저트, 제과, 제빵 등에 사용한다.

● **제분에 따른 연질밀 분류**

연질밀 종류 Farina di Grano tenero	수분량	회분량/제분율		단백질 함량(최소)
		최소	최대	
Farina di Tipo "oo"	14.50		0.65	11.00
Farina di Tipo 'o'	14.50		0.80	12.00
Farina di Tipo 1	14.50		0.95	12.00
Farina di Tipo 2	14.50		0.95	12.00
Farina integrale (통밀 가루)	14.5	1.30	1.70	12.00
출처: Natalia piciocchi la tua pasta fresca fatta in casa LSWR 2014				

● 경질밀(Grano duro)

　경질밀은 '그라노 두로(Grano duro)'라고 부르며, 말 그대로 딱딱한 밀을 뜻한다. 이 밀은 지중해성 기후에 적합한데, 건조하고 일조량이 풍부한 이탈리아 남부인 풀리아와 시칠리아 등이 주로 재배되고 스페인, 그리스, 아프리카 북부 등지에서 재배에 적합하다.

　경질밀을 제분하면 여러 가지 형태의 밀가루를 만들 수 있는데, 세몰라(Semola), 세몰라 리마치나토 (Semola rimacinato), 세몰라 인테그랄레 디 그라노 두로(Semola Integrale di Grano duro) 그리고 파리나 디 그라노 두로(Farina di Grano duro)로 세분할 수 있다.

　세몰라 리마치나토는 종종 '세몰리나(Semolina)'라고 표현하는데, 이탈리아어의 세몰라 리마치나타를 영어식으로 표현한 단어다. 세몰라는 밀의 배아를 거칠게 갈아 체에 쳐서 내린 것을 말하며, 이런 세몰라를 다시 한 번 곱게 갈아 빻으면 세몰리나가 된다. 세몰라 인테그랄레 디 그라노 두로(Semola Integrale di Grano duro)는 경질 통밀 가루를 말하며 밀 껍질 채로 제분하여 체를 치지 않은 밀을 말한다. 마지막으로 파리나 디 그라노 두로(Farina di Grano duro)는 경질밀을 곱게 제분하여 체를 쳐서 만들어진 밀가루이다.

이탈리아의 남부에서 주로 생산되었으며, 거친 세몰라에 미지근한 물로 반죽하여 만든 파스타를 주로 먹었다. 지금도 오래전 전통에 의해 세몰라(Semola)로 만든 숏 파스타들이 발달했고, 특히 공장에서 만드는 건파스타가 발달한 계기가 되었다.

경질밀을 제분한 세몰라의 색은 자연 색소인 노란 빛인 카로티노이드계 색소를 함유하고 있으며, 일반 밀가루보다 글루텐 함량이 높고 파스타 속은 단단하고 겉은 매끄럽다. 경질밀은 연질밀보다 내구력이 높고 점착성 또한 강하며 저항력도 높다. 수분 흡수율은 세몰라가 70-80%, 연질밀이 50-60% 정도이다. 경질밀은 100g 당 글루텐 함량은 평균 13% 정도인데 밀에 따라 10.5%~17%까지 다양하게 존재한다. 러시아의 경질밀인 타간로그 (Taganrog)는 단백질이18%에 달한다.

경질밀의 용도는 공장에서 만들어 내는 파스타 세카(Pasta secca), 파스타 프레스카(Pasta fresca)에 주로 사용되지만 로마식 뇨키, 풀리아와 시칠리아 등의 남부 지방에서는 빵으로도 사용된다. 그 외에도 파스타에 사용되는 밀가루는 스펠트 밀(Farro), 보릿가루(Orzo), 메밀가루(Grano Saraceno), 밤 가루, 카무트(Kamut)가루, 볶은 밀가루 그라노 아르소(Grano Arso)등 으로 사용되는 경우도 많다. 또한, 밀가루의 영향을 고려하여 곡류가루를 첨가하여 파스타를 만드는 경우도 있다. 하지만 이런 재료로 파스타를 사용할 경우, 글루텐 함량이 낮기에 연질밀가루를 섞어서 사용하는 것이 반죽에 효과적이다.

● 제분에 따른 경질밀 분류

경질밀 분류 Grano duro	수분함량 (%)	회분 량/제분률		단백질 함량 (최소)
		최소	최대	
세몰라(Semola)	14.50	_____	0.90	10.50
세몰라타(Semolata)	14.50	0.90	1.35	11.50
세몰라 인테그랄레 디(Semola integrale)	14.50	1.40	1.80	11.50
파리나 디 그라노 두로(Farina di Grano duro)	14.50	1.36	1.70	11.50

출처: Natalia piciocchi la tua pasta fresca fatta in casa LSWR 2014
*듀럼 밀 자체는 단백질 함량이 최대 14-15% 정도 함유하고 있으며, 세몰라타 혹은 세몰리
나는 최대 12-13% 정도의 단백질 함량을 포함하고 있다. 이 표는 단백질 함량을 최소량으
로 기재하고있다.

● 밀 종류에 따른 활용

명칭	설명
세몰라 (Semola)	• 듀럼밀에서 배아를 거칠게 제분한 밀가루로 단백질을 많이 함유하고 있어 점착력이 강하다. 그래서 이 밀가루로 사용하면 면은 강한 탄력이 생기고 세몰라타보다 입자가 굵어 거칠다. • 거의 모든 국수와 파스타에 사용된다.
세몰라타 (Semolata)	• 레스토랑에서 프레시 파스타를 만들 때 주로 사용한다. • 입자가 세몰라, 통밀 듀럼 밀가루보다 곱다. • 세몰라보단 연한 노란색을 띠며 단백질 함량도 높다. • '세몰라 리마치나타(Semola rimacinata)', '세몰리나(Semolina)'라고도 불린다.

통밀 듀럼 밀가루 (Semola Integrale)	• 통밀 듀럼을 사용하여 거친 질감을 갖고 있다. • 영양분이 밀가루보다 높아 건강식 파스타를 만들 수 있다.
연질밀 티포 제로 제로 (Grano tenero di Tipo "oo")	• 글루텐 함량이 낮아 바삭거리는 식감이 좋다. • 케이크와 비스킷을 만들 때 사용한다. • 전통적인 뇨키를 만들 때 사용한다.
연질밀 티포 제로 (Grano tenero di Tipo 'o')	• 글루텐을 많이 함유하고 있어 빵에 적합하다. 반죽하면 강력한 용수철처럼 다시 제자리로 돌아오는 찰기와 탄력이 있어 스폴리아 형태의 파스타를 만들 수 있다.
통밀 연질밀가루 (Farina Integrale di Grano tenero)	• 현미처럼 맨 바깥 껍질만 벗긴 건강 밀가루다. • 통째로 제분하여 검은색을 띠며, 건강식 빵이나 파스타에 사용한다.

● **밀가루의 강도(W)**

밀가루 강도는 밀가루에 함유된 단백질 양에 의해서 결정된다. W(밀가루의 강도)가 수치가 높아야 달걀을 넣은 파스타에 사용될 밀가루에 적합하다. 물론 파스타도 종류가 다양한데 점착성, 탄력 등이 요구되는 파스타에 적합하며 부드럽게 먹을 수 있는 파스타는 대체적으로 수치가 낮은 걸 선택하는 것이 좋다. 밀가루 강도의 선택은 파스타뿐만 아니라, 제빵에도 그 맥을 같이한다. 단백질 함량이 높으면 발효 중 일어나는 이산화탄소가 왕성하게 많아져 글루텐의 그물 구조를 강하고 조밀하게 만들어, 발효뿐만 아니라 제품의 질에 영향을 미친다.

밀가루의 포장지를 보면 밀가루의 강도를 쉽게 구별할 수 있고, 수치에 따라 원하는 제품에 적합한 밀가루 선택이 자유롭다. 파리나 티포 제로제로(Farina Tipo "oo")이면 우리나라 식으로 생각하면 박력분 정도에 유사한데, 밀가루의 강도는 강력에 해당된다. 밀가루의 강도를 보고 글루텐 함량도 확인할 수 있어 밀가루의 강도에 따라 제품에 적합한 밀가루를 선택할 수 있다는 장점이 있다.

● **이탈리아 밀가루의 강도, 단백질 함량으로 본 적합한 요리 및 제품**

밀가루의 강도(w)	단백질 함유량(%)	적합한 요리 및 제품
90-130	9-10.5	• 비스켓
130-200	10-11	• 글리시니(Grissini), 크래커
170-200	10.5-11.5	• 일반 빵, 식빵, 포카치아 • 조각 빵, 피자
220-240	12-12.5	• 바게트와 치아바타(5-6시간 발효한 *비가(Biga)반죽을 넣은)
300-310	13	• 제과류(15시간 비가 반죽을 넣어 스트레이트 법으로 만든) • 손 반죽한 빵
340-400	13.5-15	• 장시간 발효한 빵과 단맛의 빵류 • 발효한 제과류(15시간 이상 발효한 비가 반죽을 넣은)

*비가(Biga)는 밀가루, 물, 이스트를 넣어 사전 발효를 한 반죽, 즉 샤워 도우를 말하며, 본반죽에 넣어 사용하는 반죽이다. 이태리에서는 '비가'라는 용어를 사용한다.
출처: Natalia piciocchi la tua pasta fresca fatta in casa LSWR 2014

2) 소금(Sale)

소금은 파스타 면의 간을 부여하고 글루텐을 수축시켜 파스타에 쫄깃함을 주는 역할을 한다. 또한 파스타의 맛을 부여하며, 전분의 겔 화를 제한함으로써 조리 중 영양 손실을 막을 수 있다.

3) 달걀(Uovo)

연질밀을 이용한 파스타 반죽에서 달걀은 여러 가지 역할을 한다. 특히 노른자는 색상과 맛을 진하게 더해 준다. 이탈리아의 달걀 노른자는 국내보다 색이 진하여 연질밀의 착색에 효과적이다.

노른자의 지방은 반죽을 더 섬세하게 만들고 부드러움을 주어 반죽을 연하게 만든다. 또한, 단백질 함량을 높이는 역할을 하며, 노른자에 함유된 유화제인 '레시틴'이라는 성분은 반죽 안에서의 격자 모양을 만들어 쉽게 형태를 유지할 수 있는 기능을 한다. 다시 말하면, 생면의 모양 유지에 큰 영향을 미치는 것이 이 때문이다.

연질밀 반죽에 사용하는 달걀은 대부분 노른자를 사용하는 경우가 많은데, 특히 피에몬테 주 쿠네요(Cuneo)의 전통 파스타인 타야린(Tajarin) 이라는 파스타가 이러한 경우이다. 흰자나 수분을 사용하지 않고 100% 노른자만을 넣어 반죽을 하는 특징을 가지고 있다. 하지만 지나치게 많은 노른자가 들어가기 때문에 체질 상 노른자가 받지 않을 경우 콩 레시틴을 대체하여 노른자 기능을 만들어 낼 수 있다. 연질밀가루 100g에 콩 레시틴 15g을 사용하면 같은 효과를 낼 수 있다. 또한, 레시틴의 알갱이는 쉽게 풀어지지 않기 때문에 미지근한 물에 풀어서 밀가루에 첨가하면서 반죽하는 것이 좋으며, 혹은 세몰라를 소량, 연질밀을 사용하는 것도 노른자를 대체하는 효과를 볼 수도 있다.

그리고 흰자는 반죽이 서로 잘 달라붙을 수 있는 결착력을 주고 반죽 안에서 전분 알갱이들이 빠져나오는 것과 겔(Gel)화를 줄여 주며, 가열 시 영양분의 손실을 막아 준다.

4) 물(Acqua)

밀가루에는 '글루테닌(Glutenin)'과 '글리아딘(Gliadine)'이라는 단백질이 있는데, 두 가지 성분에 물과 물리적인 힘이 투여되면 두 성분에는 강력한 그물 구조인 글루텐이 형성된다. 글루텐이 형성되기 위해서는 수분이 필수적이기 때문에 물의 역할은 중요하다. 수분이 투여되면 두 성분이 엉기면서 강력한 힘이 더해지면서 글루텐도 복잡한 거미줄 구조로 변하여 면이 강하게 변해 쫄깃함을 주는데, 이러한 구조의 형태를 만들어 내는 데 도움을 주는 것이 수분이다.

밀가루 종류에 따라 수분은 다르게 변하는데, 세몰라에 물을 투입하면 원하는 대로의 탄력과 쫄깃함을 받을 수 있다. 하지만 연질밀에 달걀이 아닌 물을 투여하게 되면 글루텐 양이 적기 때문에 만들어진 파스타는 쉽게 용해되어 삶는 물에 전분이 밖으로 빠져나오는 경우가 있어 이탈리아의 파스타는 대부분 연질밀에 달걀을 사용하는 경우가 많다. 단, 이러한 전분의 용해되는 것을 원하는 조리법인 미네스트라(Minestra)에서는 이런 반죽을 사용하기도 한다.

03

파스타 반죽법과
반죽 표

1) 파스타 기본 반죽법

파스타 반죽법은 6가지로 구분되는데, 밀가루 1㎏ 기준으로 달걀과 물을 조절하여 반죽을 완성하는 방법이다. 하지만 현대 트랜디한 요리사들은 반죽법에 크게 의존하지 않고 변화를 주면서 반죽을 한다.

밀가루 종류	지역	배합(밀가루 1㎏) 기준	대표적인 파스타와 생산 지역
세몰라타 (Semolata) (경질밀)	중남부 리구리아	1. 달걀 0개(물 사용)	1. 사네(Sagne), 리구리아
		2. 달걀 2개 사용	2. 타코체(Tacozze), 몰리세
		3. 달걀 10개 사용	3. 마케론치니(Maccheroncini), 마르케
파리나 제로 (Farina 'o') (연질밀)	중북부	4. 달걀 0개 (물 사용)	4. 피카제(Picagge), 리구리아
		5. 달걀 4개 사용	5. 비골리(Bigoli), 베네토
		6. 달걀10개 사용	6. 파파르델레(Papardelle), 토스카나
출처: l.c.i.f 교재 참고(2001)			

2) 반죽 배합 표

연질밀은 흰색의 입자가 고운 파리나 제로(Farina 'o')인 연질 밀가루를 말하며,
듀럼밀은 세몰리나(Semolina)를 말한다. 파스타 표는 기본 공식으로 참고를
권장하며, 반죽의 농도는 조절해야 한다.

밀가루 1kg 기준	1방법 달걀 0	2방법 달걀 4	3방법 달걀 9+노른자1	4방법 달걀4+노른자 30개
A: 연질밀 100%	물 380g 소금 20g 합계: 1,400g 활용: 라자냐테, 체리올레, 피카제, 탈리아텔레	물280g 소금 20g 합계: 1,450g 활용: 라자냐 탈리아텔레 소 채운 파스타	소금 20g 합계: 1,560g 활용: 말탈리아텔레, 탈리아텔레 라비올리, 라자냐	소금20g 합계: 1,800g 활용: 소 채운 파스타
B: 연질밀 50% 경질밀50%	물 340g 소금 20g 합계: 1,360g 활용: 라자냐, 탈리아텔레, 스트린고치, 카바텔리	물 240g 소금 20g 합계: 1,400g 활용: 라자냐, 탈리아텔레	소금 20g 합계: 1,620g 활용: 가르가넬리, 탈리엘리니, 노디니, 소채운파스타	노른자 1개 소금 20g 합계: 1,760g 활용: 소 채운 파스타
C: 듀럼밀 100%	물 300g 소금 20g 합계: 1,320g 활용: 긴 면, 남부의 짧은 면, 트레네테	물 200g 소금 20g 합계: 1,360g 활용: 소 채운 파스타 남부의 긴 면과 짧은 면	흰자 1개 소금 20g 합계: 1,600g 활용: 튜브 모양의 마케로니	

D: 연질밀 60-700% 기타 밀가루 30-40% (메밀, 밤, 옥수수, 통 밀가루)	물 360g 소금 20g 합계: 1,380g 활용: 피초케리, 코르제티,	물 260g 소금 20g 합계: 1,420g 활용: 말탈리아티, 비골리		
E: A.B.C 착색 야채 즙		야채 즙 400g 소금 20g 합계: 1,550g 활용: 라자냐, 탈리아텔레, 소채운 파스타		

i.c.i.f 교재 참고(2001년)   * 빈 칸은 반죽이 형성되지 않는다.

국내 요리사들은 강력분과 중력분을 중복하여 사용하는데 이는 부드러운 식감을 내기 위함이다. 혹은 강력분, 중력분 그리고 세몰라를 섞어 생면 반죽으로 다양하게 만들어진다.

04

파스타 반죽의
종류

:

1. 강력분을 이용한 반죽

1) 달걀 반죽(L'impasto del Uovo):

　연질밀에 달걀을 기본으로 만드는 면으로, 전란을 기본으로 하며 흰자와 노른자
를 분리하여 사용하는 경우도 있다. 생면 파스타의 가장 기본이 되는 면으로 가르
가넬리, 탈리아텔레, 파르팔레, 라비올리 등의 면을 만들 때 사용할 수 있다.

전란반죽(L'impasto del Uovo Intero)

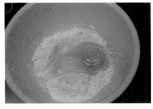

용도: 라비올리, 탈리아텔레, 탈리올리니 등에 사용

재료: 강력분 100g, 전란 60g(중란), 소금 2g, 올리브유 5g

만드는 방법

1. 밀가루, 달걀, 소금과 올리브유를 넣고 잘 섞은 후 잘 치댄다. (밀가루 100g 정
   도의 양이라면 나무 판 위에 혹은 볼에서 포크를 이용해서 할 수 있다.)

2. 밀가루 양이 두 배가 될 경우에는 푸드 프로세서(Food Processer)를 이용하면 쉽
   게 반죽할 수 있다.

3. 한 덩어리가 된 반죽은 글루텐의 활성을 좋게 하기 위해 꺼내 10여 분 정도 치
   대 준다. 치댄 반죽은 표면이 매끄럽고, 반죽을 잘랐을 때 날 밀가루 입자가
   없어야 한다.

4. 치댄 반죽은 랩으로 싸서 1시간 정도 휴직을 준 후 사용하거나 진공해서 실온
   에서 1시간 정도 숙성시킨 후 사용할 수 있다. 또한, 사용하기 하루 전날에 반
   죽하여 냉장고에 넣어 숙성시켜 사용하면 글루텐이 더 활성화된다.

● 흰자반죽(L'impasto bianco)

강력분과 달걀 흰자 100%로 만든 파스타 면이며, 노른자를 싫어하는 사람들을 위한 파스타 반죽이다. 또한, 흰자 반죽은 글루텐 양이 적기 때문에 반죽이 부드럽고 쉽게 찢어질 수 있는 단점이 있다.

재료: 밀가루 100g, 흰자 50g, 올리브유5g, 소금 3g

만드는 방법

1. 밀가루, 달걀, 소금과 올리브유를 넣고 잘 섞은 후 잘 치댄다. (밀가루 100g 정도의 양이라면 나무 판 위에 혹은 볼에서 포크를 이용해서 할 수 있다.)
2. 밀가루 양이 두 배가 될 경우에는 핸드 블렌더를 이용하면 쉽게 반죽할 수 있다.
3. 한 덩어리가 된 반죽은 글루텐의 활성을 위해 꺼내 10여 분 정도 치대 준다.
4. 치댄 반죽은 1시간 휴직을 준 후 사용하거나 사용하기 하루 전날에 반죽하여 냉장고에 넣어 숙성시켜 사용하면 글루텐이 더 활성화된다.

Tip 반죽한 도우는 진공 포장지에 넣고 진공하여 사용하면 숙성이 쉽게 되어 시간을 단축할 수 있다.

● 노른자 반죽(L'impasto del Tuorlo)

노른자 반죽은 전란을 넣어 반죽한 면보다 수분 양이 적으므로 노른자 양에 주목해야 한다. 밀가루 양에 노른자는 80% 이상이 들어간다는 것을 잊지 말아야 하며, 다른 달걀 반죽에 비해서 농도가 되직하다. 노란색의 비율이 높아 색감을 좋게 하여 라비올리 등에 사용되는데, 농도를 묽게 하여 스폴리아(Sfoglia)를 얇게 밀면 라비올리의 식감을 좋게 한다.

용도: 탈리아텔레, 라비올리, 탈리올리니, 가르가넬리, 타야린 등에 이용.
재료: 강력분 120g, 노른자 100g, 소금 3g

만드는 방법

1. 밀가루, 달걀, 소금을 넣고 잘 섞은 후 잘 치댄다. 한 덩어리가 된 반죽은 글루텐의 활성을 좋게 하기 위해 꺼내 10여 분 정도 치대 준다. 다음 장의 그림과 같이 손바닥에 힘을 주어 밀듯이 반죽을 치댄다.
2. 치댄 반죽은 1시간 휴직을 준 후 사용하거나 사용하기 하루 전날에 반죽하여 냉장고에 넣어 숙성시켜 사용하면 글루텐이 더 활성화된다.

● 라비올리 반죽(L'impasto per Ravioli)

 강력분에 전란을 넣어 만든 면으로 소 채운 파스타 류에 사용한다. 스폴리아 반죽을 커팅하여 만드는 긴 면보다 반죽 농도를 묽게 만드는 것이 좋다. 농도가 지나치게 묽으면 면이 얇게 밀어지므로 라비올리 맛에 영향을 미치기 때문이다. 지나치게 면이 되면 얇아지지 않아 라비올리 질감에 또한 영향을 미친다.

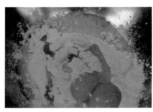

용도: 라비올리 류, 아뇰로티, 토르텔리니 등에 사용.

재료: 강력분 120g, 노른자 33g, 소금 3g, 전란 30g, 올리브유 5g

만드는 방법

1. 밀가루, 달걀, 소금과 올리브유를 넣고 잘 섞은 후 잘 치댄다.

2. 한 덩어리가 된 반죽은 글루텐 활성을 좋게 하기 위해 10여 분 정도 치대 준다.

3. 치댄 반죽은 랩핑을 한 후 1시간 휴직을 준 후 사용하거나 사용하기 하루 전날 에 반죽하여 냉장고에 넣어 숙성시켜 사용하면 글루텐이 더 활성화된다.

4. 라비올리는 면이 겹치므로 스폴리아(Sfoglia)를 가급적 얇게 밀고 면 사이사이 에 여분의 밀가루를 뿌려 가며 만드는 것이 좋고, 뽑아둔 면이 드라이되지 않 도록 약간의 수분을 적신 타올을 덮어 사용하는 것이 좋다.

2. 경질밀 반죽

1) 세몰라와 물 반죽(L'impasto della Semola e Acqua)

세몰라 가루와 물을 섞어서 만드는 반죽으로 직접 손으로 성형하여 만드는 반죽이다. 남부 이태리에서 주로 만드는 숏 파스타를 만들 때 사용하는 면이다. 손으로 만드는 면이므로 말랑말랑하고 부드럽다. 삶은 면은 쉽게 강력분으로 만든 면에 비해 덜 퍼지며 쫄깃함이 있다.

용도: 오레키에테(Orecchiette), 카바텔리(Cavatelli)
재료: 세몰라 100g, 미지근한 물 50g, 소금 2g

만드는 방법

1. 밀가루, 미지근한 물, 소금을 넣고 잘 섞은 후 잘 치댄다. 한 덩어리가 된 반죽은 글루텐의 활성을 좋게 하기 위해 꺼내 10여 분 정도 치대 준다. 미지근한 물을 사용하여 반죽을 하면 쫄깃한 식감을 주며 반죽도 쉽게 할 수 있다는 장점이 있다.
2. 치댄 반죽은 랩핑을 하고 1시간 정도 휴직을 준 후에 사용한다. 연질밀에 비해서 거친 반죽이므로 손 반죽이 다소 힘들 수 있다.

Tip 레시피는 손 반죽으로 성형할 때 적합하며, 파스타 공장에서 만들어지는 면은 수분양이 적게 들어간다.

2) 세몰라 흰자 반죽(L'impasto della Semola e Bianca)

　세몰라에 흰자를 넣는 면으로 물만 넣어 반죽한 것보다 단백질 함량이 높은 것이 특징이다. 오래 저장하거나 건조해서 만들 수 있는 면이 아니며, 단시간으로 두어 먹을 수 있는 면으로 사용한다. 세몰라에 전란을 사용할 수 있으며 기계를 이용한 소형 파스타 공장에서 주로 사용하는 방법으로 라비올리 도우, 쉬알라티엘리(Scialatielli) 등의 긴 면에서도 사용이 가능하다.

용도: 이 반죽은 짧은 파스타에 적합하다.
재료: 세몰라 100g, 흰자 50g, 소금 2g

만드는 방법

1. 세몰라, 흰자, 소금을 넣고 잘 섞은 후 잘 치댄다. 한 덩어리가 된 반죽은 글루텐의 활성을 좋게 하기 위해 꺼내 10여 분 정도 치대 준다. 치댄 반죽은 1시간 정도 휴직을 준 후 사용하거나 사용하기 하루 전날에 반죽하여 냉장고에 넣어 숙성시켜 사용하면 글루텐이 더 활성화된다. 연질밀에 비해서 거친 반죽이므로 손 반죽이 다소 힘들 수 있다.

3) 세몰라를 이용한 압축 면 반죽(L'impasto della Semola da Automatica)

　세몰라와 물로만 만드는 면으로, 압축식 기계에 넣어 파스타 면을 만들어 낸다. 기계를 만드는 면은 수분 양을 줄여서 만들어야만이 작업이 용이하다. 모양과 형태가 흐트러지지 않고 삶아도 원래의 모양을 유지할 수 있는 면으로 주로 만들어진다. 시중에 유통되는 건면을 말하며 이 면들에는 소금이 전혀 들어 있지 않다.

용도: 파스타 공장의 건면
재료: 세몰라 1kg, 미지근한 물 400g

만드는 방법

1. 강력분을 사용할 경우, 파스타 기계에 밀가루, 소금, 달걀을 넣고 10여 분 정도 작동을 한 후 덩어리가 지면 원하는 몰드를 끼워 면을 뽑아낸다.
2. 세몰라로 할 경우, 미지근한 물을 활용하는데 세몰라, 물을 넣어 동일한 방법으로 뽑아낸다.

Tip 가정이나 레스토랑 주방에서 건조하지 않고 바로 사용할 경우에는 간을 하는 것이 좋지만, 판매하는 건파스타 용도로 만들 경우에는 소금을 넣지 않는다. 또한, 손 반죽하여 만들 때는 들어가는 수분의 양에 차이가 있다. 기계면은 수분이 적게 들어간다는 것에 주목해야 한다. 파스타 가게에서 만들어 건조 판매되는 생면도 소금을 넣지 않으며, 건면만을 만들 경우 세몰라를 전부 사용하는 것은 아니다. 기계를 의존하여 만드는 라비올리 도우도 연질밀만을 사용하는 것이 아닌 세몰라에 달걀을 넣어 만들 수 있다는 것을 잊지 말아야 한다. 실제로 남부 이탈리아의 작은 규모의 파스타 공장에서도 세몰라와 달걀로 라비올리 도우를 만들어 사용하고 있다.

4) 기타 세몰라 전란 반죽

연질밀에 주로 달걀을 넣어 라비올리 반죽을 만들지만, 선호도에 따라 다를 수 있다. 경질밀인 세몰라로 전란 반죽을 소 채운 파스타에 사용되면 물에 삶으면 쉽게 퍼지는 것을 방지할 수 있으며, 쫄깃함을 더 줄 수 있다. 그러나 스폴리아가 얇게 밀리지 않으므로 질감이 두꺼울 수 있다는 단점도 있으며, 생파스타인 긴 면과 짧은 면 또한 달걀을 넣어 사용하여 만들 수 있으며, 특히 반죽의 단백질의 함량을 높이는 효과를 낼 수 있는 장점도 있다.

3. 연질밀과 경질밀 반죽(L'impasto della Semola e Grano tenero)

세몰라와 강력분을 섞어 만든 반죽으로, 기계 면에 사용할 수 있다. 세몰라의 사용량이 많아지면 손 반죽하기에 힘들어 기계를 이용하면 쉽게 만들 수 있다. 이 반죽은 두 밀가루의 장점을 고려하여 원하는 면에 접목하는 경우인데 강력분, 세몰라의 양을 조절하여 만들어 낸다. 예를 들면 세몰라 100%에 만들어지는 오레키에테처럼 숏 파스타에 강력분을 30% 정도 섞어서 사용한다며 질감과 부드러움이 좋아지는 장점이 있다.

기계면 재료: 세몰라 90g, 강력분 90g, 물 88g, 소금 4g

만드는 방법

1. 기계 안에 연질밀가루, 세몰라, 물, 소금을 넣고 자동으로 잘 섞어 준다. 파스타 자동 기계에 넣어 5분 정도 돌리다 보면 멍울이 지어 덩어리가 지면, 원하는 몰드를 끼워서 파스타 면을 뽑아낸다.
2. 바로 나온 면은 뜨거우므로 바람을 바쳐 빨리 식도록 하여 달라붙는 것을 방지한다.

손 반죽 재료: 세몰라 100g, 강력분 30g, 물 70g, 소금 2g

만드는 방법

1. 밀가루와 소금, 물을 넣어 잘 치대 준다.
2. 치댄 후 휴직을 주고 성형하여 만들 수 있다. 손으로 성형하는 남부 지방의 생 파스타인 오레키에테, 스트라쉬나티, 카바텔리 등의 면에 적합하다.

4. 착색 면 반죽(L'impasto per colore)

착색 면은 얻고자 하는 착색의 재료를 1차 처리하여 즙이나 주스 등을 이용하여 반죽을 만들게 된다. 즙이나 주스로 만든 면은 생면에 주로 사용되지만, 현지의 파스타 공장에서는 건조된 분말 파우더로 밀가루에 첨가하여 건 착색 면을 만드는 경우가 많다고 보면 된다. 소규모 파스타 가게나 가정 그리고 큰 규모 파스타 공장 등 어디에서든 만들어 내는 파스타의 한 종류다.

1) 데친 시금치 반죽(L'impasto dei Spinaci)

[시금치 착색 물 만들기]

재료: 데친 시금치 60g, 물 30g

만드는 방법

1. 시금치는 대를 제거하고 끓는 소금물에 살짝 데쳐 식힌 후, 물기를 완전히 제거하고 믹서기에 소량의 물을 넣고 입자가 아주 곱게 갈아질 때까지 작동을 한 후 체에 한번 내려 준다.

[시금치 반죽 하기]

재료: 강력분 100g, 올리브유 10g, 시금치 착색 물 45g, 소금 2g, 달걀 15g

만드는 방법

1. 푸드 프로세서에 밀가루와 시금치 물, 소금, 달걀, 올리브유를 넣어 1분 정
   도 돌린다. (혹은 믹싱 볼에 넣어 반죽한다.) 밀가루 100g 정도면 양이 적으므
   로 볼에 넣거나 나무 작업대에서 하는 것이 효율적이며, 밀가루 200g 정도부
   터 사용하는 것이 좋다.
2. 반죽이 덩어리가 되면 꺼내 반죽 판 위에서 치대 준다.
3. 반죽은 손바닥으로 밀면서 글루텐을 잡아 준다.
4. 치댄 반죽은 랩핑을 한 후, 냉장고에서 숙성을 시켜 다음 날 사용한다. 또는
   반죽 후 진공 포장하여 실온에 1시간 정도 둔 후 사용할 수 있다.

Tip 급하게 사용할 경우, 반죽 후 1시간 동안 냉장고에 휴직을 준 후 사용한다.

2) 생시금치 반죽 (L'impasto dei Spinaci freschi)

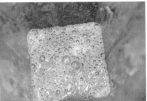

[생시금치 착색 물 만들기]

재료: 생시금치 100g, 물 20g, 소금 2g

만드는 방법

1. 시금치는 잎만 떼서 사용한다. 믹서기에 시금치, 물과 소량의 굵은 소금 혹은 각 얼음 1개를 넣어 덩어리가 없도록 곱게 갈아 준다. (소금과 얼음을 넣는 이유는 시금치의 색소가 믹서기에 열에 의해서 변할 것을 우려해서 넣는 것이다.)

2. 갈아 놓은 착색 물은 고운 체에 걸러서 사용한다.

[반죽하기]

재료: 강력분 200g, 생시금치 주스 80g, 달걀물 40g, 소금 4g, 올리브유 10g

만드는 방법

1. 푸드 프로세서에 밀가루, 시금치 주스, 달걀 물, 올리브유와 소금을 넣어 반죽을 만든다.

2. 덩어리 진 반죽을 꺼내 10여 분 동안 치댄 후, 냉장고에 하루 정도 숙성을 시켜 사용한다.

Tip 데친 시금치 반죽보다 색깔이 선명하다. 하지만 생시금치로 만든 면을 삶을 때는 면의 색감이 빠지는 단점이 있지만, 신선한 느낌을 받을 수 있다. 그 외에 시금치 착색이 빠지지 않게 하기 위해서는 갈은 시금치 주스를 약한 불에 올려 조리면 시금치 엽록소가 표면에 떠오르는데, 이걸 모아서 반죽하면 색이 빠지는 것을 방지할 수 있다.

3) 적근대 생면(L'impasto della Foglia di Bietola)

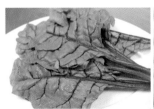

[근대 퓨레 준비하기]
재료: 적근대(입만 뗀 것) 90g, 물 40g, 소금 2g

만드는 방법

1. 적근대 입과 물, 소금을 넣어 믹서기에 갈아 체에 걸러서 입자가 없도록 퓨레

를 만든다. (녹색 근대를 써도 무관하다.)

[반죽하기]

재료: 강력분 140g, 근대 퓨레 50g, 달걀 20g, 소금 2g, 올리브유 10g

만드는 방법

1. 믹싱 볼에 강력분, 퓨레, 소금, 달걀, 올리브유 넣고 반죽을 하여 치댄 후 1시
   간 정도 휴직을 주어 사용한다.

2. 강력분 양이 200g 이상일 경우, 커터기를 사용하는 것이 좋다.

4) 비트 생면(L'impasto della Barbabietola)

[비트 퓨레 준비하기]

재료: 비트100g, 물 100g

만드는 방법

1. 비트는 껍질을 벗겨 얇게 체를 썰어 냄비에 잠길 정도의 물을 넣고 푹 익혀 준다. 비트가 완전히 익고 삶은 물이 거의 없어질 정도까지 졸인다.
2. 식힌 삶은 비트는 소량의 물을 넣어 믹서기에 입자가 없도록 갈아 준다. 고운 체에 마지막으로 한 번 더 내려 준다.

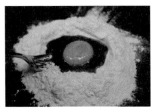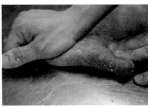

[반죽하기]

재료: 강력분100g, 비트 퓨레 40g, 소금 2g, 올리브유 10g, 달걀 20g

만드는 방법

1. 푸드 프로세서에 밀가루, 비트 퓨레, 달걀, 소금, 올리브유를 넣어 1분 정도 작동하여 덩어리질 때까지 작동을 한다.
2. 반죽을 꺼 낸 후 10여 분 치댄 후 랩핑을 한 후 냉장고에 숙성시켜 사용한다.

비트 퓨레의 맛을 싫어한다면 생비트로 주스를 만들어 처음 양의 $\frac{1}{5}$로 졸여서 사용할 수 있다. 또는 호일에 싸서 오븐에 넣어 익힌 후 껍질을 벗겨 소량의 물을 넣어 갈아서 퓨레를 만들어 사용할 수 있다. 비트 외에 유사한 색깔의 착색으로 당근 등으로도 착색을 할 수 있다.

5) 버섯 생면(L'impasto dei Funghi) 반죽

[포르치니 퓨레 준비하기]

재료: 불린 포르치니 20g, 노른자 3개, 불린 포르치니 주스 10g

만드는 방법

1. 건 포르치니는 미지근한 물에 한 시간가량 불린다. 불린 포르치니와 주스, 그리고 노른자를 넣어 핸드블렌더로 곱게 갈아 준다.

2. 갈아 놓은 포르치니 즙은 고은 체에 곱게 걸러 준다.

포르치니 파파르델레

[반죽하기]

재료: 강력분 100g, 포르치니 퓨레 55~60g, 올리브유 5g, 소금 2g

만드는 방법

1. 푸드 프로세서에 밀가루, 소금, 올리브유, 포르치니 퓨레를 넣어 1분간 작동
   시키고 덩어리가 지면 반죽을 작업대 위에 꺼낸다.

2. 반죽은 10여 분 손으로 치댄 후 랩핑을 하여 1시간 동안 휴직을 한 후 밀어서
   성형을 한다. 또는 진공 포장하여 실온에 1시간 정도 둔 후 사용할 수 있다.

6) 오징어 먹물 생면(L'impasto al Nero di Seppia

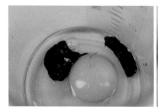 

[먹물 주스 준비하기]

재료: 강력분 100g, 달걀 50-55g(중란), 올리브유 5g, 오징어 먹물 4g, 소금 1g

만드는 방법

1. 오징어 먹물, 물, 달걀과 올리브유를 넣어 핸드블렌더에 넣어 믹싱 해 준다.

[반죽하기]

만드는 방법

1. 푸드 프로세서에 밀가루와 소금, 먹물 주스를 넣어 덩어리가 질 때까지 작동 시킨다.

2. 반죽을 꺼내 손바닥으로 눌러 가며 10여 분 정도 치댄 후, 하루 동안 냉장고에 서 숙성시켜 사용한다. 급하게 사용할 경우에는 반죽 후 진공포장하여 실온에 1시간 정도 둔 후 사용할 수 있다.

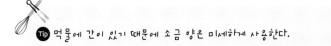

Tip 먹물에 간이 있기 때문에 소금 양은 미세하게 사용한다.

7) 루콜라 생면(L'impasto della Rucola)

[루콜라 퓨레 만들기]

재료: 데친 루콜라 56g, 물 50g

만드는 방법

1. 루콜라는 끓는 소금물에 데쳐 식힌 후, 소량의 물을 넣고 곱게 믹서기로 갈아
   준다.
2. 입자가 곱도록 체에 걸러서 퓨레를 준비한다.

Tip 생 루콜라를 갈아서 바로 사용할 수도 있으나 착색 면을 삶을 때 색이 빠질 수 있다.

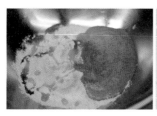

[루콜라 면 반죽하기]

재료: 루콜라 퓨레 40g, 강력분 100g, 올리브유 10g, 소금 4g, 달걀 15g

만드는 방법

1. 푸드 프로세서에 밀가루, 퓨레, 소금, 달걀을 넣어 반죽을 한다. 혹은 믹싱 볼에 직접 반죽할 수 있다.

2. 반죽이 덩어리가 되면 꺼내 테이블에 올려 10여 분 정도 치댄다. 치댄 후 랩핑을 하여 냉장고에 하루 정도 숙성을 시킨 후 사용한다. 급하게 사용해야 한다면, 진공 포장하여 실온에서 1시간 정도 휴직을 준 후 바로 사용할 수 있다.

8) 샤프란 반죽(L'impasto dello Zafferano)

[샤프란 물 만들기]

재료: 샤프란 1g, 물 200g

만드는 방법

1. 물과 샤프란 줄기를 넣고 약한 불에서 10여 분 정도 끓인 후 식혀서 80g 정도
를 만든다.

[샤프란 면 반죽하기]

재료: 강력분 100g, 샤프란 물 25g, 노른자 2개, 물 10g, 올리브유 10g, 소금 2g

만드는 방법

1. 푸드 프로세서에 강력분 샤프란 물, 노른자, 올리브유와 소금을 넣고 반죽한다.

2. 덩어리가 되면 꺼낸 후 10여 분간 테이블에서 치댄다. 치댄 반죽은 랩핑을 한
후 냉장고에 하루 정도 숙성시킨다. 급하게 사용할 경우 진공 포장하여 1시간
숙성시켜 바로 사용할 수 있다.

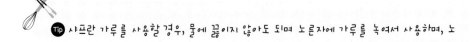

Tip 샤프란 가루를 사용할 경우, 물에 끓이지 않아도 되며 노른자에 가루를 녹여서 사용하며, 노

른자와 수분의 양을 조금씩 늘려서 사용하면 된다. 깨끗한 반죽을 원할 경우, 샤프란 줄기를 제거하여 반죽하면 된다. 원가에 부담이 있을 경우에는 치자 가루로 대체할 수 있다.

9) 파스타 알 리게(Pasta al Righe: 착색 무늬면)

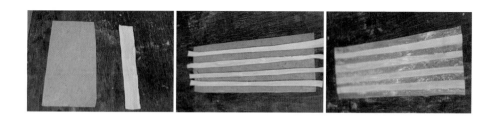

1) 두 가지 무늬면 만들기(le Paste delle Due Colorante)

재료: 시금치 면 60g(p. 104), 샤프란 면 20g(p. 114), 물 혹은 달걀 물 약간

만드는 방법

1. 시금치 면과 샤프란 면을 파스타 기계로 얇게 밀어 준다.

2. 시금치 면 위에 물을 바른 후, 샤프란 면을 간격을 골고루 띄어 붙인다.

3. 붙인 면 위에 밀가루를 뿌리고 다시 파스타 기계로 밀어서 면을 붙도록 한다.

Tip 기호에 따라 바탕색이나 붙이는 반죽 색깔을 조절할 수 있다. 데커레이션용 파스타를 만들기에 적합한 면이다.

2) 삼색 무늬면 만들기(le Paste delle Tre Colorante)

재료: 샤프란 반죽 80g(p.114), 비트 반죽 80g(p. 108), 시금치 반죽 80g(p. 104)

만드는 방법

1. 3색 면을 반으로 잘라 6개 반죽으로 나눈다. 나눈 반죽은 원하는 색깔에 따라 측면을 하나씩 물을 발라 붙인다.

2. 붙인 면은 랩을 싸서 1시간 정도 둔다.

3. 랩을 벗긴 후 밀대로 밀어 파스타 기계로 얇게 밀어 사용한다.

 Tip 색깔 무늬 면을 만들 때는 반죽 농도가 일정해야 골고루 밀린다. 일정하지 않으면 묽은 반죽 면이 더 많은 비중을 차지하여 면 색깔이 균일하지 않다.

10) 파스타 알 에르바(Pasta al Erba)

파스타 반죽에 허브를 넣어 만드는 면으로, 가벼운 소스가 어울리는 면이다. 허브 줄기가 들어가면 면이 달라붙지 않거나 혹은 찢어지는 원인이 된다.

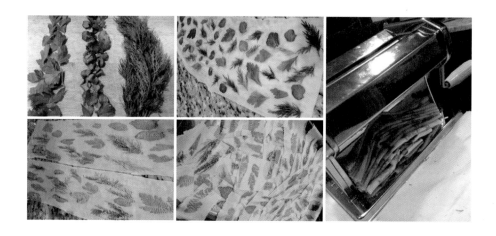

[허브를 넣은 스폴리아 만들기]

재료: 달걀 노른자 면 100g(P.96), 이태리 파슬리 5줄기, 크레송 10줄기, 딜 3
줄기

만드는 방법

1. 이태리 파슬리, 딜 그리고 크레송의 잎만 떼서 준비한다.

2. 얇게 밀어 놓은 스폴리아 2장을 준비한다.

3. 한 장의 스폴리아 위에 붓으로 물을 약간 바른 후, 3가지 잎을 골고루 올리고
   스폴리아 한 장으로 덮어 준다.

4. 파스타 기계에 넣어 밀어 준다. 완성된 허브 면은 용도에 따라 잘라서 사용
   한다.

05

생파스타
반죽 공식

:

    파스타 반죽에는 여러 가지 방법이 있다. 어떤 밀가루로 반죽을 하는지에 따라 다르고, 착색을 할 것인지에 따라 반죽에 사용될 수분이나 달걀의 양이 달라진다. 연질밀인 경우 제분의 밀도가 높기 때문에 많은 양의 수분이 필요하고, 경질밀인 세몰라는 수분이 다소 적게 필요하다.

- 연질밀은 밀가루(강력분) 양에 액체 양은 60%(단, 라비올리를 할 경우에는 면을 얇게 밀어야 하므로 수분이 더 필요하다.)
- 경질밀 반죽은 밀가루(세몰라) 양에 물은 50%
- 착색 파스타 중에 노른자 반죽은 강력분 양에 노른자는 80~85% 정도
- 착색 파스타 중에 퓨레를 이용하는 경우 강력분 양에 50%- 55%가 적당하다.

단, 퓨레 안에 수분 혹은 달걀 양의 정도에 따라 다소 달라질 수 있다. 가령 오징어 먹물로 할 경우에는 먹물 외에 물과 달걀의 양이 많아지는 걸 감안해야 하며, 퓨레가 아닌 가루를 이용할 경우에는 퓨레보다 수분 양이 많아야 한다.

생파스타 반죽은 되직하여 손으로 반죽하기가 힘들 정도로 딱딱하다. 반죽할 경우에는 힘들지만 하루 전에 반죽해서 보관하는 것을 권장한다. 하지만 시간이 없다면 단시간 숙성시키는 단계를 거쳐 사용하게 되는데, 최소한 30분 이상, 최대한 1시간 이상은 휴직하는 단계를 거쳐야 한다. 휴직 시간을 고려하여 반죽이 작업하기 편할 정도로 매끈해지는 것을 숙지하여 반죽의 되기 상태를 확인하여 작업하는 것이 능률도 올릴 수 있음을 알아야 한다.

06

생파스타
반죽 과정

1) 믹싱하기(Mescolata)

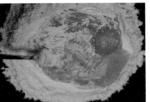

밀가루를 반죽 판 위에 붓고 우물 모양으로 만들고 달걀이 들어가 풀릴 정도의 여유로운 공간을 만든다. 가운데 달걀, 소금과 올리브유를 붓고 수북이 쌓인 우물 모양 안쪽의 달걀을 풀면서 안쪽의 밀가루를 포크로 끌어당겨 재료들이 섞이도록 한다. 섞인 반죽은 스크랩퍼를 이용해 하나의 반죽이 되도록 섞어 준다. 달걀과 밀가루가 치댈 정도의 덩어리가 되면, 양손을 이용해서 포개듯이 반죽을 한다.

2) 반죽하기(Impastato)

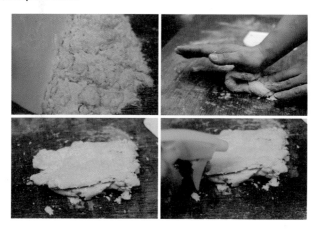

뭉친 반죽은 손바닥으로 밀고 접기를 반복하여 10-15분 정도 반죽을 해 준다. 반죽을 여러 번 접고 밀기를 반복하면서 글루텐이 잡히도록 한다. 반죽이 단단할 경우, 중간중간 분무기로 이용해 물을 뿌려서 반죽을 치댄다. 치댄 반죽은 공기가 들어가지 못하도록 랩핑을 하여 냉장고에 보관한다. 바로 사용할 경우에는 최소한 1시간 정도 냉장고에 휴직을 해 주는 것이 좋은데, 그렇게 하지 않으면 반죽이 잘 밀리지 않고, 밀려도 원상태로 돌아올 수 있다. 밀기 전에 냉장고에서 꺼내 실온에서 반죽이 부드럽게 해 주는 것도 좋다. 여유시간이 있을 경우, 하루 전날 반죽하여 냉장고에 숙성시키는 것이 글루텐 활성에 도움이 된다. 또한, 시간이 없다면 반죽을 진공 포장하여 실온에 1시간 정도 숙성시켜 사용할 수도 있다.

3) 휴직하기(Lasciata)

　반죽의 내부까지 수분이 흡수되기 위한 단계로, 냉장고에 최소 1시간 정도 휴직해야 하고 최대 6시간 정도면 최상의 상태가 되며, 24시간이 지나면 반죽 상태가 나빠진다. 오래 보관된 반죽은 반죽 내 노른자가 산화되어 색이 어두워진다. 물론 질감이나 맛에 큰 영향을 미치는 것은 아니지만, 회색과 푸른 빛으로 변해 버린다.

　단시간 반죽을 치댄 것은 글루텐이 활성화되지 않기 때문에 반죽을 냉장고에 휴직을 하게 되면 글루텐이 활성화되는 데 도움을 받을 수 있다. 글루텐이 활성화된 반죽은 롤링(Rolling)과 모양 유지에 도움이 되고, 부드럽고 쫄깃한 반죽 상태가 될 수 있도록 도움을 준다. 휴직은 필수적인 반죽 단계 중 하나이다.

4) 성형하기(Formatura)

- 기계로 성형하기

　성형 전 30분 전에 냉장고에서 실온으로 꺼내 놓아야 반죽이 부드러워 작업이 용이하다.

수동 파스타기계든 전자동으로 사용하든 관계가 없지만, 미리 꺼내 놓지 않으면 낮은 온도에서 지방이 굳어 있기 때문에 잘 밀리지 않는다.

1. 먼저 밀 방망이로 밀어 기계에 들어갈 반죽의 두께와 폭을 조절하여 준비한다. 반죽의 표면이 매끄러운 기계에 달라붙을 수 있으므로 반죽의 앞뒤로 밀가루를 묻혀서 작업하는 것이 편하다.

2. 두께를 조절해 가면서 얇게 밀고 다시 접어 밀어 내린 방향의 반대로 여러 번 겹쳐 180도 돌려 반죽하는 것이 좋다. 이것은 글루텐이 서로 맞물려 면의 질감

에 영향을 주기 때문이다.

3. 쓰고 남은 반죽은 다음에 쓰기 편하도록 얇게 편 후 진공시켜 일주일 이후에 사용할 경우는 냉동실에 보관하는 것이 좋다. 하지만 냉동보관이 오래 지속될 수록 수분이 증발하여 반죽이 갈라질 수 있으므로 가급적 빠른 시일 내 사용하는 것이 좋다.

- 스폴리아(Sfoglia)를 손으로 성형하기

1. 숙성된 달걀 반죽을 나무 작업대에 올려 반죽에 밀가루를 소량 묻힌 후, 밀대로 밀어 준다. (밀가루가 지나치게 묻으면 잘 밀리지 않는다.)

2. 밀린 반죽은 다시 돌려서 다른 방향으로 돌려서 밀어 주는 것을 반복한다.

3. 중간중간 밀가루를 뿌려 가며 밀대에 반죽을 말아 가면서 반죽이 늘어나도록 밀어 준다.

4. 얇게 밀린 반죽은 중앙 지점을 기점으로 위아래를 접어서 원하는 두께로 잘라 주면 된다. 주로 가정에서 직접 만드는 스폴리아는 쫄깃함과 손맛의 오묘한 맛을 주며, 바로 삶아 요리하면 그 이상 좋은 생파스타 상태는 없다.

5) 생파스타 건조하기

　오랜 보관을 할 목적으로 만든 파스타는 세몰라로 반죽하고 소금을 넣지 말아야 한다. 소금을 넣지 않는 이유는 보관 중에 오랜 시간이 지나면 글루텐을 파괴할 수가 있기 때문이다. 보관을 하기 위해서는 수분을 제거해야 하는데, 건조에 필요한 건조기와 건조대가 필요하다. 파스타의 종류와 형태에 따라 시간과 온도가 다르지만, 40도 이하의 건조기에서 1-2일 정도면 쉽게 말릴 수 있어 쉽게 보관이 가능하다.

6) 생파스타 보관 및 활용하기

　건조는 파스타 종류에 따라 다르지만, 생파스타를 성형한 후 짧은 면과 긴 면은 넉넉한 세몰리나를 뿌려 실온에 건조한 후 냉장고에 당일 보관하여 사용한다.

하지만 하루가 지나면 면에 수분이 침투하여 모양과 색이 변한다. 보관에는 두 가지 방법이 있다.

1. 냉동보관: 장시간 보관을 할 경우 급냉시켜 사용하는데, 급속 냉동을 아바티토레(Abattitore)를 이용하여 긴 면, 짧은 면 그리고 소 채운 면을 순간 냉각기에 넣어 얼린 후 냉각 박스에 담아 냉동보관이 가능하다. 또는 짧은 생면은 끓는 면수에 살짝 데쳐서 수분을 제거하고 건조하여 진공 포장지에 넣어 진공 밀봉을 한 후 냉장고에 2-3일 정도 보관이 가능하다. 장시간 보관을 할 경우에는 순간 냉동고를 이용하는 것이 좋다.

아바티토레(순간 냉각기)

라비올리 종류는 당일 소진할 경우 덮개를 덮지 않은 방법으로 냉장고에 보관

가능하지만, 하루가 지나면 색과 수분이 침투해서 면의 색이 달라진다. 라비올리를 3일 정도까지 사용할 경우, 끓는 물에 살짝 데쳐서 수분을 제거해 냉장고에 넣어 3일 정도 보관이 용이하다. 라비올리 종류도 며칠 동안 냉장고에 보관해야 할 경우에도 동일한 방법으로 하는데, 끓는 물에 넣은 라비올리가 물에 떠오르면 건져내 수분을 제거하여 냉장고에 보관하는 것이 좋다. 가장 최상의 맛은 당일 만들어 저장하지 않고 바로 사용하는 것이다.

2. 건조기(Essicatore) 이용: 오랜 보관을 하기 위해서는 생면을 건조기를 이용하여 건조할 수 있다. 가정이나 업장에서 작은 건조기에 넣어 저온에서 보관하여 수분을 제거하여 실온에 보관할 정도로 건조하여 보관할 수 있다. 건조기를 이용한 파스타 반죽은 소금을 넣지 않는 것이 좋다. 고온으로 단시간 하면 파스타 표면이 갈라지므로 저온으로 장시간 하는 것이 좋다.

에시카토레(가정용 건조기)

07

건파스타
제조 공정

:

건파스타 공정은 크게 반죽하기, 모양 만들기 그리고 건조시키기의 세 가지로
구분한다.

1) 반죽하기

세몰라와 뜨거운 물이 섞이며 반죽이 혼합과정을 거치는데, 파스타 종류나 모
양에 따라 들어가는 수분의 양을 조절한다. 반죽이 차지게 되면 원하는 모양의 몰
드, 즉 다이스를 끼운다.

2) 모양 만들기

원하는 다이스를 선택했으면, 끼워서 면을 뽑아낼 수 있다. 스파게티 면과 같은

파스타 다이스

긴 면은 대체적으로 길게 뽑아져 자동 칼에 잘린 후 쇠 막대에 매달려 다음 공정을 위해 이동한다. 튜브 형태의 파스타는 다이스를 뚫고 나온 파스타를 자체 부착용 칼날에 잘리거나 혹은 수작업으로 사람이 잘라 주면서 다음 공정으로 이동된다.

스탐파(Stampa)라고 불리는 '다이스'는, 테플론과 구리 재질로 만들어진 두 종류의 다이스가 있다. 각각 장단점이 있는데, 먼저 구리 다이스를 사용하면 반죽이 다이스를 빠져나올 때 마찰이 생겨 파스타 표면이 까칠까칠하여 소스와 잘 엉기게 되며 맛도 훨씬 좋다고 한다. 하지만 유통기한이 짧다는 단점이 있다. 남부 이탈리아의 파스타 도시들인 '그라냐노'나 '토레아눈챠타'의 소규모 공장들이 대부분 구리 다이스를 사용하고 있다. 맛과 가격적인 경쟁력을 갖추기 위해서다. 포장지에 표기를 확인하면 쉽게 구분할 수 있는데 '트라필라 인 브론조(Trafila in Branzo)', 즉 '동 다이스로 뽑은'의 문구로 확인할 수 있다. 반면, 테플론 재질의 다이스로 만들면 마찰이 적어 표면이 매끄럽고 황금색을 띠며 오래 보관할 수 있어, 대부분 대규모의 파스타 공장들이 사용하고 있다.

3) 열풍 건조

성형을 마친 스파게티 면은 뜨겁고 습한 공기를 불어넣은 롤러형 건조기를 통

과하면서 달라붙지 않도록 뜨거운 파스타의 외부를 식히면서 건조시킨다.

4) 건조하기

건조 단계가 가장 중요한데, 단시간에 고온으로 빨리 말리게 되면 부서져 버리고 너무 느리면 반죽이 늘어나고 곰팡이가 날 수 있다. 공장에 따라 다르지만 고온에서 단시간 건조하여 생산비용을 줄이는 곳도 있고, 저온에서 장시간 건조하는 곳들도 많다.

나폴리 만 인근의 파스타 공장들은 저온 장시간의 건조방법을 사용하고 있다. 즉 다시 말하면, 에시카토레(Essicatore: 건조기)에 넣어서 그들 방식대로 12시간부터 120시간까지 크기와 형태에 따라 저온 장시간 건조를 해서 말린다. 건조 온도는 40도 이하인데, 건조기 안에서 자연건조 역할을 하는 바람이 중간중간 작동되면서 파스타 면을 균일하게 건조시켜 만들어 낸다.

5) 선별 및 포장 단계

자연건조의 조건에 따라 건조된 파스타는 생산라인에 따라 부서지거나 파손된 것은 다른 라인을 통해서 쌓이게 된다. 온전한 파스타 면은 도르래를 타고 올라가 마지막에 포장 단계로 옮겨져 원하는 용량만큼 담겨 봉합 단계를 거치면서 상품으로 완성된다.

● 건파스타 제조 공정

① 혼합 및 성형 과정

② 열풍건조

③ 이동형 트레일러 보관

④ 창고형 건조기로 이동 후 건조

⑤ 선별 과정 및 이동 단계

⑥ 포장단계

* 촬영 협조 (토레 아눈챠타의 'Pastificio di Setaro')

PART
- 03 -

맛있어지는
파스타 노트

◀ 이탈리안 식재료 구입처 ▶

셰프스 푸드 (02. 529. 4131 www.chefs.co.kr)

블랙 트러플 냉동 홀, 파스티피쵸 그라나롤로(Pastificio Granarolo) 회사의 파스타, 냉동 송로버
섯(블랙, 홀), 올리브 오일, 화이트 트러플(송로버섯), 해바라기 오일, 파스타, 양념, 소스류

본 이탈리아 (02. 447. 5531)

화이트 트러플, 냉동 포르치니, 파브리카 델라 파스타
그라냐노(fabrica della pasta gragnano) 파스타, 소스와 양념류

영인 코퍼레이션 (031. 776. 8766 www.divella.co.kr)

디벨라(divella)의 이탈리안 식 재료, 이탈리아 콩, 말린 포르치니 버섯, 파스타, 양념, 소스류

이딸코레 (02. 32720. 5866 www.italcore.co.kr)

파스티쵸 디 마르티노(pastificio di martino) 파스타, 양념, 소스류

베스트앤코 (070. 7763. 5199)

산 마르자노 토마토 홀(라 피암만테: la fiammante)

모렐로 인터네셔널 (031. 932. 0414)

아르케(Arke) 엑스트라 올리브유, 레몬 향 올리브유, 오렌지 향 올리브유

보라티알 (02. 538. 3373 www.boratr.co.kr)

데체코(De cceco) 파스타면, 기타 소스, 양념류, 경질 밀가루, 폴체베라(토마토 과육),
이태리 찐쌀(par-boiled riso: 파 보일드 리소)

투데이 앤 터마로우 (02. 2635. 8111)

루스티켈레 다브루초 회사의 파스타류(파케리)

01

파스타
조리법

·
·

파스타 조리법은 크게 네 가지로 나눈다. 이 네 가지 조리법에 의해서 조리되는데, 기호에 따라 방법들이 겹치는 경우도 있다.

1) 파스타 아쉬타(Pasta Asciutta)

준비된 소스에 삶은 면을 넣어 에멀전이 잘되도록 볶아서 만드는 방법이다. 면을 80-90% 익혀서 준비된 소스에 넣어 팬에서 조리를 하는 형태로, 면이 부드러워지는 장점이 있다. 이런 방법을 '살타테(Saltate)'라고 표현을 한다.

2) 콘디테(Condite)

다른 개념의 파스타 조리법으로 콘디테는 삶은 면을 볼에 담아 중탕으로 소스를 곁들여 천천히 조리하는 방법으로, 버무리는 형태라고 볼 수 있다. 수증기의 잠열이 중탕 볼에 닿으면서 간접조리가 되며, 팬 조리법에 익숙하지 않은 사람에게 적당하다. 또는 팬 조리법에 의해 색이 변하는 소스나 퓨레 등을 안전하게 조리하고 싶을 때 쓰기도 한다. 예를 들면, 바질 페스토소스를 팬 조리법 마지막 단계에 넣어도 초록색이 변할 수 있기 때문이다. 그러나 콘디테 방법은 완성된 요리가 미지근하기 때문에 아주 따뜻한 파스타를 원하는 고객들에게는 다소 맞지 않을 수도 있다. 이 방법은 가정에서 주로 사용되며, 초보자도 쉽게 할 수 있는 조리법이다.

3) 파스타 알 포르노(Pasta al Forno)

'알 포르노'라고 하면 '오븐에 조리한'이라는 의미로, 먼저 파스타를 물에 삶아서 내용물을 보충하거나 파스타 아쉬타 방법처럼 팬에서 조리 후 그라탕 용기에 담아 오븐에 넣어 그라탕하는 조리법을 말한다. 오븐 요리에 포함하는 조리법들은 몇 개로 세분화할 수 있는데, 그라티나테(Gratinate), 파스티챠테(Pasticciate) 그리고 토르테(Torte) 등도 있다.

4) 파스타 인 브로도(Pasta in Brodo)

'인 브로도' 하면 '육수에 넣은' 파스타를 의미한다. 특히 소 채운 파스타인 라비올리 중 작은 형태인 토르텔리니와 같은 한입 크기의 파스타를 조리하는 방법인데, 국물 양이 많은 육수에 라비올리 종류를 삶아서 같이 제공하는 조리법으로, 미네스트레(Minestre) 요리도 같은 방법에 포함된다.

02

파스타와
소스의 궁합

:

완벽한 파스타 요리를 즐기기 위해서는 소스의 궁합도 중요하다. 그러나 특정한 파스타에 잘 어울리는 소스는 있긴 하지만, 몇 가지 궁합을 제외하고는 기호에 따라 다양하게 즐길 수 있다.

특히, 긴면인 스파게티, 베르미첼리, 카펠리니, 링귀네 같은 건면은 열을 오랫동안 보존하는 오일소스에 잘 어울리고 폭이 넓은 탈리아텔레, 페투치네, 파파르델레 같은 면은 라구 소스나 크림소스 같은 진한 소스와 잘 어울린다고 볼 수 있다. 자그마한 파스타인 파스티네는 수프, 소채운 파스타는 가벼운 소스나 버터소스 등에 잘 어울린다고 볼 수 있다.

이탈리아 파스타 디자이너들은 우선적으로 기호도에 초점을 주고 새로운 파스타를 만들어 소스에 버무려 혀가 느끼는 감촉, 질감, 소스가 잘 묻어나는지 그리고 골고루 익는지 등을 고려하여 신중하게 만들어 낸다.

파스타 모양	파스타 종류	어울리는 소스
긴 면 또는 매끄러운 긴 면	베르미첼리, 스파게티, 링귀네, 엔젤 헤어, 피데오, 레지네테 등	토마토, 크림, 오일소스나 가벼운 해산물 소스
스폴리아(Sfoglia) 형태의 긴 면 (리본모양 긴 면)	파파르델레, 라자냐, 마팔다, 페투치네, 탈리아텔레 등	무거운 미트 소스나 크림소스
작은 모양(Pastine)	아치니 페페, 아넬리, 파르팔리네, 라디아토리, 로케티 등	수프, 스튜, 파스타 샐러드
나선형(Spirale)	제멜리, 푸질리, 캄파넬레, 카바타피, 카사레체 등	가볍고 부드러운 소스 (예: 바질 페스토)
조개 껍질 모양	콘킬리에, 카바텔리, 피페 리가테 등	무거운 크림과 미트 소스
튜브 모양	펜네, 리가토니, 부카티니, 지티 등	야채소스, 라구 소스 등
소 채운 파스타	라비올리, 토르텔리니	가벼운 버터소스나 오일소스

출처: https://www.finedininglovers.com/blog/food-drinks/pasta-types-and-sauces/

03

건파스타
요리 과정

·

파스타를 만드는 방법에는 여러 가지가 있지만, 그중 팬에 조리하는 파스타 아쉬타(Pasta Ascuitta) 방법을 설명하기 위한 것이다. 다시 말하면, 삶아진 면을 준비된 소스에 재가열하여 면에 소스를 흡수시켜 적당한 식감을 완성시키는 방법이다.

1) 소스 준비하기

레스토랑의 형태에 따라 재료를 준비하는 단계가 달라질 수 있다. 가령 급하게 빠른 시간에 제공해야 하는 레스토랑이라면 단시간에 나갈 수 있도록 소스는 물론, 부재료까지 전 처리를 해야 하는 단계를 거쳐야 한다. 하지만 시간적 여유가 있고 퀄리티를 요하는 곳이라면 신선한 재료는 물론 순간적인 공정에 몰입해야 한다. 가장 오랜 시간이 걸리는 파스타는 해물을 이용한 전처리 과정일 것이다.

시간이 오래 걸려 미리 만들어진 라구 계열의 소스를 제외하고 파스타를 삶는 시간에 직접 소스를 만들어 면과 조리하는 것이 이탈리안 파스타의 기본이다. 이탈리안 파스타의 반 이상은 올리브 오일에 마늘을 넣어 볶으면서 시작한다.

오일이나 버터 소스 같은 것은 면이 삶아지기 전 2~3분 전에 완성하는 것이 좋다. 완성된 소스는 팬에 1~2인분 정도 소스 만을 담아둔다.

먼저 팬에 올리브유를 두르고 마늘을 넣어 약한 불에서 색을 내고 향을 뺀 후 들어내어 주재료를 넣어 볶는다. 주재료인 해물, 육류 등을 볶고 질겨지지 않도록 밖으로 꺼낸 후 채소 등의 부재료를 볶고 삶은 면을 넣어 볶다가 조리된 해물과 육류 등을 넣어 마무리하는 순서를 거쳐야 한다. 먼저 조리된 해물과 육류를 면과 같이 계속 에멀전 하다 보면 재료들이 질겨지는데, 특히 해물류가 그렇기 때문에 이런 방법을 잊지 말아야 한다.

고객의 컴플레인이 많은 것이 조개류인데 먼저 해감이 잘되어야 하며, 시간을 줄일 수 있는 방법으로는 냄비에 조개가 잠길 정도의 물과 약간의 와인, 월계수 잎, 으깬 마늘 몇개 정도를 넣고 끓어오르면 거품을 걷어내고 5분 미만 끓여서 식혀 사용하면, 시간을 단축할 수 있을 뿐만 아니라 컴플레인 요인을 제거할 수 있다.

2) 면 삶기: 타이머 설정이 중요하다

면을 삶을 때는 모든 파스타의 포장지에 적당한 시간이 적혀 있는데, 가령 데체코(Decco)의 스파게티니(Spaghettini) 11번이 9분이라 하면, 2분 전에 삶는 물에서 건져내 확인해야 한다. 파스타 면 100g에 물 1리터, 굵은 소금 10-12g 정도가 필요하다. 냄비에 물을 담고 센 불에서 물을 끓이고 소금을 넣어 중불로 줄이고 파스타 면을 넣어 젓는다. 삶는 시간에 2~3번 정도 저으면 달라붙지 않는다.

데체코 11번 스파게티니 9분을 기준:

* 삶은 시간(5분): 핀셋으로 면을 들어올리면 쉽게 구부러지지 않는다. 넉넉한 소스에 넣거나 오일 버전의 파스타에 장시간 조리할 수 있지만, 잘못하면 면이 부러질 수 있다.

* 삶는 시간(7분~7분 30초): 알덴테에 가까운 상태이고, 면이 쉽게 구부러지며 넉넉한 소스에 넣어 조리할 경우에 적당한 상태다. 단시간 조리하는 토마토 소스나 크림소스 경우에는 7분 30초 정도가 좋고, 오일 소스인 경우에는 에멀전을 중시하기 때문에 7분 정도가 적당하다.

* 삶는 시간(8분~8분 30초): 팬에 남아 있는 잠열로 조리하는 조리법에 적당하며, 예를 들어 전통식 카르보나라 파스타를 할 때 혹은 페스토 소스를 넣어 면에 버무릴 때와 같은 경우를 말한다. 그리고 믹싱 볼에 파스타와 소스를 넣어 중탕으로 하는 콘디테(Condite) 방식 같은 경우도 있다. 하지만 냉파스타를 할 경우에는 8분 30초 정도 삶는 것이 좋다. 덜 삶은 파스타가 차갑게 식으면 먹기 힘들 정도로 탁탁한 식감을 줄 수 있기 때문이다.

Tip 삶는 시간 조차도 불의 화력, 삶는 용기 등에 영향을 받기에 여러 번의 경험을 통해서 숙지하는 것이 좋다.

3) 소스와 버무리기

삶은 파스타는 물기를 빼고 준비된 소스에 넣는데, 오일소스에 넣을 때는 약간의 면수와 같이 넣는 것이 중요하고 토마토나 크림소스에는 파스타의 물기를 완전히 제거하여 넣어 볶는다. 오일 소스일 경우는 시간적인 여유를 가지고 에멀전

에 신경을 써서 하고, 크림과 토마토는 가급적 소스와 잘 어울러지도록 볶아 빨리 마무리하는 것이 좋다.

면수는 파스타의 조리에 중요하며, 지나치게 짠 면수는 찬물을 섞어 사용하여 파스타 간에 신경 써야 한다.

4) 접시에 담기

에멀전 상태가 완성되면 핀셋으로 면을 돌돌 감아 접시에 담고 팬에 남아 있는 소스를 쌓인 면 위에 뿌려 준다. 이렇게 되면 면이 식는 것도 방지할 수 있다. 부재료들은 면 주위에 보기 좋게 담는다. 기호에 따라 담는 방법도 다른데, 이것처럼 쌓는 방식이 있다면 핀셋으로 돌돌 말아 놓은 면을 옆으로 흘려 담는 경우도 있다. 이런 방법은 데커레이션에 적합하다.

Tip [숙성용 면 삶기] 업장에서 사용하는 방법으로 시간과 인건비를 줄이기 위해 미리 삶아 숙성을 거쳐 사용하는 방법이다. 가령 데체코 스파게티 11번을 2분 정도만 삶아 건져내어 냉장고에 식힌 후 실온에 꺼내 마르지 않도록 덮어 2시간 정도 숙성을 거치면 2-3일 동안 퍼지지 않게 사용할 수 있다.

파스타의
양념

1) 향신료

바질 페스토

바질리코 제노베제(Basilico Genovese)

제노바의 바질은 다른 지역과 구별되는데, 잎이 작고 타원형으로 볼록하며 짙은 녹색으로 향이 섬세한 것이 특징이다. 제노바(Genova)와 프라(Pra) 구역의 해안가에서 잘 자라 이곳의 바질을 최고로 치며, 리구리아 요리에 적합하며 포카치아, 파스타의 소스나 양념, 자체적으로 만든 페스토 소스 등에도 잘 어울린다.

살비아(Salvia)

세이지는 박하류에 속한 향초로 잎을 사용하는데, 피에몬테에서는 전통적으로 버터에 세이지 잎을 튀겨 내어 세이지 버터 소스를 만들어 라비올리 소스로 사용해 왔으며, 튀긴 세이지는 장식으로 혹은 세이지 잎을 갈아 페스토를 만들어 파스타에도 종종 사용해 왔다. 또한 워낙 향이 좋기에 큰 잎을 선별해서 달걀 물과 빵가루로 옷을 입혀 아페르티보(Apertivo) 용으로 만들어도 손색이 없다.

프레체몰로(Prezzemolo)

이탈리아 요리에 가장 대중적으로 사용되는 향초로, 살사 베르데(Salsa Verde)를 만드는 데 주로 사용하고 요리에 처음 단계에 맛과 향을 내는 목적으로 사용하는 소푸리토(Soffritto)를 만드는 데 혹은 요리의 마지막 단계에 향미를 높이기 위해 넣는다. 생선, 육류 등이 가지고 있는 좋지 않은 냄새를 제거하기 위해 마리네이드(Marinade) 과정에 다른 향초와 곁들여 사용한다.

페페론치니 세키(Pepperoncini secchi)

말린 고추를 의미하며, 크기가 작은 것부터 큰 것까지 다양하게 존재한다. 건조 상태이므로 파스타 소스에 사용할 때는 단시간 조리하여 타지 않고 매운 향이 쉽게 나오도록 신중하게 조리해야 한다.

노체 모스카타(Noce Moscata)

밤색의 작은 볼 모양을 하고 있는 넛맥은 사용 전에 강판으로 갈아서 사용해야 향이 날아가지 않는다. 고기 소를 넣어 만든 라비올리에 사용하면 고기 특유의 냄새를 제거하는 데 효과를 볼 수 있으며, 크림이나 우유가 들어가는 요리, 토르타(Torta: 케이크), 푸딩 등의 요리에도 사용할 수 있다.

자페라노(Zafferano)

붓꽃과의 일종으로, 암술을 말려 착색을 하는 고가의 향신료이다. 리조토 알라 밀라네제(Risotto alla Milanese)나 해산물 요리와 같이 사용하며, 파스타의 착색에 사용하는 경우가 많다. 중부 지방인 움부리아, 토스카나, 마르케와 남부인 아부르초와 바실리카나 그리고 사르데냐 섬에서 찾아볼 수 있다.

2) 야채

루콜라(Rucola)

향신 채소의 일종으로 쓴맛이 매력적이며 어린 잎들은 샐러드로 큰 잎은 데치거나 스팀으로 조리하여 수프나 파스타, 혹은 생으로 피자 등에 사용하며, 생선의 소를 채워 조리하거나, 흰

색 육류 등에 잘 어울리며 혹은 페스토로 만들어 여러 요리의 양념으로 사용해도 손색이 없다.

카르치오피(Carciofi)

엉겅퀴과의 식물로 '아티초크'라 불린다. 봉우리의 겉잎은 딱딱하고 잎의 끝은 날카로워 안쪽의 부드러운 잎이 나올 때까지 벗겨내어 상단의 ¼을 잘라내 손질한다. 손질한 카르치오피는 색이 변하므로 레몬 물에 담가 놓는다. 절임 하여 기름에 보관하거나 소를 채워 요리하기도 하며, 슬라이스하여 파스타, 튀겨 데커레이션 등 다양한 요리에 사용할 수 있다.

피노키오(Finochio), 피노키오 셀바티코(Finochio selvatico)

피노키오는 회향과의 식물로 '휀넬'이라고 부른다. 휀넬은 잎, 줄기, 뿌리 그리고 씨로 구분된다. 향이 좋고 약간의 단맛이 있어 생으로 혹은 스팀으로 익혀서 먹을 수 있는데, 올리브유나 드레싱 혹은 버터소스에 곁들여 먹기도 한다. 미네스트라(Minestra) 혹은 주파(Zuppa), 해산물 요리, 기름이 많은 생선, 붉은 육류, 살루미, 소스나 치즈 등에 향을 주기 위해 사용되며, 휀넬 씨드(Fennel Seed)는 제과, 리큐르를 만들거나 허브 차나 허브오일을 만드는 데도 사용된다. 피노키오 셀바티코는 야생에서 자라는 휀넬로, 잎과 줄기가 가늘고 몸체도 작다.

치메 디 라파(Cime di Rapa) 또는 브로콜레티(Broccoletti)

이 야채는 무의 꽃 봉오리로 약간의 쓴맛과 매콤한 맛을 가지고 있으며, 풀리아 주의 전통 요리인 오레키에테 콘 치메 디 라파(Orecchiette con Cime di Rapa)에 사용된다. 캄파냐 주 나폴리의 프리알리엘리(Friarielli)와 비슷하며, '브로콜레티'라고 불리는데 구운 프레시 살시챠와 잘 어울린다. 또한 이 야채들은 끓는 물에 살짝 데쳐 쓴맛을 제거하여 팬에 기름을 두르고 마늘, 고추를 넣어 볶아 만든 소프리토(Soffritto) 요리에 아주 잘 어울린다.

폼모도로 디 산 마르차노(Pomodoro di San Marzano)

소스용 토마토로 불리는 산 마르차노 품종은 살레르노(Salerno) 현에 속한 산 마르차노 술 사르노(San Marzano Sul Sarno) 지역에서 재배되는 품종이다. 토마토의 외피를 벗겨 과육과 즙이 캔에 패킹된 제품이 바로 이 품종이다. 이 제품은 형태가 보존된 홀(Hole)과 다져진 형

태인 찹(Chop)의 두 종류가 있다. 과육이 달고 색이 진하여 파스타나 피자 소스용으로 적합하여 전 세계적으로 사랑받는 품종이다.

풍기 포르치니(Funghi Porcini)

'산새버섯'이라 불리는 포르치니는 가을 철에 채취되어 진한 향을 자랑한다. 대부분 잣나무 아래에 서식하는 것으로 알려졌으며, 최고의 품질을 자랑하는 포르치니는 밤나무 아래에 서식하는 것이라 한다. 흙이 붙은 부분을 작은 칼로 벗겨내고 솔로 이물질을 털어내고 물을 적신 타올로 닦아낸 후 슬라이스하여 기본 양념으로 사용하는데, 팬에 볶아 전채 요리에 혹은 탈리아텔레 파스타, 리조토에 첨가하면 최고의 맛을 낼 수 있다. 보관은 급냉하여 사용하는 경우도 있고 편으로 잘라 말려서 유통시키는 것도 있다.

타르투포(Tartufo)

송로버섯은 흰색과 검정색의 두 종류가 있는데, 특히 피에몬테의 알바(Alba) 지역에서 채취되는 흰색 송로버섯은 세계적으로 유명하다. 흰색 송로버섯은 몽페라토(Monferato)와 랑게(Langhe) 지역에서 대량으로 서식하고 10월과 11월 사이에 훈련된 개의 후각으로 채취된다.

반면, 검정색 송로버섯은 움부리아(Umbria) 주 노르챠(Norcia) 지역에서 생산되는 것이 질이 우수하며, 베네토, 피에몬테, 중부 이탈리아의 아펜니노 산맥에 두루 분포돼 있다. 북부와 남부의 송로버섯은 맛이 전혀 다르다.

사용하는 방법은 가급적 요리의 마지막에 손질된 버섯을 슬라이스하여 사용하면 요리의 향과 풍미를 증가시킬 수 있고, 간혹 검정색은 요리과정 중에 섞어서 볶는 방법으로 조리하는 경우도 있으나 흰색은 조리과정을 거치는 경우는 드물고 요리에 뿌리는 형태로 사용한다. 특히 녹인 버터 소스나 베샤멜 소스 위에 또는 풍기 포르치니를 넣은 탈리아텔레의 마지막 가니쉬로 사용하면 요리의 품격을 높여 줄 수 있다. 솔을 이용해서 버섯에 붙은 흙을 제거하고 깨끗한 종이 타울에 싸서 쌀과 같이 보관하면 오래 보관할 수 있다.

3) 액체류

올리브유(Olio di olive)

올리브 열매를 수확하면 24시간 이내에 착유를 하는데, 이물질(올리브 잎, 잔가지)을 제거하고 열매는 세척을 거쳐 페스트 상태가 되면 압착을 하여 오일을 분리하게 된다. 분리된 오일을 디켄팅 과정과 원심분리 과정을 거쳐 필터에 거르면, 초벌 오일인 엑스트라 올리브유가 된다. 올리브유는 압착과 정제에 따라 맛과 질이 달라지며 직사광선에 노출되지 않도록 보관하는 것도 중요하다. 최상의 올리브유는 접시에 담은 파스타에 소량만 사용해도 충분한 향이 올라와 음식의 질을 높여 준다.

콜라투라(Colatura)

콜라투라는 이탈리아 캄파냐 지역의 체타라 (Cetara)라고 하는 작은 어촌마을에서 만들어지는 전통적인 멸치 소스로, 유네스코에서 슬로우 푸드로 지정될 만큼 오랜 전통을 가지고 있으며, 오랜 숙성기간을 거친 발효식품이다. 나무통에 싱싱한 멸치를 켜켜이 담고 소금을 뿌려 염장시켜 무거운 돌로 9~12개월 동안 눌러 숙성시킨 후 바닥에 작은 구멍을 뚫어 액기스를 받아내 만들어진다. 밝은 황갈색의 빛깔과 진한 멸치 맛을 갖고 있으며 첨가물이나 방부제가 들어가지 않은 천연조미료이다. 올리브오일과 다진 마늘, 고추 등과 같이 잘 섞어 파스타나 샐러드, 야채 등에 버무려 먹기도 하며 해산물 스튜나 수프 등에 감칠맛을 내기 위한 더할 나위 없는 양념 중 하나다. 또한 스테이크용 생선을 마리네이드 할 때 소금과 조미료 역할을 대신하여 요리에 넣으면 풍부한 맛을 더해 준다.

4) 치즈(Formaggio)

파르미쟈노-레쟈노(Parmigiano-Reggiano), 그라노 파다노(Grano-Padano)

파르마(Parma), 레죠-에밀리아(Reggio-Emiglia), 만투아(Mantua)와 볼로냐 (Bologna) 등의 도시에서 생산되는 숙성된 경질치즈로, 자동차 바퀴 모양의 낱알 구조의 덩어리 치즈로 갈아서 샐러드, 피자, 파스타, 리조토와 수프 등 다양

한 요리에 사용한다. 영어식 표현으로 '파마산 치즈'로 불린다. 최소 12개월에서 최대 36개월 이상 숙성시켜 만들며, 이와 유사한 치즈로는 그라노 파다노(Grano Padano)가 있다. 이 치즈는 최소 9개월을 숙성시켜야 하며 롬바르디아 주, 피에몬테 주, 트렌티노와 베네토 주의 포강과 인접 지역에서 생산된다. 그라노 파다노 치즈 또한 갈아서 여러 요리에 사용한다.

모차렐라 디 부팔라(Mozzarella di Bufala), 부라타(Burrata)

모차렐라 치즈는 황소와 물소 젖으로 만든 두 종류가 있는데 이 중 물소 젖으로 만든 부팔라 치즈가 질이 좋다고 알려져 있으며, 모차렐라는 파스타 필라타(Pasta filata)라는 남부의 치즈 제조법으로 만들어진다. 우유를 응고시킨 커드(Curd)에

수분을 제거하여 더운 물을 부어 부드럽게 만든 후 잡아당겨 만드는 치즈로, 캄파냐주, 풀리아, 라지오, 몰리제 주 등지에서 만들어진다. 치즈를 자르면 우유의 즙을 머금고 있어 식감이 촉촉한 것이 신선한 치즈다. 특히 캄파냐 주의 카세르타, 나폴리, 살레르노 등지에서 만든 것들이 우수하며 전통적인 치즈다. 모양에 따라 여러 종류의 모차렐라 치즈를 만들 수 있는데, 틀을 이용해 한입 크기로 만들어 내면 '보콘치니(Bocconcini)'라고 부르며, 작은 조롱박 모양으로 만들어 내면 '스카모르차(Scamorza)', 세 가닥으로 매듭을 지어 만들면 '모차렐라 디 트레체(Mozzarella di Trecce)' 등으로 불린다. 부라타 치즈도 모차렐라와 크림으로 구성된 크리미한 상태의 치즈로, 풀리아 주의 무르쟈(Murgia) 지역에서 만들어졌으며 이 지역에서 생산되는 치즈는 최상의 맛이라며 평판이 자자하다.

페코리노(Pecorino)

양유로 만든 경질 치즈로 크게 페코리노 로마노(Romano), 시칠리아노(Siciliano), 토스카노(Toscano), 사르도(Sardo), 카르마쉬아노(Carmasciano)등이 잘 알려져 있으며, 그 외에 지방별로 페코리노 치즈가 존재한다. 로마노는 라지오와 토스카나 주의 그로쎄토(Grosseto), 사르데냐 등지에서 주로 생산되고, 최소 5달 이상은 숙성시켜야 한다. 페코리노 시칠리아노는 시칠리아에서, 페코리노 사르도는 사르데냐 지역에서 만들어지고, 전통적으로 리구리아의 페스토 알라 제노베제(Pesto alla Genovese)에 사용하곤 한다. 양유 특유의 노릿한 냄새와 맛이 미세하게 남아 있는 치즈라고 보면 된다. 지역에 따라 치즈 안에 후추나 고추 등을 넣어 만들어 내는 치즈도 있다.

탈레지오(Taleggio)

'발 탈레지오(Val Taleggio)'라고 하는 계곡의 동굴에서 만들어진 치즈로, 우유로 만든 반 경질의 치즈다. 롬바르디아 주의 밀라노(Milano), 베르가모(Bergamo), 브레샤(Brescia), 코모(Como) 등지에서 주로 생산되는 치즈로, 40일 정도 숙성시켜 만든다. 껍질은 얇으나 누런색을 띠며 코를 찌르는 냄새가 강하게 올라와 톡 쏘는 특징을 가지고 있으며, 맛은 부드럽다. 부드러운 퓨레나 크림소스 등에 잘 어우러진다.

고르곤졸라(Gorgonzola)

밀라노 근교의 고르곤졸라 지역에서 만들어진 부드러운 푸른 곰팡이 치즈로, 우유로 만들어 3-4개월 숙성시켜 만든다. 단시간 숙성시킨 부드러운 맛을 가진 돌체(Dolce), 강한 맛을 가진 피칸테(Picante)의 두 종류가 있다. 메인 요리를 먹은 후 치즈 코스에 혹은 파스타 소스나 리조토 요리 등에 잘 어울린다.

카쵸카발로(Caciocavallo)

큰 조롱박 모양을 하고 있는 치즈로, 파스타 필라타 방법으로 만들어진다. 남부지방과 시칠리아 섬에서 주로 생산되며, 목 부위에 끈으로 묶어 매달아 놓고 숙성시킨 치즈다. 편으로 잘라 팬에 구워 전채요리, 테이블 용 치즈로 혹은 갈아서 파스타 양념으로 사용되며 치즈의 톡 쏘는 쓴맛이 매력적인 치즈로, 오래 숙성된 *프로볼로네(Provolone) 치즈와 맛이 유사하다.

* 프로볼로네 치즈는 소유로 6개월 정도 숙성시켜 만든 반 경질의 남부 지방의 치즈를 말한다.

5) 염장 재료

관찰레(Guanciale), 판체타(Pancetta)

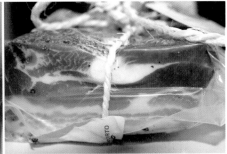

관찰레   판체타

관찰레는 돼지 목과 볼에 걸쳐 있는 살을 허브 소금에 염장한 살루미류의 하나
로, 전통적인 파스타의 부 재료로 많이 사용된다. 특히 스파게티 알라 카르보나
라(Spaghetti alla Carbonara), 부카티니 알라 아마트리챠나(Bucatini alla Amatriciana)
등의 요리에 볶아서 맛을 내는 기본 재료로 사용하며, 얇게 저며 먹는 콜컷(Cold
cut)에 사용하는 경우도 있다. 겹으로 자른 관찰레는 지방의 비율이 높아 팬에 볶
으면 지방은 녹고 살점은 꼬들꼬들하여 짭조름한 맛이 구미를 당긴다. 판체타는
돼지 뱃살을 허브 소금에 염장시켜 만들며, 일반적인 통삼겹 형태, 돌돌 말린 것
혹은 훈제한 것도 있다.

살시챠(Salsiccia)

거칠게 갈아 놓은 돼지고기와 허브, 지방을 넣어 만든 프레시 소시지로, 지역

에 따라 종류가 다양하게 존재한다. 케이싱에 담긴 소시지를 꺼내 요리 시작 단계에 팬에 먼저 볶으면서 파스타나 수프의 맛을 내는 기본 양념으로 사용한다. 프레시한 상태로 세로로 반 갈라 구워 메인 요리로도 자주 등장하며, 건조한 살시챠는 뜨거운 물에 데쳐 지나친 짠맛을 제거하여 요리에 사용하는 방법도 있다. 기호에 따라 훈제한 살시챠, 매콤한 맛의 살시챠도 사용할 수 있다.

프로쉬토(Prosciutto), 쿨라텔로(Culatello)

프로쉬토와 쿨라텔로

프로쉬토는 돼지 뒷다리로 만든 염장 햄으로, 쿠르도(Crudo: 생것)와 코토(Cotto: 익힌 것)의 두 종류가 있으며, 파르마 지역에서 만든 햄이라 하여 '파르마 햄'이라 불린다. 파르마 햄은 파마산 치즈를 만들고 남은 치즈 찌꺼기를 돼지 먹이로 사용하여 질이 우수하다는 평가를 받고 있으며, 아울러 프리울리(Friuli)의 산 다니엘레(San Danielle) 지역의 프로쉬토도 최고의 품질로 알려져 있다. 최고의 프로쉬토를 생산하기에 필요한 것은 숙성에 필요한 기후에 있다. 파르마 지역은 리구리아의 바닷바람이 아펜니노 산맥과 만나는 지점에 위치해 있고 프리울리의 산 다니엘레 지역은 아드리아 해의 바닷바람이 알프스 산맥과 만나는 지역에 있어 프로쉬토 숙성에 최상의 조건인 산과 바다가 모두 존재하는 두 지역에서 최상의 품질을 만들어 내고 있다.

쿨라텔로는 돼지의 허벅지에 껍질과 뼈를 발라내 소금에 절여 돼지 방광에 싸서 숙성시켜 만든 바싸 파르멘사(Bassa Parmensa)와 포(Po) 강 인근에서 만들어진 지벨로(Zibello) 마을의 햄이다. 흔히 '지벨로 쿨라텔로'라고 불린다. 바싸 파르멘사 지역은 포 강 수위보다 낮아 짙은 안개가 끼인 날들이 많은 지역이다. 프로쉬토 디 파르마는 건조한 환경에서 잘 만들어진 반면에 쿨라텔로는 습한 조건이 되어야만 최고의 쿨라텔로가 만들어진다고 하는데, 특히 지벨로, 바싸 파르멘사 지역이 천혜의 조건을 갖추고 있다고들 한다. 매년 11월과 2월 사이에 낮기온은 +4° / +5°, 밤 기온은 −2° / −3°로 떨어지는 조건하에 만들어진 쿨라텔로 지벨로는 파르마 햄보다 섬세한 맛을 지니고 있으며 안개가 많이 낀 해에 만든 쿨라텔로가 맛도 더 훌륭하다고 평가받는다.

쿨라텔로는 14세기 무렵, 한 노르치노(Noricino)에 의해 우연히 만들어진 살루메다. 노르치노는 프로쉬토를 만드는 사람을 말하는데, 한 솜씨 없는 노르치노가 어느 날 프로쉬토를 만드는 돼지고기 뒷다리의 뼈를 제거해 버리는 실수를 하였고, 어쩔 수 없이 그 상태로 소금에 절여 숙성시킨 것이 쿨라텔로이다. 그때부터 지벨로(Zibello)를 중심으로 한 파르마의 7개 마을은 고품질의 쿨라텔로로 명성을 얻게 되었다. EU로부터 DOP로 인정을 받은 쿨라텔로 디 지벨로(Culatello di Zibello DOP, 1996)는 돼지 뒷다리 위쪽 부위만을 이용해 만들며, 뼈를 제거하는 작업은 수 세기 동안 전해 내려오는 전통에 따라 숙련된 기술자들이 하고 있다.

모르타델라(Mortadella)

모르타델라의 용어는 라틴어 '모리타리움(Moritarium)' 즉, '모리타이오(Mortaio)'에서 파생된 단어로 '절구'라는 의미를 가지고 있으며 돼지고기를 으깨는 용도로 사용되면서 유래된 것으로 보인다. 볼로냐 원산의 소시지로 쪄서 만드는 가열 살라미로, 돼지고기에 큐브 형태의 비계를 삽입하여 검은 후추와 피스타치오(Pistachio)를 넣어 15시간 이상 천천히 쪄서 만든다. 절단 면에 비계와 피스타치오의 내용물을 볼 수 있는 것이 특징이다. 곱게 갈아 라비올리 소나 얇게 슬라이스하여 파니니(Panini) 속에 넣어 먹기도 한다.

은두야(Nduja)

칼라브리아의 발라먹는 살라미의 한 종류인 은두야는 전통적으로 돼지 어깻살과 지방 그리고 삼겹살과 매운 고추를 갈아서 만든 것이다. 보통 살라미는 얇게 슬라이스해서 먹지만, 은두야는 케이싱(Casing: 소시지

껍질) 안에 있는 매콤한 살라미를 빵에 스프레드(Spread)로 먹기도 하고 파스타 소스 모든 요리의 양념으로서 사용된다. 칼라브리아 주의 자그마한 마을 스필리가(Spiliga)의 특산품이다. 칼라브리아는 육지의 끝이며 이 지역은 산간지방이어서 추운 날씨를 극복하기 위해서 고추를 사용하여 매콤한 살라미를 만들어서 먹었다고 한다.

보타르가(Bottarga)

'어란'이라고 불린다. 어란은 회색 빛을 띤 숭어 알과 참치 알로 만든 두 종류가 있는데, 시칠리아와 사르데냐에서 주로 만들어진다. 며칠 동안 소금 물에 침지하고 드라이해서 만들며 만드는 사람에 따라 염도, 질감 그리고 단단한 정도를 달리한다. 오랫동안 보관을 위해서는 밀랍을 발라서 사용하기도 하며, 갈아서 파스타 소스에 혹은 얇게 슬라이스 하여 레몬조각과 같이 제공하는 콜 컷(Cold cut: 햄, 소시지를 얇게 슬라이스 한 전채)으로도 사용된다.

아치우게(Acciughe)와 알리치(Alici)

파스타소스에 자주 사용하는 절인 멸치로, 멸치를 굵은 소금에 2-3달 넣어 저장한 후 손질하여 기름에 저장하여 사용한다. 오일을 두른 팬에 작게 자른 절인 멸치를 볶으면 특유의 감칠맛을 내어 기본 소스 및 파스타 소스에 사용하며, 특

히 나폴리타나 피자 토핑으로 혹은 창부 풍의 파스타소스인 *푸타네스카(Puttanesca) 소스에 사용한다. 멸치 크기가 작은 것은 '알리치'라고 하며, 소금에 저장된 것 그리고 염장된 것을 기름에 보관한 것, 두 종류가 있다.

* 푸타네스카 소스는 토마토, 올리브, 케이퍼, 마늘을 넣어 만든 캄파냐주의 전통 파스타 소스를 말한다.

카페리(Capperi)

풍초목 열매인 케이퍼를 말하며, 새콤하게 절인 것과 소금에 절인 두 종류가 있으며 또는 줄기 케이퍼도 존재한다. 케이퍼는 시칠리아의 섬과 가까운 판텔렐리아(Pantelleria) 섬에서 나오는 것을 최고로 친다. 특히, 연어요리나 파스타 소스 등에 자주 사용한다. 톡 터지는 케이퍼의 맛이 연어의 비릿한 맛을 감화시켜 주는 역할을 한다.

올리베(Olive)

올리브 나무에 열매가 열리면 녹색에서 갈색과 밤색을 거치면서 검정색 올리브로 변한다. 올리브의 떫고 아린 맛을 제거하기 위해서는 염화칼슘 용액에 담가 둔 올리브를 여러 번 새로운 물을 번갈아 가면서 아린 맛을 제거해야 하고, 오랫동안 보관하기 위해서는 마지막 우린 소금물에 담아 보관하여 유통하거나 지나치게 짠 열매는 물에 담가 염기를 약간 제거하여 올리브유, 향신료 등을 넣어 양념한 후 사용한다. 씨를 제거하여 갈아 퓨레로 혹은 얇게 저민 과육을 요리에 사용하기도 한다.

카비알레(Caviale)

철갑상어 알인 캐비아는 벨루가, 오세트라, 세브루가 3가지 종류로 구별되는데 벨루가는 약 15년 정도 자란 철갑상어에서 얻으며, 캐비아 중에서 크고 색깔은 철갑상어 피부색에 따라 다르며, 일반적으로 검회색 혹은 은회색을 띤다. 오랜 기간 성장한 철갑상어에서만 얻을 수 있고, 알이 크기 때문에 다른 캐비아보다 비싸다. 오세트라는 약 10년 이상 자란 철갑상어에서 얻을 수 있으며 오세트라만의 독특한 향이 있다. 일반적으로 가장 많이 소비되는 캐비아이다. 세브루가는 약 7년 이상 된 철갑상어에서 얻고 단백질과 지방이 많은 캐비아다. 알의 크기는 작지만, 독특한 향과 맛을 지니고 있다.

캐비아를 먹을 때는 유리나 자개 또는 자기 그릇에 담아 자개나 조개껍질, 또는 플라스틱으로 만들어진 숟가락을 사용하는 것이 좋다. 금속을 사용하면 산도가 높은 캐비아가 금속을 산화시키고, 캐비아의 맛도 떨어지게 만드는 역할을 하므로 주의 해야한다.

05

모체소스

.

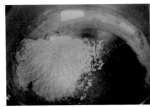

1) 베샤멜라 (Basciamella: 베샤멜),
살사 비앙카(Salsa bianca: 화이트 소스)

흰색의 모체소스인 베샤멜과 화이트소스를 만들기 위해서는 루(Roux)를 알아야 한다. 루는 화이트 루, 브론드 루, 브라운 루가 있는데 밀가루와 버터를 냄비에 색이 나지 않도록 볶은 것이 화이트 루이다. 여기에 데운 우유를 끓여서 만든 것이 베샤멜이고, 우유를 넉넉하게 넣어 묽게 끓인 것이 화이트소스이다. 크림소스의 모체가 되는 것이 화이트 소스이기 때문에 이 방법을 숙지해야 한다.

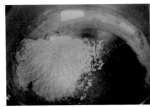

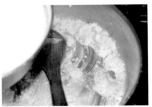

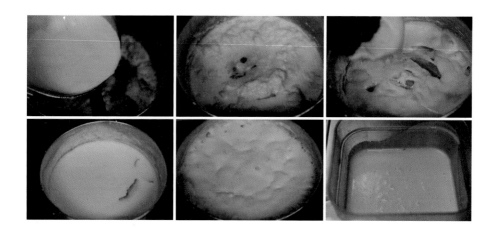

재료(용량 500㎖): 밀가루 40g, 버터 40g, 우유 1.5리터, 월계수 잎 2장, 양파 10g, 정향 2개, 소금 약간

만드는 방법

1. 소스 팬에 버터와 밀가루를 넣어 볶아 화이트 루(White Roux)를 만든다.

2. 데운 우유를 여러 번 나눠 가며 붓고 덩어리 지지 않게 매끄러운 크림 형태로 풀어 준다.

3. 주걱으로 부드럽게 풀어지면 남아 있는 우유를 넣어 끓여 준다.

4. 끓은 베샤멜 소스에 넉넉한 우유를 부어 월계수 잎, 양파에 정향을 꽂은 것을 넣어 10여 분 묽게 끓이면 화이트 소스가 된다.

5. 마지막에 간을 한 후 체에 걸러 사용한다.

Tip 베샤멜과 화이트 소스는 파스타뿐만 아니라 이탈리아 요리에 사용하는 모체소스로 사용하는데, 파스타를 그라탕을 하거나 농후제로 또는 크림소스를 소량 섞어 사용할 수도 있다.

2) 살사 디 크레마 (Salsa di Crema: 크림소스)

크림소스를 만드는 방법에는 여러 가지가 있는데, 판매 금액에 적절한 원가가 맞도록 소스를 선택하는 것 또한 중요하다. 여러 가지 생크림 제품을 선택하여 사용할 수 있다. 크림소스는 만드는 방법에는 네 가지 방법이 있다.

1. 동물성 생크림을 100% 조려 사용한다. 이 생크림은 농도가 묽기 때문에 반드시 조려 사용해야 한다. 가장 순수하고 맛이 월등하나 단가가 높다. 1팩에 500㎖인데 조려서 사용하면 크림파스타 2인분 정도밖에 나오진 않는다.

2. 동물성 생크림에 우유를 섞어 사용하는 경우로, 예를 들면 생크림 양에 우유를 ⅓ 정도 섞어서 사용한다. 동물성 생크림이 가격이 비싸므로 우유를 섞어서 사용한다. 원가 절감이 되지만 맛이 가벼워질 수 있다는 단점도 있다.

3. 식물성 휘핑 크림에 우유나 크림 혹은 육수를 넣어 농도를 풀어서 사용하는 경우가 있다. 손님에 따라 휘핑크림 맛을 선호하지 않는 경우도 있지만, 유통기한이 길어 원가절감에 도움을 받을 수 있다. 휘핑크림은 식물성 유지에 유화제인 첨가물을 섞어서 만들어 낸다.

4. 저단가 크림소스를 만들어 사용하는 경우로, 화이트소스 사용 비율을 높이는데 화이트 소스에 우유나 생크림, 조리용 휘핑크림을 섞어 맛을 내어 사용하거나 맛을 낼 수 있는 조미 성분 등을 첨가하여 맛을 내는 경우도 있다.

Tip 생크림은 유지방분이 35~45%인 것을 사용하면 감칠맛이 나서 좋다. 또한, 네 가지 방법 외에 동물성 생크림에 소량의 토마토, 양파와 타임, 바질 등의 향초를 넣어 10여 분 조린 후 맛과 향을 내어 사용할 수도 있다.

3) 살사 아메리카나(Salsa Americana: 갑각류 소스)

아메리카나 소스는 갑각류 껍질을 이용해서 만든 소스로, 갑각류인 게·랍스터·새우 등을 이용해서 만든 소스다. 파스타 소스에 다양하게 응용이 가능하며 아메리카나 소스에 생크림, 토마토 소스를 가감하여 풍부한 소스의 맛을 낼 수 있다.

재료(2리터 기준): 랍스타 껍질 2마리 분량, 통 꽃게 1마리, 버터 80g, 브랜디 20㎖, 양파 1개, 당근 100g, 샐러리 ⅓대, 마늘 4개, 토마토 1개, 이태리 파슬리 4줄기, 월계수 잎 3장, 통 후추 5g, 토마토 페이스트 140g, 야채 육수 혹은 찬물 3리터, 쌀 50g

만드는 방법

1. 꽃게는 등 껍질을 벗기고 허파를 제거하여 4등분하여 랍스터 껍질과 함께 180

도 오븐에서 앞뒤를 번갈아 가면서 20분 정도 구워 준다.

2. 냄비에 버터를 두르고 으깬 마늘, 깍뚝썰기 한 양파, 당근, 샐러리 순으로 볶는다. 구운 갑각류 껍질도 볶으면서 브랜디를 넣어 잡내를 날려 준다.

3. 불을 약 불로 줄인 후, 토마토 페이스트를 넣어 볶다가 육수, 향신료를 넣고 쌀을 넣어 2시간 정도 푹 끓인다. 끓이는 도중에 떠오르는 거품은 걷어내지 않는다. (넉넉하게 두른 버터가 갑각류의 맛이 들었기에 랍스터 버터를 만들어 낼 수 있다.)

4. 마지막 단계에서 갑각류를 걸러 낸 후 핸드블렌더로 곱게 갈아서 고운 체에 내려 냄비에 다시 올려 브라운 루(Brown Roux: 밀가루와 버터를 갈색으로 볶은 것)를 넣어 농도를 조절하고 소금, 후추와 버터 몬테(Butter Monté)를 한 후 마무리한다.

Tip 원하는 정도의 소스 맛이 부족하다면 육수나 물을 더 첨가하여 끓여준다. 또한, 심플한 파스타를 원한다면 토마토 페이스트와 쌀을 제외하고 물을 넉넉하게 넣어 육수로 만들어 사용할 수 있다.

4) 살사 아메리카나 알 크레마
(Salsa Americana al Crema: 갑각류 크림소스)

아메리카나 소스와 만드는 방법은 유사하나 토마토 페이스트가 아닌 크림을 넣어 만들어 내는 모체소스다. 갑각류의 향이 진하게 우러나면 크림을 넣어 단시간에 조려 사용한다.

재료(완성200㎖): 양파 슬라이스 30g, 당근 슬라이스 20g, 샐러리 슬라이스 10g,
돌게 5마리 혹은 꽃게 1마리, 으깬 마늘 2개, 버터 20g, 올리브유 10g, 화이트
와인 20㎖, 방울토마토 10개, 이태리 파슬리 2줄기, 생크림 250㎖, 우유 100㎖,
월계수 잎 1장, 통 후추 3g

만드는 방법

1. 돌게는 허파를 손질하고 물에 한 번 씻어 낸다. 소스 팬에 올리브유를 두르고 으깬 마늘을 넣어 향을 낸 후 건져내고 게를 먼저 볶는다.

2. 게가 색이 나면 와인을 넣고 날아가면 불을 줄이고 슬라이스 채소를 넣어 볶아 준다.

3. 채소가 볶아지면 2등분한 방울토마토를 넣어 볶고 약간 무르면 이태리 파슬리와 우유, 생크림, 월계수 잎과 통 후추를 넣어 조린다. 반으로 졸면 기본 간을 한 후 체에 걸러 준다.

Tip 기호에 따라 꽃게를 사용하면 깊은 맛이 우러나고 게를 오븐에 구워서 사용하면 비릿함이 덜하고 고소한 맛이 난다. 기호에 따라 건새우나 새우 머리를 사용하기도 한다. 또는 새우 대신 가재새우인 스캄피나 쑥을 사용하여 소스를 끓이기도 한다.

5) 살사 디 폼모도로 (Salsa di Pomodoro: 토마토 소스)

토마토소스를 만드는 방법에는 여러 가지가 있다. 당이 풍부한 생토마토를 그대로 끓여서 만드는 경우와 토마토 수확 철이 지나게 되면 캔 토마토를 이용하거나 가을에 수확한 토마토를 가지고 한번 끓여 만든 모체소스를 사용한게 된다. 셰프들마다 소스를 끓이는 방법도 다양하다. 토마토 소스를 끓이는 방법 또한 원가에 따라 달리하는데, 토마토 홀(캔 제품)을 기본으로 하는데 여기에 신선한 맛을 첨가하기 위해 생토마토를 섞어서 사용하는 것이 이상적이다.

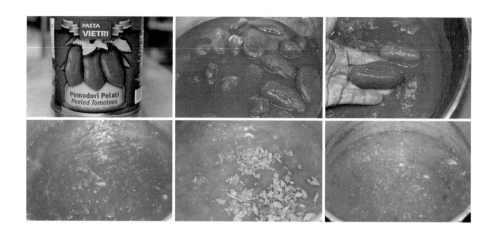

재료: 토마토 캔(3.8kg) 1캔, 마늘 4쪽, 양파 100g, 프레시 바질 5줄기, 설탕 20g, 드라이 오레가노 4g, 올리브유 80㎖, 소금, 후추, 설탕 약간씩

만드는 방법

1. 토마토 홀은 볼에 넣어 손으로 으깨 준다. 냄비에 으깬 마늘과 올리브유를 넣어 마늘 향을 뺀 후 다진 양파를 넣고 노릇하게 볶는다. 양파는 숨이 죽고 연한 갈색 빛이 나면 불을 줄이고 드라이 오레가노를 넣어 조금 더 볶아 준다. (지나치게 드라이 스파이스를 많이 넣으면 토마토 소스가 지저분할 수 있어 소량 사용하는 것이 이상적이다.)

2. 으깬 토마토 홀을 넣어 끓으면 불을 줄여 20여 분 정도 끓인다. 끓이는 도중 지나치게 졸면 물을 넣어 부드러운 맛이 나도록 끓인다. 기호에 따라 신맛이 강한 토마토 홀에는 설탕을 미세하게 넣고 끓일 수 있다.

3. 농도는 되직하게 끓이고 불을 끄기 1분전에 프레시 바질 슬라이스를 넣고 소

금, 후추로 간을 한 후 여분의 올리브유를 두르고 불을 끈다.

 Tip 기호에 따라 끓인 토마토 소스를 부드럽게 먹기 위해 '파싸베르 두레(Passaverdure)'라는 '채소 분쇄기'에 갈아서 사용하거나 핸드 블렌더나 믹서기에 갈아 체에 곱게 내려 사용하는 경우도 있다. 이것은 요리 형태나 기호에 따라 선택한다. 토마토 소스의 맛은 홀 토마토의 선택이 중요하다. 가급적이면 자연적인 단맛과 감칠 맛이 풍부한 토마토 홀을 선택하길 바란다.

6) 페스토 알라 제노베제(Pesto alla Genovese : 제노바식 바질 페스토)

재료(완성150g 기준) : 바질 110g(줄기 포함), 마늘 1쪽, 구운 잣 20g, 안초비 1쪽, 올리브유 약 135g, 소금 2g, 얼음 1조각, 파마산 치즈 가루 20g

만드는 방법

1. 바질 줄기를 제거하고 잎만 떼서 준비한다.

2. 믹서기 몸체에 올리브유, 마늘, 잣과 안초비를 넣고 핸드블렌더로 먼저 갈아
   준다.

3. 갈아진 혼합물에 소량의 굵은 소금과 얼음을 넣고 바질 잎을 넣어 작동시킨
   다. 마지막에 파마산 치즈를 넣어 갈아 준다.

4. 갈아 놓은 페스토에 최종 간을 본 후 여분의 파마산 치즈와 소금을 넣어 맛을
   낸다.

Tip 가급적 단시간에 빨리 작동하여 색이 변하지 않게 바질 페스토를 만들고, 보관 시에는 소독
한 유리병에 바질 페스토를 담고 잠길 정도의 올리브유를 부어 봉합을 한 후 냉장고에 보관한
다. 원가 절감을 위해서나 색이 진한 초록색을 내기 위해 바질 양을 줄여 이태리 파슬리를 사용
하는 경우도 있지만, 가급적 100% 바질 사용을 권장한다. 또 기호에 따라 안초비를 빼고 만들
수 있다. 이탈리안 요리를 접하지 못한 고객이라면 비릿한 맛에 맛이 역할 수 있다. 또한, 잣 대
신에 호두, 헤이즐 넛, 아몬드도 잘 어울린다. 페스토의 원하는 농도에 따라 올리브유 양을 가감
할 수 있다.

7) 페스토 알라 트라파네제
(Pesto alla Trapanese: 트라파니 스타일의 토마토 페스토)

페스토 알라 트라파네제는 통상적으로 시칠리안 페스토라고 불린다. 이 페스
토는 지중해의 따스한 햇빛을 받고 자란 달콤한 붉은색의 토마토와 고소한 아몬

드 그리고 소량의 바질이 들어가 토마토의 감칠맛을 극대화시켜 만든 소스 중의 하나이다.

재료(용량 200g): 바질 잎20g, 이태리 파슬리 2줄기, 소금 2g, 마늘 ½개, 이태리 고추 1개, 올리브유 50㎖, 구운 헤이즐 넛 20g, 파마산 치즈 20g, 방울 토마토 10개 또는 송이 토마토 200g, 소금, 후추 약간씩

만드는 방법

1. 볼에 바질 잎, 이태리 파슬리 잎, 다진 마늘, 다진 헤이즐 넛, 소금을 넣고 올리브유를 조금씩 넣어가면서 핸드블렌더로 곱게 갈아 준다.
2. 되직한 페스토 상태가 되면 반 잘라 씨를 제거한 토마토를 넣어서 곱게 다시 갈아 준다. (기호에 따라 토마토 껍질이 싫다면 뜨거운 물에 데쳐 껍질을 제거하여 사용하면 훨씬 질감이 부드럽다.)

3. 마지막에 간을 보고 파마산 치즈와 소금, 후추로 간을 하여 맛을 낸다.

4. 시칠리안 바질 페스토는 병에 담아 일주일 정도 냉장고에 보관이 가능하다. 기호에 따라 시칠리안 토마토 페스토는 차가운 냉파스타로 여름에 응용이 가능한 소스이며, 또는 구운 빵의 딥(Dip)이나 스프레드(Spread)로 사용할 수 있고, 이탈리안 전채요리인 브르스케타(Bruschetta) 요리로도 응용할 수 있다.

Tip 선 드라이 토마토를 이용하면 단맛과 감칠 맛을 더 낼 수 있다. 전통적으로 시칠리아인들은 선드라이 토마토를 이용해서 토마토 페스토를 만들었다.

8) 라구 알라 볼로네제(Ragú alla Bolognese: 볼로냐 스타일의 미트 소스)

미트소스는 볼로냐 스타일과 나폴리 스타일이 유명한데, 볼로냐식은 재료들을 크게 다져서 끓이는 반면 나폴리식은 덩어리 고기를 토마토소스에 오랫동안 끓여서 만들어 낸다. 또한, 이탈리아 지방마다 다양한 형태의 미트소스가 존재한다.

재료: 으깬 마늘 2쪽, 다진 양파 50g, 다진 당근 30, 다진 샐러리 20g, 로즈마리 1줄기, 다진 양송이 2개, 다진 소고기 60g, 다진 돼지고기 40g, 올리브 오일 20㎖, 버터 10g, 레드 와인 20㎖, 토마토 페이스트 70g, 닭 육수 400㎖(p.177), 이태리 파슬리 2줄기, 파마산 치즈 30g

만드는 방법

1. 소스 팬에 마늘, 올리브유로 향을 낸 후 다진 양파, 당근, 샐러리, 채소 순으로 볶고 고기류를 볶는다. 고기는 짙은 갈색이 날 정도로 볶아야 고기 냄새가 덜 나고 풍미가 좋아진다. 와인을 넣어 잡냄새를 제거하고 와인이 날아가면 약한 불로 줄인다. (되직한 토마토 페이스트가 들어가면 쉽게 바닥이 눌린다.)

2. 토마토 페이스트와 콩카세를 넣고 닭 육수를 넣어 약불에서 2시간 정도 끓인 후 간을 하고 되직한 미트소스를 완성한다.

Tip 1. 이탈리아산 토마토 페이스트는 신맛과 떫은 맛이 없지만, 미국 산 페이스트는 신맛과 떫은 맛이 유독 강하므로 사용 전에 약간의 오일을 두른 후 볶아 주면 어느 정도 신맛과 떫은 맛이 사라진다. 토마토 페이스트의 맛이 싫다면 방울 토마토를 다져 올리브 유를 두르고 볶아서 미트소스에 사용할 수 있고 소량의 토마토 소스를 넣어 색을 조절할 수 있다.

2. 고기나 야채를 가급적 다른 팬에 따로 볶아 주면 각각의 맛을 확실히 낼 수 있다.

3. 볼로네제 소스는 바로 끓여서 사용하는 것이 아니라 하루 전에 만들어 숙성시키면 감칠맛이 배어 맛이 있다.

06

브로도
(Brodo: 육수)

1) 브로도 디 폴로(Brodo di Pollo: 닭 육수) 및
   브로도 리스트레토 디 폴로(Brodo ristretto di Pollo: 농축 닭 육수)

재료: 닭 뼈 1kg 또는 영계 1마리, 양파 2개, 당근 ½개, 샐러리 1 줄기, 통마늘 5개, 월계수 잎 3잎, 통후추 15g, 찬물 7L, 이태리 파슬리 3줄기, 대파 2줄기

만드는 방법

1. 닭 뼈는 찬물에 담그고 여러 번 물을 갈아 주어 핏물을 제거한다.

2. 냄비에 뼈가 잠기도록 물을 부어 삶는다. 끓어오른 핏물이 위로 떠오르면 찬물에 다시 한 번 헹군 후 새물을 받아 끓인다.

3. 물이 끓으면 양파, 당근, 샐러리와 스파이스를 넣고 불을 줄인 후 1시간 정도 약한 불에서 끓인다.

4. 끓이는 중간에 거품과 기름기를 제거한다. (1시간 정도 끓인 후 내용물을 걸러 내면 닭 육수가 완성된다.)

5. 완성된 육수를 다시 약한 불에 올려 1시간 정도 조리면 농축 육수가 된다.

6. 완성된 농축 닭 육수는 약 500㎖ 정도로 양이 나오며, 갈색의 농축 육수가 완성된다.

Tip 농축 육수는 해물을 제외한 오일로 만든 에멀전 파스타에 소량씩 첨가하여 조려 사용하면 소스의 깊은 맛을 낼 수 있는 장점이 있다. 그러나 지나치게 많이 사용하면 특유의 닭 냄새가 강하여 파스타의 전체적인 맛에 영향을 줄 수 있다.

2) 브로도 디 카르네(Brodo di Carne : 소고기 육수)

재료: 소고기 자투리 300g, 물 7리터, 양파 1개, 당근 ¼개, 샐러리 ½개, 월계수 잎 3장, 통후추 5g, 대파 1대

만드는 방법

1. 고기 손질하고 남은 자투리 고기는 물에 담가 핏물을 제거하고 소스 냄비에 찬물을 자작하게 받아 끓인다. 지저분한 거품이 올라오면 핏물을 버리고 고기를 씻은 후 찬물을 받아 다시 끓인다.

2. 육수가 끓으면 야채와 향신료를 넣고 불을 줄이고 *시머링(Simmering) 상태로 1시간 정도 끓인 후 체에 걸어서 사용한다. 육수에 미세하게 간을 하면 파스타에 간을 맞추기가 수월해진다.

*시머링은 85~96도 사이에서 비교적 높은 열로 국물을 우려내 끓이는 방법을 말한다.

3) 폰도 부르노(Fondo Bruno: 갈색 소스)

재료: 닭 뼈 2kg, 닭발 2kg, 소꼬리 2kg, 양파 2ea, 당근 1ea, 샐러리 2줄기, 토마토 페이스트 200g, 월계수 잎 5장, 통 후추 20g, 로즈마리 5줄기, 레드 와인 1병, 포트와인 200㎖, 브라운 루(Brown roux: 버터와 밀가루를 갈색으로 볶은 것) 약간

준비 과정

1. 닭 뼈, 닭발, 소꼬리는 사용하기 전에 2시간 동안 차가운 물에 담가 핏기를 제

거한다. (소꼬리는 마디마디 잘라서 사용한다.)

2. 토마토 페이스트는 팬에 소량의 기름을 두르고 약한 불에서 볶아 떫은맛과 신 맛을 약해지도록 한다.

3. 양파, 당근, 샐러리는 큼직하게 썰어 약간의 기름을 두르고 180도 오븐에서 약 20분 동안 갈색으로 구워 준다.

4. 물기를 제거한 닭 뼈, 닭발 그리고 소꼬리도 180도 오븐에서 약 40분 동안 오 븐에서 갈색으로 구워 기름을 제거해 둔다.

만드는 방법

1. 20리터 소스 팥(Pot: 둥글고 속이 깊은 냄비)에 구운 채소, 구운 닭발, 소꼬리, 닭 뼈, 토마토 페이스트와 물을 넣고 끓인다.

2. 물이 끓으면 불을 줄이고 향신료를 넣고 시머링(simmering) 상태로 7-8시간 동 안 끓인다.

3. 중간중간 이물질과 기름을 제거해 가면서 원래 양에 ¼ 정도가 남도록 졸여 준다.

4. 조린 소스 안에 닭 뼈, 채소, 소꼬리, 닭발 등을 걸러낸다.

5. 레드 와인은 ¼ 정도 양으로 조린다.

6. 걸러낸 소스는 다시 소스 팥에 넣고 포트와인, 조린 레드 와인을 넣고 약한 불 에서 1시간 정도 끓이면서 반으로 졸여 준다.

7. 조린 소스는 차이나 캡(Chine Cap: 수프나 소스를 거르는 원추형의 체)에 걸러 준다. 걸러진 소스는 다시 한 번 소창에 곱게 걸러서 사용한다.

8. 기호에 따라 원하는 농도를 내기 위해서 루를 사용해서 농도를 조절하고 포트 와인, 버터를 등을 넣어 풍미를 높여 준다.

4) Brodo di Granchio(브로도 디 그랑키오: 꽃게 육수)

파스타에 해물 맛을 진하게 내기 위해 육수를 사용하기 시작했는데, 게뿐만아니라 홍합을 이용하면 진한 맛의 파스타 요리를 만들 수 있다. 또는 흰살 생선 살과 뼈로 단시간 끓여서 사용할 수도 있다. 육수는 본 재료의 맛이 부족할 때 사용하는 것으로, 재료가 신선하고 깊은 맛을 가지고 있다면 굳이 사용하지 않아도 된다.

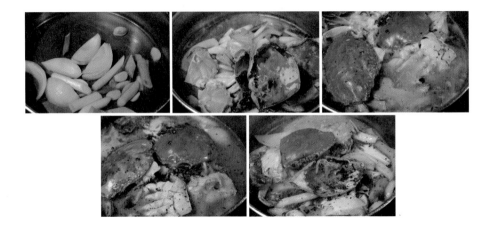

재료(완성 500㎖): 통 꽃게 2마리, 으깬 마늘 2개, 대파 흰 부분 슬라이스 20g, 샐러리 슬라이스 10g, 양파 슬라이스 30g, 올리브유 10㎖, 버터 20g, 화이트 와인 30㎖, 이태리 파슬리 2줄기, 물 2리터

만드는 방법

1. 꽃게는 등껍질을 벗겨내 허파를 제거하고 4등분을 하고 날카로운 다리 끝은 제거한다.

2. 소스 냄비에 올리브유를 넣고 마늘을 넣어 향을 낸 후 들어내고 슬라이스 채소, 꽃게 순으로 볶아 준다. 잘 볶아지면 화이트 와인을 넣고 자작하게 물을 넣고, 끓어오르면 불을 줄여 거품을 걷어내 가면서 1시간 끓인 후 소창에 걸러 사용한다. 걸러낸 육수에 약간의 소금을 넣어 밑간을 해서 사용한다.

Tip 게를 오븐에 미리 구워서 사용하면 시간이 단축되고 비린내를 제거할 수 있다. 게 육수는 해물을 이용한 파스타에 맛을 보충하는 데 사용할 수 있다. 최근에는 스캄피(가재새우)를 이용한 육수를 많이 만들어 사용하는 추세이다.

5) 브로도 디 베르두레(Brodo di Verdure: 채소 육수)

채소 육수는 파스타의 소스를 보충하기 위해서 사용하는데, 1인분의 파스타에 필요한 양은 가급적 적게 사용하는 것이 좋다. 많이 넣으면 채소 향이 다른 재료의 맛을 덮어 버리는 결과를 초래한다.

재료(완성 5L): 양파 2개, 당근 ¼개, 샐러리 30g, 방울토마토 5개, 월계수 잎 2장, 통후추 4g, 물 7리터

만드는 방법

1. 모든 채소는 채 설어서 물과 함께 끓인다. 방울토마토는 씨와 즙을 제거하여 같이 끓인다.

2. 물이 끓어오르면 불을 줄이고 향신료를 넣어 30분 미만 끓인 후, 소창에 걸러서 사용한다. 걸러낸 육수에 약간의 소금간을 하여 준비한다.

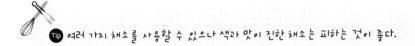

Tip 여러 가지 채소를 사용할 수 있으나 색과 맛이 진한 채소는 피하는 것이 좋다.

6) 브로도 디 봉골레(Brodo di Vongole : 조개 육수)

조개육수는 국물 맛이 구수한 호박산이 많이 함유된 조개를 사용하는데, 가격이 저렴한 바지락이나 모시조개 등을 주로 이용하여 만든다. 해물이 들어가는 파스타나 주재료의 맛이 부족하여 보충할 때 사용하기도 한다. 조개 대신 홍합도 같은 방법으로 만들어 사용할 수 있고, 육수를 만들고 나온 조갯살은 해물이 들어가는 요리에 써도 무관하다.

재료(완성 1L) : 바지락 1kg, 양파 ¼개, 으깬 마늘 3개, 채 썬 대파 ½대

만드는 방법

1. 해감이 된 바지락을 찬물에 여러 번 씻은 다음, 냄비에 바지락과 손가락 한 마

디 정도까지 올라오게 물을 담고 마늘, 대파, 양파를 넣고 끓인다.

2. 물이 끓기 시작하면 시머링(simmering)온도에서 5분 정도 끓인 후, 소창에 육수를 걸러서 식혀 사용한다. 하루 이틀 정도 사용하는 것이 좋다.

7) 부로도 디 베제탈레(Brodo di Vegetale: 채소 브로도)

고체 형태의 주사위 모양의 고형물로, 채소 맛이 난다. 농축 육수 파우더로 원가와 시간을 단축하기 위해 소규모의 사업장에서 사용하는 경우가 있으나 가급적 사용하지 않는 것이 좋다.

8) 봉골레 인 폴베레(Vongole in Polvere: 조개 파우더)

해물을 이용하는 파스타나 수프 등에 넣어 사용하는 조개 파우더로 원가를 절감을 하기 위해 사용하는 제품으로 이탈리아에서 수입되는 제품이다.

9) 부로도 디 카르네 아 다도(Brodo di Carne a Dado: 주사위 모양 고체 육수)

주사위 모양으로 된 고체형 육수로, 끓는 물에 넣어 풀어서 사용한다. 가급적 소량을 사용하고 채소 육수에 넣어 끓이면 한결 조미료의 맛을 덜 느낄 수 있다.

07

주방에서 만드는
파스타 재료

:

1) 리코타 푸레스카 (Ricotta fresca: 리코타치즈)

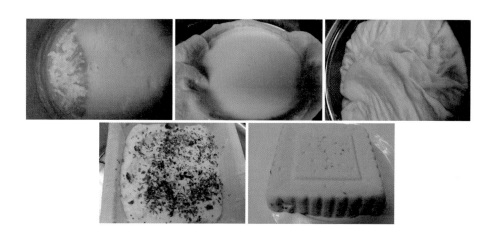

재료: 우유 500㎖, 생크림 250g, 레몬즙 50g, 소금 5g, 설탕 10g, 플레인 요구르트 1개

옵션: 드라이 허브와 페페론치니(Pepperoncini) 약간

만드는 방법

1. 냄비에 우유, 생크림, 소금, 설탕을 넣고 끓어오르면 불을 완전히 줄이고 레몬즙과 플레인 요구르트를 넣고 한번 섞어 준다.

2. 비등점 이하에서 약 80~90도에서 천천히 조리하고, 작은 기포들이 올라올 정도의 상태를 유지한 후 2~3분 정도 되면 커트(Curd)가 형성되고, 다시 5분 정도 조리하면 유장과 유청으로 구분된다.

3. 연둣빛의 물이 비치면 소창에 걸러낸다. 냉장고에 넣어 수분을 제거한다. 단단한 정도를 원한다면 무거운 것으로 눌러 수분을 많이 제거하고, 기호에 따라 드라이 허브나 스파이스 양념을 섞어서 만들 수 있다.

Tip 프레시 리코타는 가정이나 업장에서 늘 사용하는 재료로, 굳이 제품을 구입하지 않고 쉽게 만들 수 있으며, 파스타 요리나 이탈리아 요리를 하기 위해서는 늘 준비가 필요하다.

2) 판체타 (Pancetta: 염장 삼겹살)

재료: 통삼겹살 2.2kg, 잘게 다진 마늘 4쪽, 굵은 소금 50g, 핑크 솔트 12g, 흑설탕 26g, 굵게 간 흑 후추 40g, 으깬 쥬니퍼베리(노간주 나무 열매) 10g, 빻은 월계수 잎 4장, 넛맥(방금 갈은 것) 4g, 프레시 타임 4~5줄기

만드는 방법

1. 소금에 준비한 마늘, 스파이스와 향초를 섞는다.

2. 손질한 삼겹살 앞뒤로 향초 소금을 바르고 진공 팩에 넣어 진공을 해서 냉장고에 일주일 정도 보관한다.

3. 포장지에서 꺼낸 후 삼겹살에 붙어 있는 향초 소금을 물에 씻어 내고 물기를 제거한 후, 냉장고에 하루 정도 꾸덕꾸덕할 정도로 말린다.

4. 건조한 삼겹살에 굵게 간 후추를 살 쪽에 바르고 돌돌 말아 조리용 실로 묶는다.

5. 에이징 냉장고에서 3주 정도 건조 후 원하는 크기로 잘라 보관한다.

6. 단시간에 소모할 정도면 냉장고에, 오래 보관 시에는 냉동고에 보관하여 사용한다.

*판체타를 이용한 감자 요리

* Patate e Pancetta al Forno(파타테 에 판체타 알 포르노: 오븐에 구운 감자와 판체타)

재료: 통감자 2개, 통마늘 2개, 슬라이스 판체타 70g, 굵은 소금 약 20g, 통 후추 5g, 월계수 잎 3장, 파슬리 3줄기, 올리브 오일 30g, 방울토마토 5개

만드는 방법

1. 통마늘은 윗부분은 ⅕ 정도와 밑동을 자른 후 껍질을 벗긴다.
2. 감자는 껍질을 벗기지 않고 깨끗이 씻고 크기에 따라 6등분 혹은 8등분으로 웨지(Wedge) 모양으로 자른다.
3. 볼에 판체타, 감자, 통마늘, 소금, 후추, 월계수 잎, 올리브유와 파슬리를 넣어 골고루 섞어 준다.
4. 오븐용 팬에 실리콘 페이퍼를 깔고 방울토마토를 제외한 재료를 담아 200도

오븐에서 20여 분 굽는다. 굽는 도중 감자를 뒤집어 주고 꺼내기 3분 전에 방울토마토를 넣어 조리한다.

3) 관찰레 (Guanciale: 염장 돼지 볼살)

관찰레는 돼지 볼살로 염장해서 만들며, 얇게 잘라 파스타의 기본 양념으로 사용한다. 특히 전통적인 카르보나라 파스타에 없어서는 안 될 필수적인 재료다.

재료: 굵은 소금 1㎏, 통후추 20g, 월계수 잎 5장, 프레시 로즈마리 5줄기, 돼지 볼살 2㎏
스파이스 파우다 재료: 통후추가루 50g, 아니스 가루10g, 세몰라 가루 60g

만드는 방법

1. 굵은 소금에 향초를 섞은 후, 팬에 소금을 깔고 관찰레를 올려 향초 소금으로 덮어 준다.

2. 냉장고에 5일 정도 저장한후, 소금을 걷어내고 물에 씻어 낸다. 식초 반 병 정도 분량으로 관찰레의 겉을 씻어 준 후 물기를 제거한다.

3. 스파이스 재료들은 골고루 섞은 후, 관찰레에 빈틈이 없도록 스파이스 가루를 발라 준다.

4. 실로 매달아 냉장고에 20일 정도 저온 숙성을 거친후, 원하는 크기에 따라 잘라 진공 포장하여 보관한다. 장시간 보관하여 사용할 때는 진공 포장 후에 냉동 보관한다.

4) 아치우게 (Acciughe: 절임 멸치 만들기)

재료: 멸치(통영 산)1kg, 천일염 250~300g, 올리브유 200㎖, 해바라기 씨 오일 200㎖, 로즈마리 1팩, 마늘 5쪽, 이태리 고추 약간, 통 후추 30g, 월계수 3-4장

멸치 손질하기

1. 멸치는 작은 수저를 이용해서 머리를 잡고 살을 저며낸다. (머리와 내장만 남는다.)
2. 손질된 멸치 필렛(Fillet: 살)을 소금물로 3번 정도 씻어 핏기를 제거한다.
3. 제거된 멸치 살은 마른 타올로 물기를 제거한다.

멸치 절이기

1. 천일염에 로즈마리, 통후추, 월계수 잎 전부를 넣어 섞어둔다.
2. 소독한 유리병 용기의 바닥에 먼저 소금을 깔고 층층마다 켜켜이 멸치와 소금으로 담는다. 최종에는 소금으로 마감을 한 후 공기가 들어가지 않도록 손으로 잘 누른 후 봉합한다. (냉장고에 1달 정도 보관한다.)
3. 중간에 멸치에서 물이 나오고 윗부분이 뜨지 않도록 섞어 주고, 상하지 않도록 무거운 것으로 눌러 준다.

4. 멸치를 절이고 한 달이 지나면 물이 많이 생겨난다. 물은 버리고 흐르는 물에 헹궈서 수분을 완전히 제거한다.

멸치 양념하기

1. 제거한 멸치 살은 원하는 유리 용기에 담고 올리브유와 해바라기 씨 오일을 담아 저장한다. 기호에 따라 로즈마리, 편 마늘, 이태리 고추 등을 넣기도 한다.
2. 냉장고에 하루 정도 숙성시켜 두었다가 개봉하여 사용해도 되고, 뚜껑을 닫고 최대 3개월 정도 보관이 가능하다.

Tip 소금 양은 이태리에서는 멸치 양에 50%를 사용하는데, 염도가 높아서 20~30% 정도가 적당하다. 파스타, 이태리 요리 등에 기본 양념으로 두루 사용하면 된다

5) 비나이그레테 디 카에사르 (Vinaigrette di Caesar: 시저 드레싱)

이탈리아 요리에서 그 유래를 찾아볼 수 없는 소스로, 이탈리아를 제외한 국내 및 해외의 이탈리안 레스토랑에서 자주 이용하는 샐러드 드레싱으로 알려져 있다.

• 마요네즈 만들기

재료: 올리브유(퓨어) 250g, 노른자 4개, 화이트 와인 식초 약 30-40g, 소금 약간

만드는 방법

1. 볼에 노른자를 넣고 올리브유를 조금씩 넣어 가며 휘핑을 해 준다. 천천히 넣어 가면서 농도가 되직해지면 식초를 몇 방울 넣어 가면서 농도를 풀기를 반복하여 되직한 마요네즈를 만든다.

2. 완성된 마요네즈에 소금을 넣어 간을 한다.

• 시저드레싱 완성하기

재료: 마요네즈 500g, 다진 마늘 10g, 레몬 ¼개, 다진 양파 10g, 파마산치즈 가루 20g, 디종 머스타드 10g, 화이트 와인 20㎖, 다진 양파 30g, 소금, 후추 약간씩

만드는 방법

1. 되직한 마요네즈에 다진 양파, 다진 마늘, 치즈가루, 디종 머스타드 등을 넣어 섞는다.

2. 농도는 화이트 와인과 레몬즙을 이용해서 조절한다. 마지막으로 농도와 간을 조절한다.

3. 부드러운 시저 드레싱을 원한다면 핸드블렌더로 갈아서 만들 수 있다.

6) 올리오 아로마티차토 (Olio Aromatizzato: 향초 오일)

향초 오일은 요리의 마지막에 사용하여 식욕을 돋게 만드는 역할을 하는데, 특히 샐러드에는 드레싱으로 파스타에는 마늘 오일을 만드는 데 시간을 단축시킬 수 있다. 또 구운 스테이크 위에 뿌려 소스 대용으로 첨가하면서 풍미를 좋게

할 수 있다. 여러 가지 재료를 넣어 다양한 향
초 오일을 만들 수 있겠지만 대중적인 오일만
을 소개한다.

- 향초오일

재료: 엑스트라 올리브 오일 500㎖, 껍질 벗긴
마늘 7조각, 로즈마리 2줄기, 세이지 1줄기,
오레가노 4줄기, 이태리 고추 약간

만드는 방법

1. 소독한 오일 병에 통 마늘, 로즈마리, 세이지, 오레가노와 고추를 담고 올리
   브 오일을 부어 봉합을 한다.
2. 병 안에 재료가 들은 채로 일주일 정도 보관 후에 사용할 수 있다. (향초 오일
   은 부루스케타(Bruschtta), 샐러드, 피자, 파스타 등에 이용할 수 있다.)

Tip 진한 향의 마늘 오일을 만들기 위해서는 으깨거나 두툼하게 슬라이스 한 마늘을 약한 온도
에서 튀겨내 오일을 식힌 후 사용할 수 있으며 간편하다. 부루스케타나 파스타 볶음용 기름으로
적합하다.

7) 선드라이 토마토 만들기

　선드라이 토마토는 만들어 사용하는데 2가지 방법이 있다. 방울 토마토를 반으로 갈라 소금을 뿌려 1시간 정도 두면 물기가 나오는데 수분을 제거하고 소량의 설탕과 드라이 오레가노를 뿌려 80도 오븐에서 2-3시간 정도 말려서 사용한다. 다른 방법은 건조기를 이용하는 방법인데 자른 방울 토마토를 55-60도에서 4-5시간 말리면 선드라이 토마토가 완성된다.

　완성된 토마토를 올리브 오일에 저장하면 오랫동안 보관할 수 있다.

8) 살시챠(Salsiccia) 만들기

재료: 돼지 후지 700g, 돼지 지방 300g, 이태리고추 갈은 것 1g, 다진 마늘 2g, 갈은 후추 2g, 꽃소금 6g, 볶은 휀넬 씨 6g, 돼지 창자 약간, 얼음 100g

만드는 방법

1. 민찌 기계에 거친 틀을 끼워서 돼지고기, 지방과 얼음을 번갈아 넣어 갈아 낸다.
2. 갈은 돼지고기와 지방에 마늘, 후추, 소금, 휀넬, 고추를 넣어 골고루 섞어 준다.
3. 섞은 포스 미트(force meat)를 창자에 끼워 만들면 이탈리안 소시지가 된다.

4. 파스타 재료에 사용할 경우에는 굿이 창자에 넣지 않고 진공을 하여 보관하고
   사용할 때는 10g씩 떼어내어 사용할 수 있다.

Tip 돼지 고기에 붙어있는 지방과 힘줄은 제거하여 사용하고 완성된 살시챠는 공기와 접촉하면 색이 변할 수 있다. 그럴때는 인산염 2g을 사용하길 권장한다.

PART
- 04 -

파스타의
세계

◀ 알폰소의 이탈리아 요리 선생님 ▶

안토니오 심

일 꾸오꼬 알마 요리학교 원장이며, 카페 안토니오 오너 셰프다. 셰프로부터 이탈리아 요리의 기초를 배웠다.

셰프 쥬셉피나와 리나

나폴리 근교 오아시스 레스토랑 창업주와 그녀의 딸 셰프 리나로부터 이탈리안 요리와 생파스타의 기본을 배웠다.

피자이올로 마우리조

로마 아타볼라콘로셰프의 강사로 팔라, 텔리아 피자를 배웠다.

산티노 소르티노스 셰프

청담동 테라13 오너 셰프로 파스타의 전문적인 기술을 배웠다.

파스타 종류
(A~Z)

.
.

Abbotta Pezziende(아보타 페치엔데)

사녜 아 페치

　아보타 페치엔데는 아브루초(Abruzzo) 주의 방언으로, '거지의 다리'를 의미한다. 세몰라, 물과 소금으로 만든 파스타로 '사녜 아 페치(Sagne a Pezzi)'로도 불린다. 생면으로 반죽하여 면을 밀대로 밀어 두께 2㎜, 폭 4㎝ 크기로 자른 반죽을 다시 마름모꼴로 잘라 만든 파스타다. 토마토 소스나 페코리노 치즈 등과 곁들여 먹거나 빈스(Beans: 껍질콩), 치체르키에(Cicerchie: 두류), 파베(Fave: 잠두콩), 병아리콩 등과 같이 수프 등에 넣어 먹기도 한다. 세계 2차대전 전까지 널리 퍼져 있던 파스타로, 가난한 농부들의 음식이었다. 지금은 1년에 2~3번 정도 축제 때만 먹는 파스타이다.

Acini Pepe(아치니 페페)

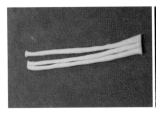

아치니 페페는 '후추 씨'을 의미하며 작은 파스타인 파스티네(Pastine)에 속하며 주로 수프나 샐러드에 먹는 파스타로 알려져 있다. 건면으로 판매하지만 세몰라를 이용해서 생면으로도 만들 수 있다. 아프리카의 파스타인 쿠스쿠스와 비슷하며, 사르데냐의 프레굴라(Fregula) 파스타와도 같은 모양을 하고 있다.

Agnellotti alla Toscana (아냴로티 알라 토스카나)

밀가루와 달걀로 만든 반죽에 송아지 고기, 요리용 골, 파마산치즈, 모르타델라(Mortadella), 근대 또는 시금치와 리코타를 넣어 만든 속 채운 파스타로, 다른 지역에서는 '토르델리(Tordelli)', '토르텔리(Tortelli) 또는 '라비올리(Ravioli)라 불린다. 모양은 사각형이 일반적이며 전통적으로 무거운 고기 소스와 파마산치즈와 잘 어울린다. 토스카나주 마렘마(Maremma)와 라지오(Lazio) 주에서 주로 만들며, 특히 토스카나 카센티노(Casentino) 지역의 고전적인 아냴로티(Agnellotti)는 시금치와 리코타를 넣는 것이 대부분으로, 가끔 쐐기풀과 호두소스를 곁들이기도 한다. 이 지역의 대표적인 라

비올리로 * 빈산토(Vin Santo)향을 가미한 닭 간 라비올리가 대표적이다. 아레초 (Arezzo) 지역에서는 카펠레티(Cappelletti)를 사골을 넣어 만들기도 한다.

*빈산토: 포도를 말려 만든 토스카나주의 디저트 와인

Agnoli di Mustardele (아뇰리 디 무스타르델레)

밀, 밀기울, 메밀가루 등과 호두 오일과 달걀을 넣어 만든 면 반죽에 속은 서 양 대파와 * 무스타르델레(Mustardele)로 채워 만든 사각형의 라비올리다. 피에몬 테 주 발리 발데시(Valli Valdesi) 지역의 파스타로, '아뇰리 델레 발리 발데시(Agnoli delle Valli Valdesi)'라고도 불리며 전통적으로 서양 대파인 포리(Porri)로 만든 소스 와 잘 어울린다.

*무스타르델레
돼지고기에 레드와인과 스파이스를 넣어 만든 피에몬테의 살라미(Salami) 무스타르델레는 상귀나쵸(Sanguinaccio: 우리나라 순대와 비슷한 살루미 류)의 하나로 이탈리아에서 상품화되었으며, 트렌티노-알토 아디제의 브루수티(Brusti), 바르부스티(Barbusti)와 유사하다. 또한, 토스카나 주의 비롤도 델라 가르파냐나(Biroldo della Garfagnana) 등과 같은 살루미 류는 만드는 과정에서 돼지의 피를 첨가한다.
이 무스타르델레는 처음에 돼지의 머리를 삶아 뼈를 제거하고 갈아서 장기나 내장들과 같이 만들어졌다. 이렇게 만들어진 포스미트(Force Meat: 파테형 반죽)에 바로 도축한 돼지의 신선한 피를 첨가하여 만들어진다. 볶은 서양대파와 양파 그리고 약간의 레드와인을 섞고 소금과 후추, 계피, 넛맥과 정향을 넣어 만든 후 동물의 창자에 넣어 만들어지는 경우도 있고, 90°의 물에 20분 동안 삶는다. 다 익은 것은 살시챠(Salsiccia)처럼 어두운 색을 띠며, 직경 6-7㎝, 길이 20-30㎝ 그리고 무게는 250-300g정도 한다. 스파이시한 향이 매우 강하며, 새콤달콤한 맛을 가지고 있다. 겹으로 잘라서 팬에 가볍게 구워 감자나 양배추 요리, 폴랜타(Polenta) 요리와 같이 곁들여 낸다.

Agnolini Mantovani(아뇰리니 만토바니)

세몰라, 달걀과 물, 우유 등으로
만든 반죽에 *만조 디 스트라코토
(Manzo di Stracotto)와 롬바르디아
주의 프레시 소시지인 마이알레 살
라멜라(Maiale Salamella), 염장 삼겹
살과 파마산치즈로 양념하여 만든
소를 넣은 라비올리로 사방 6㎝ 크

기로 만들기도 하지만 동전만 한 크기의 원형으로 만들어 육수에 넣어 조리하거
나 녹인 버터에 볶아 먹기도 한다. 주로 롬바르디아 주 만토바(Mantova) 지역에
서 볼 수 있는 라비올리로, 에밀리아–로마냐의 토르텔리니와 모양이 비슷하지만
들어가는 내용물이 다르다.

*만조 디 스트라코토: 소고기로 오랫동안 끓여 만든 스튜의 일종

Alisanzas(알리잔차스)

이 파스타는 듀럼 밀과 라드와 물로만 만든 면으로 물은 미지근한 물을, 라드
는 녹여서 반죽을 해야 한다. 밀대로 밀어 파스타를 자르는 기구인 탈리아 파스
타(Taglia Pasta)를 이용해서 불규칙적으로 자른 사르데냐의 전통 파스타의 한 종류
로, 오리스타노(Oristano) 지역 중 보자(Bosa)라는 도시에 대표적인 파스타로 '사스
리잔차스(Sas Lisanzas)'라고도 불린다. 이 파스타는 양고기, 돼지고기, 송아지 고기
등 3가지 고기를 이용해서 만든 라구 소스와 잘 어울린다. 갈루라(Gallura)와 로구

도로(Logudoro) 지역에서는 라구소스나 오일치즈 소스를 같이 사용하여 만든다. 지역에 따라 다른 모양도 있는데, 짧은 파파르델레(pappardelle) 모양을 하는 것도 있다.

생면 알리산차스 만들기

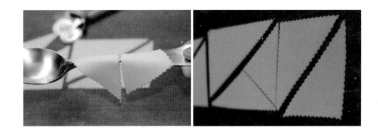

재료: 세몰라 100g, 스트루토(Strutto: 돼지기름) 10g, 소금 2g, 미지근한 물 50g

만드는 방법

1. 스트루토는 녹이고 볼에 재료를 모두 담는다.
2. 재료를 섞어 반죽을 만들어 10여 분 정도 치댄다. 1시간 정도 휴직을 준 후, 반죽을 0.3㎝ 정도의 두께로 밀어 탈리아 파스타(Taglia Pasta)로 원하는 대로 막 잘라 성형을 한다. 자른 후 실온에 1시간 정도 겉을 건조시킨 후 사용한다.

Zuppa di Canellini con Alisanzas
(주파 디 카넬리니 콘 알리잔차스: 알리잔차스를 넣은 카넬리니 수프)

재료(1인분): 알리잔차스 60g, 마늘 슬라이스 1개, 삶은 카넬리니 빈스 100g, 프로쉬토 찹 5g, 올리브유 10㎖, 소고기 안심 50g, 드라이 오레가노 1g, 닭 육수 200㎖(p.177), 이태리 파슬리 2줄기, 소금, 후추 약간씩, 파마산 치즈 10g

장식: 베이비 루콜라 5g

만드는 방법

1. 냄비에 올리브유와 마늘을 넣어 향을 낸 후 다진 프로쉬토를 넣어 볶는다. 소고기와 삶은 카넬리니 빈스를 넣어 볶다가 드라이 오레가노를 넣어 볶은 후 육수를 자작하게 부은 후 끓어오르면 약 불로 줄여서 10여 분 정도 푹 끓인다.

2. 삶은 알리산자스 면을 넣고 간을 하여 수프 볼에 담아낸 후 파마산 치즈, 올리
    브유와 베이비 루콜라를 올려 제공한다.

Tip 카넬리니로 만든 수프 개념의 요리에 파스타가 추가된 형태로, 특히 남부 지방에서 카넬리니 빈스를 수프로 많이 해서 즐긴다.

Angiulottos(앙쥬로토스)

사르데냐 칼리아리(Cagliari)의 사각형 라비올리의 일종으로, 반죽은 세몰라, 엑스트라 버진 올리브유, 미지근한 물, 샤프란과 소금을 넣어 만든다. 소는 3가지 버전으로 만들어지는데 고기 갈은 것, 넉넉한 페코리노 치즈 그리고 리코타 치즈 등을 각각 넣어 만들 수 있다. 삶은 라비올리는 간단하게 버터와 페코리노 치즈로 양념하여 요리를 완성한다.

Agnolotti(아뇰로티)

아뇰로티는 피에몬테 지방에서 주로 먹는 라비올리로, 구운 고기와 채소를 소로 사용하여 만들며, 얇은 스폴리아 한 장에 소를 채워 원형 혹은 사각형으로 만들어진다. 지역에 따라 들어가는 소나 모양이 달라지며 소스는 치즈와 버터로 만들어진다. 그 외 풀리아(Puglia) 주에서는 치메 디 라페(Cime di Rape: 무청)와 페코리노 치즈로 아뇰로티 소를 만들고 생선라구로 같이 곁들여 낸다. 특히, 아뇰로티는 피에몬테의 몽페라토(Monferrato) 출신의 안졸리노(Angiolino)요리사가 만들어 그의 이

름에서 나온 것으로 알려졌다.

  길이: 50㎜, 너비: 25㎜

Agnolotti dal Plin(아뇰로티 달 플린)

  피에몬테의 랑게(Langhe)와 몽페라토(Monferato) 지역의 전통식 라비올리로, 자그마한 사각 라비올리 사이를 꼬집어 만든 파스타다. 플린(Plin)은 피에몬테 방언으로 '꼬집다'라는 의미 이며 꼬집어 놓은 주름에 소스가 잘 묻도록 고안된 모양이다. 특히, 들어가는 소는 전통적으로 3가지의 구운 고기와 야채를 이용하여 만들어 사용한다. 어울리는 소스로는 버터, 치즈를 넣어 만든 세이지(Sage) 소스가 있으며, 맑은 육수와 스튜 국물 등도 잘 어울린다.

  길이: 41㎜, 너비: 23㎜

아뇰로티 달 플린 만들기

소 준비(2인분): 노른자 반죽 150g(p.96), 올리브유 20㎖, 으깬 마늘 1쪽, 소고기 안심 찹 100g, 양파 찹 40g, 당근 찹 30g, 샐러리 찹 10g, 로즈마리 1줄기, 닭 육수 100㎖(p.177), 파마산치즈 30g, 마른 빵가루 20g, 달걀 ½개

아뇰로티 소 만들기

1. 냄비에 올리브유와 마늘을 넣고 볶다가 로즈마리로 향을 낸 후 안심과 채소 등을 넣어 단시간 볶은 후 소량의 육수를 넣어 10분 미만으로 끓인 후 국물이 졸면 소금, 후추로 간을 한다.

2. 1에 빵가루와 달걀을 넣고 믹서기에 곱게 갈아 준 후 파세리와 치즈로 맛을 낸다.

3. 소는 짜 주머니에 넣어 소를 준비해 둔다. 스폴리아(Sfoglia) 면 위에 소를 올려 놓고 2㎝ 간격으로 양쪽으로 주름을 잡아 주는데, 사이에 반죽이 세워져야 모양이 바로 나온다.

4. 주름 사이사이를 하나씩 잘라 준다. 달라붙지 않도록 세몰라 가루를 중간중간 뿌려 가며 작업한다.

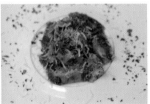

요리 완성하기

재료(1인분): 아뇰로티 10개 분량, 미트소스 100㎖(p.175), 버터 10g, 파마산치즈 가루 10g, 다진 파슬리 2g

장식: 타임 2줄기

만드는 방법

1. 팬에 미트 소스를 데우고 삶은 아뇰로티와 소량의 면수를 넣어 볶은 후 버터와 치즈로 맛을 낸 후 접시에 담는다.
2. 파마산치즈 가루, 다진 파슬리와 타임을 올려 장식한다.

Agnolotti dobbio con Salsa Crema
(아뇰로티 돕피오 콘 살사 크레마: 크림 소스를 곁들인 아뇰로티 돕비오)

아뇰로티 돕비오는 아뇰로티 달 플린의 변화된 창작 파스타로, 피렌체 시내의 미쉘린 별급 레스토랑 '에노테카 핀키오리(Enotecca Pinchiori)'의 대표적인 라비올리 메뉴이다.

아뇰로티 소 만들기(2인분)

재료: 으깬 마늘 2쪽, 올리브유 10㎖, 소고기 찹 50g, 살시챠 찹(이태리식 푸레시 소시지)100g(p.198), 베이컨 슬라이스 25g, 로즈마리 2줄기, *데친 배추 슬라이스 50g, 파마산 치즈 가루 20g, 달걀 ½개, 소금, 후추 약간씩, 이태리 파슬리 찹 3g
장식: 선드라이 토마토 1개(p.197), 처빌 1줄기

만드는 방법

1. 팬에 마늘, 올리브유, 로즈마리를 넣고 향을 낸 후 살시챠, 소고기, 베이컨, 데친 배추를 넣어 볶는다. 약간의 육수를 넣어 소 재료를 완전히 익혀 준다.

2. 소 재료를 핸드블렌더에 넣어 곱게 갈아 주고 파마산치즈, 달걀, 파슬리를 넣어 농도와 간을 맞춘다. 농도가 묽게 되면 소량의 빵가루를 넣어 농도를 맞출 수 있다.

* 데친 배추는 이탈리아에서는 주름진 배추인 베르차(Verza)가 있는데, 특히 이 배추는 미네스트로네(Minestrone: 야채스프)나 파스타 등에 자주 쓰이는 채소 중 하나이다.

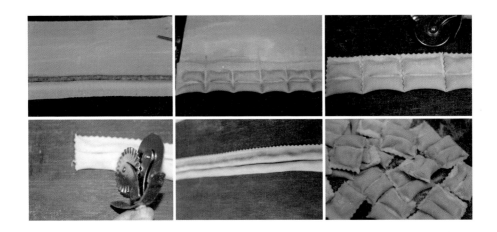

아뇰로티 돕비오 만들기

재료(2인분) : 달걀 흰자 면 100g(p.95), 아뇰로티 소 200g

만드는 방법

1. 흰자 면을 스폴리아 형태로 얇게 밀어 준다.

2. 소를 짜주머니에 넣어 면 위에 짜주고 면을 덮어 공기를 빼 주고 쇠 봉으로 봉

합을 한 후 다시 한 줄을 더 만들어 면을 봉합 후에 두 개씩 붙어 있도록 자른다. 실온에 30여 분 말린 후 사용한다.

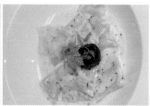

요리 완성하기

재료(1인분): 아뇰로티 돕비오 10개, 생크림 200㎖, 양파 찹10g, 버터 10g, 이태리 파슬리 찹 3g, 파마산 치즈 20g,

장식: 선드라이 토마토 1개, 처빌 1줄기

만드는 방법

1. 팬에 다진 양파와 버터를 넣어 볶다가 생크림을 넣어 조린다.
2. 삶은 아뇰로티 돕비오를 소스에 넣어 소금, 후추, 파마산 치즈를 넣어 완성한다.
3. 접시에 담고 처빌과 토마토를 올려 마무리한다.

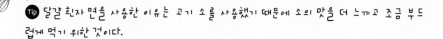

Tip 달걀 흰자 면을 사용한 이유는 고기 소를 사용했기 때문에 소의 맛을 더 느끼고 조금 부드럽게 먹기 위한 것이다.

Anellini(아넬리니), Anelletti (아넬레티)

가지, 아넬리니 팀발

링 모양의 파스타로 '아넬리니'라 부르며, 좀 더 작으면 '아넬레티'라고 부른다. 육수와 같이 제공하거나 라구 소스와 같이 조리하여 틀에 넣어 오븐에 조리하여 만드는 팀발로(Timballo: 틀에 조리된 파스타를 채워 오븐에 구워낸 요리) 요리에 사용해도 좋다. 또한 '아넬로니 다프리카(Anelloni d'Africa)'라고 불리는데, 아프리카로 출정을 떠난 이태리 군사들이 아프리카 여인들의 귀걸이를 보고 만들었다고 해서 붙여진 이름이다.

이태리 곳곳에서 찾아볼 수 있는데, 특히 풀리아와 시칠리아 섬에서 찾을 수 있다. 시칠리아에서는 팀발로라고 하는 형태로 틀에 넣어 파스타를 조리하는데, 카죠카발로(Caciocavallo), 소시지, 완두콩, 야채와 돼지 고기 등을 넣어 만든다. 특히, 시라구사(Siragusa)의 항구에서는 아넬레티와 튀긴 가지, 베샤멜 소스, 라구소스와 같이 혼합하여 팀발로 형태로 조리한 파스타 바뉴(Pasta Bagnu: 성모승천 대축일)에 사용되며, 이 요리는 페라고스토(Ferragosto) 축제인 8월 15일에 주로 먹는다.

지름: 8㎜, 길이: 2.5㎜, 두께: 1.5㎜

Alfabetto(알파벧토)

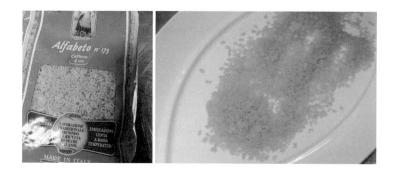

세몰라와 물로 만들어진 알파벳 모양의 건파스타로 아이들을 위해 만들어졌다. 알파벳 모양을 찾는 것도 아이들에게 흥미를 유발시켜 줄 수 있는 파스타로, 파스티네(Pastine: 수프 등에 넣는 자그마한 크기의 파스타) 형태인 수프 등에 넣어 먹기도 한다. 토스카나 주의 마렘마(Maremma) 도시의 야채수프 등에 같이 넣으면 잘 어울린다.

길이: 4.5㎜, 너비: 3.5㎜

Alfabetto con Crema dei Funghi
(알파벧토 콘 크레마 데이 풍기: 버섯 크레마를 곁들인 알파벧토)

재료(1인분): 알파벨토 50g, 양파 찹 10g, 버터 20g, 닭 육수 200㎖(p.177), 파마산 치즈 가루 20g, 올리브유 10g, 포르치니 버섯 크레마 50g

만드는 방법

1. 팬에 다진 버터를 넣고 양파를 볶은 후, 알파벨토 파스타를 볶으면서 육수를 넣어 가면서 익힌다. (마치 리조토를 하는 것처럼)
2. 파스타가 알덴테 상태가 되면 포르치니 크림을 넣어 섞고 간을 하고, 마지막에 파마산 치즈와 버터를 넣어 농도를 맞춘 후 접시에 담아낸다.

> **Tip** 포르치니 버섯 크레마는 수프 형태가 아닌 퓨레 형태처럼 되직한 것을 말하며, 포르치니를 볶아서 갈아 완성해도 좋겠지만 한국에는 완제품이 수입되고 있어 완성품을 사용했다.

Anchellini(안켈리니)

작은 구슬 모양의 파스타로 아치니 페페(Acini Pepe)보다 크기가 약간 큰 파스타로, 수프나 샐러드에 이용하는 파스타이다.

Anolini (아놀리니)

고기소를 채워 만든 작은 원형 혹은 반원으로 만든 라비올리로, 파르마(Parma)와 피아첸차(Piacenza) 지역에서 주로 먹으며, 특히 진한 고기 육수에 넣어 먹는다. 아놀리니는 라틴어 'Anulus'에서 파생되었으며 'Anello'라는 의미를 가지고 있다. 또한, 피아첸차 발 다르다(Val d'Arda)의 아놀리니처럼 고기가 들어가지 않고 빵가루와 파마산 치즈만을 넣어 만들어 빈약한 라비올리도 있다.

아놀리니 만들기

Anolini con Filleto di Manzo e Porcini
(아놀리니 콘 필레토 디 만조 에 포르치니:소고기 안심과 포르치니로 만든 아놀리니)

재료(1인분): 전란 반죽 100g(p.94), 소고기 안심 찹100g, 양파 찹20g, 냉동 포르치니 버섯 슬라이스 1개, 으깬 마늘 2쪽, 올리브유 20㎖, 로즈마리 2줄기, 이태리 파슬리 찹 5g, 파마산치즈 20g, 치킨 스톡 100㎖(p.177), 달걀 ½개

만드는 방법

1. 팬에 올리브유를 두르고 으깬 마늘을 넣어 노릇하게 볶는다. 다이스로 썬 안심과 포르치니 버섯, 로즈마리를 넣어 같이 볶아 준다.

2. 소금과 후추로 간을 하고 진한 갈색이 나도록 볶은 후 닭 육수를 넣어 익힌다.

3. 볶은 소고기에 달걀, 다진 파슬리와 치즈를 넣고 핸드블렌더로 갈아 준다.

4. 스폴리아 면 두 장을 준비하여 완자 모양으로 만든 소를 간격을 띈 후 달걀 물을 바르고 다시 한 장을 덮어 원형 몰드로 찍어 준다. 반달모양은 면 중앙에 소를 배치하고 아래 부분으로 덮어 반달 모양으로 찍어 낸다.

5. 준비된 라비올리는 버터 소스나 크림소스에 잘 어울린다.

Tip 라비올리를 봉합할 때 가급적 공기가 들어가지 않도록 만들어야 한다. 만든 후에 공기가 있다면 이쑤시개를 이용해 공기를 빼는 작업을 해야 한다. 그렇지 않으면 끓는 물에 삶으면서 라비올리가 터질 수 있다.

Armoniche(아르모니케)

아르모니케 파스타는 작은 하모니카 모양을 하고 있으며 또는 라디에터와 비슷한 모양을 하고 있다고 해서 '라디아토레(Radiatore)'라고도 불린다. 파스타는 무거운 소스와 잘 어울리며 샐러드에도 사용하기에 적합하다. 세몰라와 물로 만든 건면이 있으며, 야채 퓨레를 넣어 착색한 3가지 색깔 면도 있다.

Armoniche fredde con Polipo, Polpa di Granchio e Verdure
(아르모니케 프레데 콘 폴리포, 폴파 디 그랑키오 에 베르두레: 문어, 게살과 채소를 넣은 차가운 아르모니케)

재료(1인분): 아르모니케 60g, 오이 다이스 30g, 게살 슬라이스10g, 방울토마토 4개, 삶은 감자 다이스 60g, 바질 페스토 5g(p.172), 자숙문어 슬라이스 70g, 소금, 후추, 레몬즙 약간, 이태리 파슬리 1줄기, 루콜라 10g, 파마산치즈 5g, 발삼식초 20㎖, 올리브유 60g, 바질 2장

만드는 방법

1. 삶은 감자에 소금, 후추로 간을 한 후 바질 페스토로 맛을 낸다.

2. 방울토마토는 4등분하여 소금, 후추, 올리브유 그리고 바질 슬라이스로 양념을 한다.

3. 자숙 문어는 한 번 데친 후 식혀서 소금, 후추, 올리브유, 레몬즙을 약간 뿌려 마리네이드를 해둔다.

4. 삶은 아르모니케는 차갑게 냉장고에 보관한 후 소금으로 간을 해둔다.

5. 볼에 파스타, 오이, 루콜라 반 분량, 방울토마토, 문어, 게살, 감자를 넣고

약간의 *발사믹 소스로 버무린다. 마지막 간을 보고 접시에 담는다.

6. 접시에 담고 남은 루콜라를 올리고 파마산 슬라이스를 올려 마무리한다.

*발사믹소스는 발사믹식초 1, 올리브유 3 비율로 섞어 만든 드레싱을 말한다.

Tip 생 문어는 머리의 내장을 제거하고 밀가루로 닦아 점액질 제거 후 압력 솥에 문어, 자작하게 물을 붓고, 레몬 조각, 파슬리, 약간의 소금으로 간 하여 15분 정도 조리하여 부드럽게 준비할 수 있다.

Armonie(아르모니에)

구불구불한 선 모양을 한 아주 작은 드라이 파스타로, 수프나 샐러드에 넣는 요리에 적합하다.

Bavette(바베테)

바베테는 세몰라와 물로 만든 건면으로, 탈리아텔레(Tagliatelle)나 페투치니 (Fettucine) 면보다 폭이 좁고 볼록하다. 리구리아에서는 링귀네보다는 바베테 혹은 트레네테(Trenette)가 자주 사용되며, 바질 페스토와 같은 향초 소스와 잘 어울린다.

Bavette con Gamberi(바베테 콘 감베리: 새우를 넣은 바베테)

재료(1인분): 바베테 80g, 새우 5마리(중하: 껍질과 내장 제거한), 마늘 1개, 바질 3잎, 엑스트라 올리브유 30㎖, 화이트 와인 20㎖, 방울토마토 6개, 조개 육수 50㎖(p.184), 이태리 파슬리 2줄기, 소금 약간, 후추 약간

장식: 처빌(Chervil) 1줄기

만드는 방법

1. 팬에 기름을 두르고 으깬 마늘을 넣어 향을 낸 후, 껍질을 벗긴 새우를 볶고 와인을 넣는다. 와인 향이 날아가면 면 물과 조개 육수를 넣어 간을 조절한다.

2. 삶은 면을 넣어 소스에 볶다가 불을 약하게 줄이고, 4등분한 방울토마토와 바질, 여분의 올리브유를 넣어 마무리한다.

3. 처빌로 장식하여 마무리한다.

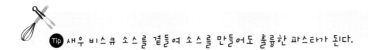

Tip 새우 비스큐 소스를 곁들여 소스를 만들어도 훌륭한 파스타가 된다.

Barbagiuai(바르바쥬아이)

단호박 혹은 근대로 소로 채워 만든 튀긴 라비올리로, 반죽에 화이트 와인을 넣어 만든 리구리아 지방의 전통 라비올리다. 가끔 작게 만들어 전채로 만들어 제공하기도 하며, 지방에 따라 소도 다양하게 이용되며 부루쑤(Brussu: 연질치즈) 나 염소 우유로 만든 리코타 치즈를 사용하기도 한다. 브루쑤는 피에몬테와 리구리아 주에서 찾아볼 수 있는 크림치즈로 빵에 발라 먹는 스프레드로 적합하다.

바르바쥬아이 만들기

재료(1인분)
반죽: 강력분 100g, 물 55g, 올리브유 5g, 소금 2g
소: 양파 찹 5g, 버터 10g, 불린 쌀 50g, 버터 넛 스쿼시(호박) 퓨레 80g
양념: 파마산 치즈 20g, 피자치즈, 소금, 후추 약간씩

만드는 방법

1. 반죽 재료를 볼에 넣어 반죽을 한 후 1시간 정도 휴직 한 후 파스타기계를 이용해서 얇은 스폴리아(Sfoglia) 형태로 만든다.

2. 소는 팬에 양파와 버터를 볶다가 불린 쌀을 볶아 준 후 육수를 부어 가며 익히고, 마지막 단계에서 호박 퓨레를 넣고 파마산 치즈로 간을 맞춘다. 되직한 소를 만들어 둔다.

3. 반죽은 5x5㎝ 정도로 잘라 소를 반죽 중앙에 올려 넣고 대각선으로 붙인다.

Barbagiuai fritti(바르바쥬아이 프리티: 버터 넛 호박을 넣은 튀긴 라비올리)

재료: 튀김용 기름, 곁들임 토마토 소스 약간, 이탈리안 파슬리 1줄기

만드는 방법

1. 180도 온도의 기름에 튀겨 낸다.
2. 기름을 제거한 튀긴 라비올리는 매콤한 토마토 소스와 같이 제공한다.

Bigoli(비골리)

비골리는 베네타(Veneta) 기원의 파스타이나 일부 롬바르디아 동쪽에까지 퍼져 있으며, 연질밀, 물과 소금으로 만들어진 긴 면의 하나이다. 비골리의 어원은 이탈리아어로 '실패'를 뜻하는 '푸소 다 필라레(Fuso da Filare)'에서 나왔다. 이 굵은 면의 근본적인 특징은 틀을 통해 나온 거칠거칠한 질감이 양념과 소스가 잘 엉길 수 있는 거친 질감을 만들어 내는 데 있다.

전설에 의하면, 1604년 파토바의 한 파스타 제조업자인 아본단차(Abondanza)는 그의 발명품을 코무네(Comune: 이탈리아의 자그마한 행정구역)의 행정기관으로부터 특허를 받았다고 말했다. 아본단차는 다양한 긴 면을 만들었지만, 손님들은 거칠거칠한 스파게토(Spaghetto)를 보고 좋아하지는 않았다. 후에 이름을 비골리라고 명명을 했는데, 이름은 모양에 연관이 있으며 아마도 이태리 방언인 'Bigàt(Bruco: 유충)'에서 혹은 라틴어 'Bombyx(Baco: 누에)'에서 나왔을 것으로 추측한다.

1800년 말 이태리 북동쪽에서 달걀 없이 파스타를 만드는 방법이 퍼지게 되었고, Bigolaro(비골라로: 비골리 만드는 파스타 기구)를 이용하여 만들어 냈다. 이 같은 비골라로는 간단한 기구로 테이블에 고정시키고 기구 내부에 거칠거칠한 다

이스(몰드)를 부착하여 반죽을 통과시켜 면을 만들었다. 비골리는 두 개의 의자에 매달린 말 모양 막대에 면을 건조했었다.

오늘날은 약간의 다양한 버전이 있는데, 예를 들면 메밀가루와 달걀을 이용해서 만든 좀 더 어두운 빛깔의 면도 생겨났다. 이 전통적인 비골리 면은 고기로 만든 라구소스나 오리 내장으로 맛을 내며, 혹은 알보렐레로(잉어과 물고기) 만든 소스에 넣어도 훌륭한 맛의 조화를 이끌어 낼 수 있다. 또는 토마토소스가 들어간 아라비아타(Arrabbiata), 푸타네스카(Puttanesca) 소스 등과 잘 어울린다.

길이: 155㎜, 너비: 2.5㎜

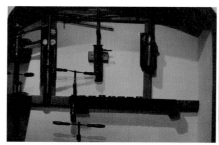 

비골라로   비골리

Boccoli(보콜리)

보콜리는 '꼬불꼬불한'의 의미를 포함하고 있으며, 돌돌 말려진 사이에 틈이 있

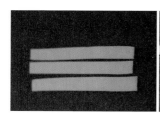  

어 무거운 소스와 조화를 이룰 수 있다. 이 파스타는 드라이 면으로 판매되지만 생면으로도 만들 수 있다.

보콜리 만들기

재료(1인분): 강력분 100g, 노른자 2개, 물 10g, 소금 2g, 올리브유 5㎖

만드는 방법

1. 반죽을 하고 1시간 정도 휴직을 준 후, 면을 얇게 밀어 2x8㎝ 크기로 잘라서 빨대로 돌돌 말아 준다. (돌돌 말린 면은 서로 겹치게 말아준다.)
2. 빨대를 빼서 모양이 유지되도록 세몰라 가루를 뿌린 후, 1시간 정도 실온에 말려서 사용한다.

Bucatini(부카티니)

'Buca -tini'의 합성어로, '부카'는 구멍을 의미한다. 면을 보면 스파게티처럼 긴 면에 구멍이 나 있어 붙여진 이름으로, 부카티니 외에 '페르챠텔리(Perciatelli)' 라고도 불린다. 라지오 주의 로마 근교 리에티(Rieti)라는 도시의 아마트리체 (Amatrice)에서 자주 먹는 파스타로, 이태리 고추, 관찰레(Guanciale: 염장 볼살), 페코리노 치즈, 토마토 소스 등을 넣어 만든다. 이 면은 버터 소스나 염장 삼겹살, 관찰레, 고등어와 정어리와도 잘 어울린다.

아마트리챠나 파스타는 돼지 볼살을 염장한 관찰레와 페코리노 치즈만으로 맛을 낸 비앙코 스타일의 파스타였다. 하지만, 국내 이탈리안 레스토랑에서 판매하는 붉은빛이 도는 파스타는 나폴레옹이 점령한 시기에 토마토가 들어가면서 그때부터 급속도로 파스타가 변화해 나갔다는 설이 있다. 파스타가 유래된 아마트리체 지역에서는 아직도 토마토 소스가 들어가지 않는 부카티니 알라마트리챠나 비앙코(Bucatini all'Amatriciana bianco) 스타일로 먹으며, 로마는 토마토를 넣어 먹는 차이가 있다.

매년 8월이면 아마트리체에서 축제가 열린다. 물론 마을 축제가 이제는 외지인들과 외국인들이 찾아오면서 축제 규모가 커지고 있다. 그들이 제공하는 아마트리챠나 파스타의 레시피는 다음과 같은데, 자신들의 전통적인 파스타에는 마늘, 양파, 당근을 사용하지 않는다고 강조를 한다. 하지만, 여기에는 현대적으로 변화된 토마토를 넣어 붉은빛이 도는 파스타로 변화됐다. 풍부한 마늘과 양파와 베이컨을 넣어 만드는 한국식 파스타와는 다르다.

지름: 3㎜, 길이: 260㎜, 두께: 1㎜

Bucatini all'Amatriciana
(부카티니 알라마트리챠나: 아마트리챠 스타일의 부카티니)

재료(1인분): 부카티니 80g, 판체타(염장 삼겹살) 50g(p.189), 보라색 양파 20g, 이태리 고추 2개, 마늘 2쪽, 올리브유 20㎖, 방울토마토 5개, 소금, 후추 약간씩, 다진 파슬리 2g, 페코리노치즈 20g,

장식: 루콜라 한 줄기

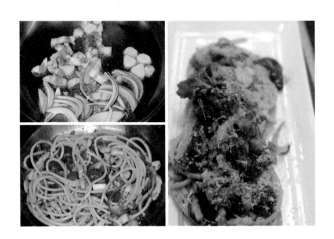

만드는 방법

1. 팬에 올리브유를 두르고 슬라이스 마늘, 슬라이스 염장 삼겹살, 슬라이스 보라색 양파 순으로 볶고 면 물을 넣어 소스 간을 맞춘다.

2. 삶은 면을 넣어 볶아 준다. 에멀전이 잘되도록 하며 다진 파슬리, 방울 토마토와 페코리노 치즈를 넣어 마무리한다.

3. 접시에 담고 여분의 치즈와 루콜라로 장식한다.

Tip 부카티니 면은 두꺼운 면으로, 넉넉한 소스를 만들어 에멀전을 하는 것은 파스타를 맛내는 데 중요하며, 기호에 따라 토마토 소스를 넣어 만들 수 있다.

Busiata(부지아타)

세몰라로 만든 반죽을 막대나 두꺼운 철봉으로 만든 파스타로, 두 가지 방법이 있다. 첫 번째는 집에서 만든 부카티니처럼 반죽 위에 철봉을 올려놓고 손바닥으로 돌돌 말아 튜브 형태로 만드는 마케로니 알 페로(Macheroni al Ferro)가 있고, 다른 하나는 철봉에 반죽을 감아 손바닥으로 굴린 후 반죽을 서서히 빼면서 전화선처럼 돌돌 말리게 만드는 방법이 있다. 이 파스타는 시칠리아의 전통적인 파스타로, 바질 페스토 소스와 잘 어울린다. 특히 트라파니의 전통 소스인 페스토 알라 트라파네제(Pesto alla Trapanese)와도 조화가 잘된다. 이 파스타는 중동 지역에서 유래된 것인데, 아랍어의 '피리'라는 의미의 '부자(Busa)'에서 파생되었다. 이 파스타는 건면인 푸질리 부카티(Fusilli bucati)를 만드는 데 모티브 역할을 하기도 했다.

길이: 80㎜, 너비: 10㎜

부지아타 만들기

재료(1인분): 세몰라 100g, 미지근한 물 50g, 소금 2g, 올리브유 5g

만드는 방법

1. 재료를 혼합하여 10여 분 동안 치댄 후 1시간 정도 휴직을 준다.

2. 반죽을 잘라 담배 모양으로 만든 후 7㎝ 간격으로 자른다.

3. 파스타 나무 판 위에서 막대나 가는 철봉에 반죽을 만 후, 손바닥으로 비벼서 마지막에 반죽을 빼서 만든다.

4. 빼낸 반죽은 세몰라 가루를 뿌려서 실온에 몇 시간 건조시킨 후 사용한다.

Busiata con Sardo(부지아타 콘 사르도 : 정어리를 넣은 부지아타)

정어리 파스타는 시칠리아의 대표적인 파스타일 정도로 유명한데, 특히 파스타 콘 사르도(Pasta con Sardo)라는 요리가 있다. 시칠리아 바닷가에서 5월부터 9월까지 나온 신선한 정어리를 가지고 만들며, 각 지방마다 다양한 레시피가 있는데 팔레르모 근교의 트라피타라(Trappitara) 스타일의 파스타가 유명하다. 정어리와 야생 휀넬로 맛을 냈으며, 휀넬이 비릿한 정어리의 향을 감화시켜 주며 그리고 잣, 건포도, 샤프란가루, 양파를 넣어 전통적인 파스타 요리를 만들어 낸다.

재료(1인분): 부지아타 80g, 으깬 마늘 2쪽, 정어리 ½마리, 이태리 파슬리 2줄기, 올리브 오일 20g, 대파 슬라이스 ½ 대, 체썬 레몬 껍질 ¼개 분량, 허브 빵가루 15g, 처빌 1줄기, 토마토 콩카세 5g
허브 빵가루: 마른 빵가루80g, 다진 파슬리 5g, 으깬 마늘 1쪽, 올리브유 10g

만드는 방법

1. 정어리는 가시와 뼈를 제거하고 레몬 껍질 슬라이스, 이태리 파슬리, 후추와 올리브유를 넣어 2시간 전에 마리네이드(Marinade)를 한다.
2. 허브 빵가루는 팬에 올리브유와 마늘을 넣어 볶다가 빵가루를 넣어 약한 불에서 연한 갈색으로 볶아 준다. 식으면 다진 이태리 파슬리를 넣어 핸드블렌더로 갈아 준 후 최종 간을 본다.
3. 팬에 올리브유와 마늘 그리고 다진 대파를 넣어 볶다가 슬라이스 한 정어리 반쪽과 파슬리를 넣어 볶다가 면수를 넣어 소스를 만든다. 삶은 부지아타 면을 넣어 잘 볶아 준다. 접시에 담고 빵가루를 뿌려 오븐에 구운 정어리를 올리고,

토마토 콩카세와 처빌을 올려 마무리한다.

Cacavelle(카카벨레)

테라코타 형태의 작은 냄비를 본떠 만든 건면으로, 파브리카 델라 파스타 아 그라냐노(Fabbrica della Pasta a Gragnano)의 대표적인 파스타이다. 높이 6cm, 직경이 9cm로 된 작은 냄비 모양이며 파스타를 삶는 시간도 다른 파스타에 비해서 오래 걸린다. 특히 소를 채워 요리하는 파스타로 주로 그라탕 요리에 적합하다.

Cacavelle con Petto di Pollo e Patate
(카카벨레 콘 페토 디 폴로 에 파타테: 닭 가슴살과 감자를 곁들인 카카벨레)

재료(1인분): 올리브유 10㎖, 으깬 마늘 2개, 타임 2줄기, 닭 다리 살 1개, 삶은 웻지 감자 2쪽, 새송이버섯 ½개, 이태리 토마토 1개, 닭 육수 100㎖(p.177), 폰도 브루노(Fondo Bruno: 스테이크 소스) 50㎖(p.180), 폼모도로 파싸타(Pomodoro Passata: 토마토소스를 갈아 체에 내린 것) 60g, 카카벨레 1개, 버터 10g

장식: 타임 3줄기

만드는 방법

1. 팬에 올리브유를 두르고 으깬 마늘, 타임을 넣어 색과 향을 낸 후 건져내고 닭 다리 살, 버섯, 삶은 감자를 넣어 앞뒤로 색을 낸 후, 소금과 후추로 간을 한다. (닭다리 살은 달라붙지 않도록 껍질 쪽부터 굽는다.)

2. 닭 육수와 폰도 브루노를 넣어 재료를 익힌다. 마지막에 간을 보고 버터를 넣어 풍미를 준다.

3. 한입 크기로 자른 재료를 삶은 파스타 안에 넣어 여분의 치킨 스톡을 팬에 붓

고 180도 오븐에 5분 정도 넣고 데운 후, 갈아 놓은 토마토 소스를 접시에 담고 오븐에 익힌 파스타를 담고 타임으로 장식한다.

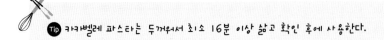

Tip 카카벨레 파스타는 두꺼워서 최소 16분 이상 삶고 확인 후에 사용한다.

● 고가 파스타의 저력
'파브리카 델라 파스타 아 그라냐노(Fabbrica della Pasta a Gragnano)'

나폴리로부터 남동쪽 30㎞ 거리에 있는 그라냐노(Gragnano), 이곳은 아말피 공화국 시대인 1400년대부터 칼슘이 풍부한 물로 반죽하여 만들어진 파스타로 명성을 이어 온 지역이다.

20세기 초중반 대량생산된 파스타에 밀려 고전을 면치 못하던 그라냐노의 전통 수공 파스타 산업은 1980년의 대지진으로 그 생산 기반을 완전히 잃고 말았다. 큰 피해를 입은 파스타 생산자 중에는 '아펠트라(AFELTRA)'라는 파스타 회사를 운영하던 마리오 모챠(Marion Moccia)도 있었다. 치즈 회사를 운영하던 그는 1976년 파스타 공장을 인수하여 그라냐노의 파스타를 세계적인 브랜드로 만들기 위해 노력하였지만, 1980년의 대지진으

카카벨레

로 인해 공장을 비롯하여 많은 손해를 입고 말았다. 이후 파스타 공장을 복구하기 위해 많은 자금을 동원하여 회사를 재건하였지만, 그라냐노의 파스타 산업의 부흥은 쉽지 않은 일이었으며, 결국 1994년 파스타 회사를 매각하게 된다.

13년이 지난 2007년, 마리오 모챠의 자녀들은 아버지의 파스타 가업을 이어 가기 위해 '라 파브리카 델라 파스타 디 그라냐노(La Fabbrica della Pasta di Gragnano)'를 창업한다. 치로, 안토니오, 마리안나, 수잔나 모챠(Ciro, Antonino, Marianna, Susanna) 남매는 그라냐노의 전통 수공 파스타 생산 기술을 바탕으로 고급 파스타를 생산하였고, 새로운 스타일과 모양의 파스타를 만들어 내 그들의 회사를 세계적인 파스타 회사로 키워 냈다.

131년 파스타 명가, 오랜 전통 속에 탄생한 혁신적인 디자인! 120가지 다양한 모양으로 세계를 사로잡은 이탈리아 그라냐노의 파스타 명가 '파브리카 델라 파스타'는 전통에 새로운 디자인을 가미한 '파브리카 델라 파스타'의 변신을 전 세계 파스타 시장이 주목하고 있다. '파브리카 델라 파스타'가 현재 생산하고 있는 파스타의 종류만 120가지이며, 특히 별 모양, 꽃 모양, 하트 모양, 냄비 모양 등 다양한 모양을 꾸준히 만들어 내고 있다. 그중 하나가 바로 카카벨레이다.

Calamari(칼라마리)

건면으로 한치의 몸통을 링 모양으로 자른 모양을 본떠 만든 파스타이다. 이 파스타는 '오키 디 루포(Occhi di Lupo)'라고 하는 면과 형태가 비슷하나 칼라마리보다 작은 면이다.

Campanelle(캄파넬레)

파스타 캄파넬레는 '작은 벨' 혹은 '방울꽃'이라
는 의미를 가지고 있으며 초롱꽃, 벨 모양의 파스
타이다. '리치올리(Riccioli: 곱슬머리)', '발레리네
(Ballerine)' 혹은 '질리(Gigli: 백합)'라고도 불리며,
한 장의 생면의 가장자리에 주름을 잡아 돌돌 말아 꽃 모양으로 만들어 낸다. 이
렇게 만든 파스타는 작품용으로 이용이 가능하다. 세몰라와 물로 만든 건파스타
는 삶아도 모양이 흐트러지지 않고 소스가 잘 묻는다. 무거운 소스와 잘 어울리
는 파스타이다.   길이: 25㎜, 너비 13㎜

Campanelle con Pomodori passati, Carne e Melanzane fritti
**(캄파넬레 콘 폼모도리 파싸티, 카르네 에 멜란자네 프리티: 소고기, 모차렐라, 튀긴가
지와 토마토소스를 곁들인 캄파넬레)**

파스타에 튀긴 가지와 토마토 소스 그리고 리코타 치즈를 넣어 만들면 '노르마
스타일(alla Norma)'이라고 한다. 노르마는 빈첸조 벨리니(Vincenzo Bellini)의 오페
라 작품에서 가져온 것으로, 벨리니에 헌정된 것으로 알려졌다. 그는 시칠리아
의 카타냐 지방의 출신의 작곡가이기도 하다. 카타냐의 전통적인 파스타가 되었
고, 여기에 사용되는 리코타는 프레시 치즈가 아닌 짜고 단단한 리코타 살라타
(Ricotta Salata)를 사용한다. 튀긴 가지는 고소하고 부드러운 식감을 주어 시칠리
아를 대표하는 파스타 중에 손꼽힌다.
재료(1인분): 캄파넬레 80g, 올리브유 20㎖, 소고기 안심 70g, 마늘 2쪽, 이태

리 고추 2개, 이태리 파슬리 2줄기, 파싸티 폼모도리(Passati Pomodori: 토마토소
스를 갈아 체에 내린 것) 150㎖, 프레시 모차렐라 ½개, 파마산치즈 가루10g

가지 튀김: 가지 ½개, 튀김용 기름 약간, 박력 밀가루 50g, 소금, 후추 약간씩

장식: 선 드라이 토마토 6개, 처빌 2줄기, 파마산치즈 슬라이스 10g

만드는 방법

1. 가지는 길이로 4등분으로 갈라 씨가 크면 조금 제거하고 어슷썰어 소금과 후
   추로 간을 한 후 박력분을 입혀 기름에 노릇하게 튀겨 낸다.

2. 팬에 올리브유를 두르고 마늘을 넣어 향을 낸 후, 간을 한 소고기를 노릇하게
   볶는다.

3. 이태리 고추를 넣고 파싸티 폼모도리를 넣어 한 번 끓여 준다.

4. 삶은 캄파넬레 면과 튀긴 가지를 넣어 볶고 파마산치즈로 맛을 낸 후 접시에
   담는다.

5. 접시에 한입 크기로 자른 모차렐라, 선드라이 토마토, 파마산치즈 슬라이스
   와 처빌로 장식하여 마무리한다.

Canederli(칸네데를리)

뇨키의 일종으로, 딱딱한
빵을 우유에 적셔 물기를 제
거하고 *스펙(Speck), 파마
산치즈, 파세리, 밀가루,
달걀 등을 넣어 반죽하여 탁
구공 모양으로 반죽하여 소
고기나 닭 육수와 같이 제공

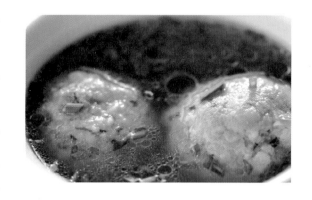

하는 뇨키의 일종으로, 이 음식의 유래는 독일로 빵가루와 다양한 재료를 섞어서
만든다. 이탈리아의 북부인 알프스지역과 트렌티노-알토 아디제(Trentino-Alto
Adige), 롬바르디아(Lombardia), 프리울리-베네치아 쥴리아(Friuli-Venezia Giulia)
등지에서 주로 먹는 음식이다. 만드는 방법은 간단한데, 간을 한 빵가루에 여러
가지 재료를 섞어 뭉쳐서 고기 국물에 먹기도 하며 혹은 사우어크라우트(독일식
절인 양배추) 등과 같이 먹기도 한다.

지름: 42㎜

*스펙은 오스트리아 기원으로 이탈리아에서는 북부 지방에서 주로 먹는 염장 훈제 햄이다.

Canestri(카네스트리), Canestrini(카네스트리니)

카네스트리는 '바구니'라는 의미로, 들이나 숲으로 나가 꽃이나 채소를 꺾어 담기 위한 바구니에서 모양을 본떠 만든 파스타로, 파르팔레(Farfalle)의 모양에서 본떠 만들었다. 생면으로 만들 수 있지만, 마트에서 쉽게 살 수 있는 대중화된 건 파스타다. 카네스트리는 카네스트

카네스트리

리니의 축소형으로 '작은 바구니'를 의미한다. 카네스트리는 양쪽의 볼록한 부분에 무거운 소스가 들어가 잘 어우러지며, 특히 포르치니 크림소스나 살시챠 크림소스 등과 잘 어울린다. 카네스트리는 수프나 국물요리에 넣으면 질감이 우수한데 맑은 육수, 달걀을 넣은 미네스트라(Minestra)인 스트라차텔라(Straciatella)에 잘 어울린다.

길이: 22.5㎜, 너비 9.5㎜

Cannelloni(칸넬로니)

얇은 스폴리아(Sfoglia)에 소를 채워 돌돌 말아 만든 소 채운 파스타로, 카넬로니의 어원은 '칸나(Canna: 파이프)'에서 나왔으며 '큰 파이프'라는 뜻을 가지고 있다. 양념을 한 소를 채우

고 토핑을 하여 오븐에 그라탕하여 만들어진 음식인데, 엄밀히 말하면 스폴리아를 이용해 소를 돌돌 말아 사용하는 것이 칸넬로니였으나 현재에는 파이프 모양의 건면인 카넬로니를 판매한다. 이것은 카넬로니가 아닌 마니코티(Manicotti)와 유사하다. 이탈리아가 아닌 미국에서 만들어진 튜브 모양의 파스타로, 면에 선이 그어져 있어 쉽게 구별할 수 있다.

  길이: 100㎜, 30㎜

Canelloni di Dentice alla Gratinata
(카넬로니 디 덴티체 알라 그라티나타: 도미 소를 채운 카넬로니 그라탕)

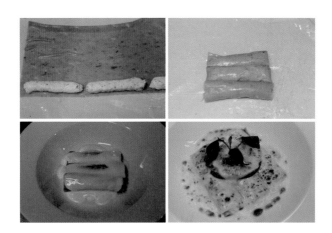

재료(1인분): 근대 면 50g(7x13㎝, 3장: p.106), 도미 살 찹 80g, 양파 찹20g, 샐러리 찹10g, 으깬 마늘 1개, 올리브유 20㎖, 화이트 와인 20㎖, 딜(Dill) 1줄

기, 이태리 파슬리 찹 약간, 생크림 20g, 파마산 치즈가루 20g, 화이트 소스 80g(p.164), 프레시 토마토 ¼개

장식: 베이비 야채 약간

만드는 방법

1. 팬에 으깬 마늘과 올리브유를 넣어 마늘 향을 낸 후, 한입 크기로 자른 도미 살을 볶고 화이트 와인을 넣어 와인 맛을 날리고 다진 딜, 다진 양파, 다진 샐 러리 순으로 넣고 완전히 익힌다.

2. 생선살은 생크림을 넣고 갈아 준다. 파마산 치즈와 간을 한다.

3. 삶은 근대 면에 소를 넣고 돌돌 말아 준 후 그라탕 볼에 화이트소스를 바르고, 카넬로니와 여분의 화이트소스, 피자치즈 그리고 파마산 치즈와 원통으로 자 른 토마토를 올려 180도 오븐에서 5분 정도 굽고 살라만다에 올려 갈색으로 색 을 낸다. 마지막에 베이비 야채를 올려 마무리한다.

Canneroni(칸넬로니)

캄파냐 주의 튜브 모양의 건파스타로, 계피 모양을 본떠 만든 것이다. 나폴리 방언 '칸나로네(Cannarone)'에서 파생된 말로, 오븐에 구워 내는 파이요리, 고기 나 토마토를 이용한 소스, 콩과 같이 곁들인 파스타 요리나 야채수프 등의 요리 등과 잘 어울리는 파스타이다.

Cannolichi(카놀리키)

듀럼 밀과 물로 만든 건면으로 작은 관 모양의 파스타로 돌돌 말린 튜브 모양에

표면에는 홈이 있는 것이 특징이며, 지중해 바다에 서식하는 조개로 우리나라의 맛조개와 유사한 모양을 하고 있는 파스타이다. 특히 무거운 소스와 잘 어울린다. '투베티니(Tubettini)'라고 불리기도 하며, 남부 지방에서 주로 찾아볼 수 있는 면으로 크기나 모양이 다양하게 만들어지며 작은 모양은 수프 등에 사용한다. 리구리아 주에서는 '카프리치(Capricci)'라고 불린다.

Cannolicchi e Conchiglie con Vellutata di Lentichie e Capesante
(카놀리키 에 콘킬리에 콘 벨루타타 디 렌티키에 에 카페산테: 관자와 렌틸 벨루타타를 곁들인 카놀리키와 콘킬리에)

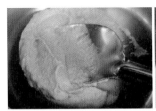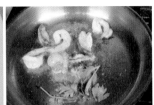

렌틸 벨루타타 만들기

재료(2인분): 양파슬라이스 10g, 올리브유 20㎖, 불린 핑크색 렌틸 100g, 로즈마리 1줄기, 닭 육수 200㎖(p.177), 버터 5g, 파마산치즈 가루 10g, 소금, 후추 약간씩

만드는 방법

1. 소스 팬에 올리브유와 로즈마리를 넣어 향을 낸 후 로즈마리는 걷어내고 슬라이스 양파를 넣어 볶는다. 불린 렌틸을 넣어 볶은 후, 닭 육수를 넣어 푹 익을 때까지 끓여 준다.

2. 믹서기에 렌틸을 넣어 갈아 준 후 체에 걸러내고 소스 팬으로 옮겨 소금, 후추로 간을 한 후 파마산치즈 가루와 올리브유를 넣어 마지막으로 풍미를 더한다.

요리완성하기

재료(1인분): 카놀리키 40g, 콘킬리에 20g, 올리브유 20㎖, 마늘 2쪽, 활 전복(20미/kg) 1개, 활 가리비 1개, 새우(小) 3마리, 이탈리안 파슬리 3줄기, 화이트 와인 20㎖, 렌틸 벨루타타 80g, 방울토마토 3개, 구운 헤이즐넛 가루 2g, 조개육수 50ml(p.184)

장식: 베이비 믹스 야채 약간

만드는 방법

1. 새우는 껍질을 벗기고 꼬리 한 마리만 남긴다. 전복은 껍질과 내장을 떼고 솔로 손질한 후 2등분 한다. 가리비는 내장을 제거하고 한 번 더 흐르는 물에 닦는다.

2. 팬에 올리브유를 두르고 마늘을 넣어 향을 낸 후, 손질된 전복과 관자, 새우를 볶고 와인을 넣어 볶는다.

3. 이태리파슬리를 넣고 방울토마토를 넣고 삶은 파스타를 넣어 조개육수와 렌틸 벨루타타 반을 넣어 잘 볶아 준다.

4. 다른 소스 팬에 남은 렌틸 벨루타타를 데워서 접시 중앙에 깔아 주고 볶은 파스타를 위에 올린 후 헤이즐넛 가루와 베이비 믹스 야채로 장식한다.

> **Tip** 카놀리키와 콘킬리에의 파스타를 삶는 시간이 다르므로 삶는 시간을 차등을 두어 퍼지지 않게 삶아야 한다. 카놀리키는 식감이 쫄깃하여 매력적인 면 중에 하나이다.

Cannolichi Medi Rigate(카놀리키 메디 리가테)

튜브 모양의 파스타로, 지티 파스타를 한입 크기로 자른 크기다. 약간 휘어져 있으며, 파스타 겉에 금이 새겨진 면이다. 오븐에 굽는 요리나 무거운 소스와 곁들이면 잘 어울린다.

Capellacci dei Briganti(카펠라치 데이 브리간티)

　세몰라와 달걀, 물 그리고 소금으로 만든 모자모양의 파스타로 얇은 면을 밀어 원형 몰드로 잘라서 주름을 잡아 모자 뒷부분을 붙여서 만들어지는 파스타로, 몰리제(Molise)의 젤시(Jelsi), 캄포바소(Campobasso)와 라지오(Lazio) 주의 포르멜로 (Formello)에서 주로 먹는 파스타이다. '산적의 모자'라는 의미를 가지고 있으며 차양이 있는 모자를 말한다. 소스는 양으로 만든 라구 소스와 잘 어울린다. 생면으로 착색하여 만든 파스타는 데코레이션용으로 만드는 경우가 많고, 드라이 면으로 유통되며 이탈리아 현지의 관광지에서 쉽게 찾아볼 수 있다.

카펠라치 데이 브리간테 만들기

재료: 비트 반죽100g(p.107), 샤프란 반죽100g(p.113), 시금치 반죽 150g(p.103)

만드는 방법

1. 시금치 반죽과 비트반죽, 샤프란 반죽을 겹쳐서 반죽하여 파스타 기계에 내려서 스폴리아(Sfoglia) 두께로 먼저 뽑아낸 후, 원형 몰드를 이용해서 원형의 색깔 면을 만들어 둔다.

2. 모양깍지를 면과 같이 세워 주며 모양을 잡아 준 후 면을 붙인다.

3. 형태가 완성되었다면 깍지를 빼서 모양이 유지되도록 건조시킨다. 색은 다양하게 만들 수 있으며, 생면은 작품용으로 사용할 수 있으며 물에 삶으면 색이 빠지고 형태가 쉽게 변한다는 단점이 있다.

Capelletti(카펠레티)

토르텔리와 비슷한 모양이지만 약간 모양의 차이가 있으며, 동그랗기보다는 양쪽이 약간 늘어나서 위에서 내려다보면 눈동자처럼 보인다. 추기경들이 쓰는 모자와 비슷하며, 강력분과 달걀로 반죽하여 만든 면을 얇게 밀어 리코타 치즈,

고기와 야채 등을 주로 넣어 만든 소 채운 파스타로, 에밀리아 로마냐 주의 모데나(Modena)에서 크리스마스 기간에 닭 국물에 넣어 먹는 소 채운 파스타의 종류다. 하지만 건면으로도 카펠레티 파스타도 있다. 이 파스타는 소 채운 파스타가 아니라, 단지 작은 모자 모양의 형태를 띠고 있다.

길이: 42㎜, 너비 30㎜

건면 카펠레티   생면 카펠레티

새우 카펠레티 소 만들기

  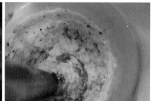

재료(2인분): 깐 새우(중하) 찹 10마리, 양파 찹 50g, 샐러리 찹 20g, 바질 슬라이스 2줄기, 화이트 와인 20㎖, 마늘 1개, 올리브유 20㎖, 소금, 후추 약간씩

만드는 방법

1. 팬에 올리브유를 두르고 으깬 마늘을 넣어 향을 낸 후 건져내고, 다진 양파, 샐러리 순으로 볶은 후 다진 새우 살을 넣어 볶는다.
2. 화이트 와인을 넣어 날린 후 바질, 소금, 후추로 간을 한 후 수분이 없어질 때까지 볶아 준다.

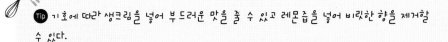

Tip 기호에 따라 생크림을 넣어 부드러운 맛을 줄 수 있고 레몬즙을 넣어 비릿한 향을 제거할 수 있다.

카펠레티 만들기

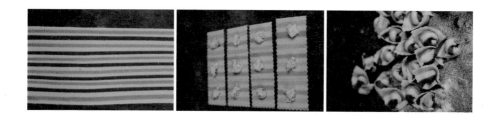

재료: 흰자 반죽 100g(p.95), 비트 반죽 100g(p.107), 루콜라 반죽100g(p.113)

만드는 방법

1. 삼색 무늬 면을 만들어 스폴리아(Sfoglia)를 만든다. 만든 면을 3x3㎝ 크기로 자른다.
2. 자른 면에 준비된 소를 올려 삼각형 모양으로 봉합을 한 후, 양쪽 끝을 떨어지지 않도록 붙인다.

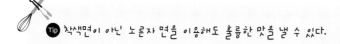

Tip 착색면이 아닌 노른자 면을 이용해도 훌륭한 맛을 낼 수 있다.

Cappelletti di Gamberi con Astice e Vongole
(카펠레티 디 감베리 콘 아스티체 에 봉골레: 랍스타와 조개를 곁들인 새우 카펠레티)

재료(1인분): 카펠레티10개, 으깬 마늘 2쪽, 올리브유 30㎖, 랍스터 ½마리, 바지락 5개, 화이트와인 20㎖, 이태리 파세리 2줄기, 방울토마토 5개, 소금, 후추 약간씩

장식: 바질 1줄기

만드는 방법

랍스터 손질하기: 랍스터는 가위로 반으로 갈라 머리와 몸통에 내장을 제거하고 머리 부분은 2등분으로 잘라 세 토막으로 준비한다. 랍스터의 집게발은 물에 5분 정도 삶아 랍스터 가위로 껍질을 제거하여 살만 꺼내 놓는다.

요리 완성하기

1. 팬에 올리브유를 두르고 으깬 마늘을 넣고 향을 낸 후, 바지락과 랍스터를 넣어 볶는다.

2. 랍스터 살이 익으면서 연한 갈색이 되면 와인을 넣어 날려 준 후, 찬물을 넣어 해물을 천천히 익힌다. 필요하다면 중간중간에 올리브유를 둘러도 좋다. 해물 맛이 충분히 우러나고 랍스터 살이 익었으면 소스의 최종 맛을 본다.

3. 삶은 카펠레티를 넣어 볶으면서 방울토마토와 여분의 올리브유, 후추와 이태리 파슬리 그리고 발라 놓은 집게 살을 넣어 마무리한다.

Capelli dei Preti(카펠리 데이 프레티)

'성직자의 모자'라는 의미의 파스타로 세몰라, 소금, 달걀 혹은 물을 넣어 만든 반죽에 소를 채워 만든 파스타로 달걀, 소프레싸타(Soppressata: 이탈리안 드라이 살라미의 일종)와 프로볼라(Provola: 큰 조롱박 모양의 반 경질 치즈) 치즈 혹은 카쵸카발로 치즈를 넣어 삼각모자 모양으로 만든 라비올리다. 이 파스타는 '트리코르니(Tricorni)'라고도 불린다.

카펠리 데이 프레티 만들기

재료(2인분): 오징어 먹물 면 100g(p.110), 세몰라 면 100g(p.99)
소: 리코타 치즈 100g(p.187), 노른자 1개, 파마산 치즈 30g, 소금, 후추 약간, 다진 파슬리 5g

만드는 방법

1. 오징어 먹물 스폴리아(Sfoglia) 위에 붓으로 물을 바르고 세몰라 탈리아텔레 면을 0.5㎝ 간격을 띠고 여러 개를 붙인다. 면 위에 세몰라 가루를 뿌린 후 파스타 기계에 넣어 무늬 면을 만들어 낸다.

2. 두 가지 색상의 무늬 면에 원형 몰드로 찍어 자르고 무늬 색이 뒤로 가도록 뒤집은 후, 소량의 라비올리 소를 넣고 삼각형 모양으로 접고 떨어지지 않도록 봉합을 해 준다.

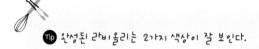

Tip 완성된 라비올리는 2가지 색상이 잘 보인다.

Capelli dei Preti alla Carbonara
(카펠리 데이 프레티 알라 카르보나라: 카르보나라 소스를 곁들인 카펠리 데이 프레티)

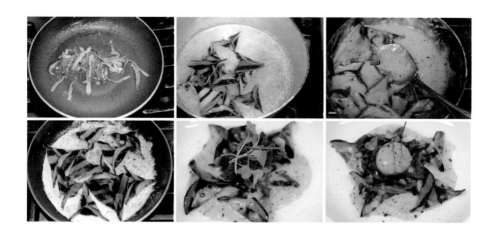

재료(1인분): 카펠리 데이 프레티 10개, 프로쉬토 슬라이스 5g, 양파 찹 10g, 버터 10g, 노른자 3개, 후추 5g, 소금 약간, 생크림 150g, 우유 50g, 파마산치즈 50g, 이태리 파슬리 찹 5g, 베이비 믹스 채소 약간

만드는 방법

혼합물 만들기: 생크림, 우유, 노른자 2개, 후추와 파마산 치즈를 넣어 볼에 넣어 풀어둔다.

1. 프로쉬토는 얇게 슬라이스 하여 팬에 올리브유를 두르고 볶아 준다. 버터를 넣고 다진 양파를 넣어 볶는다.

2. 팬에 삶은 면과 풀어둔 혼합물을 약한 불에서 조리하다가 농도가 나면 간을 보고 접시에 담아낸다. 접시 중앙에 노른자 한 개와 믹스 베이비 야채 그리고 여분의 통후추 가루를 뿌려 완성한다.

Tip 카르보나라 소스에는 크림 소스가 들어가지 않는다. 노른자에 넉넉한 치즈와 후추가 들어가 곤적한 혼합물로 만들어진 소스다. 크림을 넣은 것은 한국식으로 변형화된 소스라고 보면 된다.

Capellini(카펠리니), Capellini Spezzatti(카펠리니 스페차티)

스파게티처럼 가늘고 긴 건파스타로 지름이 0.85㎜-0.92㎜ 정도이다. 이보다 작은 면은 천사의 머리카락이라고 불리는 카펠리 단젤리가 있다. 삶는 시간이 짧기 때문에 주의해서 지켜봐야 한다. 카펠리니를 작게 잘라 만든 면을 '카펠리니 스페차티'라고 부른다.

카펠리니   카펠리니 스페차티

Capelllini freddi con Pesto alla Trapanese(카펠리니 프레디 콘 페스토 알라 트라파네제, 토마토 페스토를 곁들인 차가운 카펠리니)

여름에 먹는 콜(Cold) 파스타 개념으로, 얇은 카펠리니 면이 고소하고 쫄깃하여 부드러운 토마토 페스토 소스와 잘 어울리는 파스타이다.

재료: 카펠리니 80g, 시칠리안 페스토 200g(p.173), 방울토마토 3개, 바질 슬라이스 2잎, 루콜라 20g, 파마산치즈 10g, 엑스트라 올리브 오일 20㎖, 사각얼음 3개, 소금, 후추 약간씩

만드는 방법

1. 카펠리니는 쫄깃하게 삶아 준비한다.

2. 볼에 물기를 제거한 면과 4등분한 방울토마토, 시칠리안 페스토, 루콜라, 소

금, 후추, 파마산 치즈 약간, 바질, 엑스트라 올리브유 약간 그리고 얼음을 넣어 골고루 섞고 간을 한 후 접시에 담아낸다.

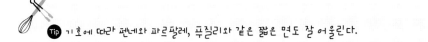

Tip 기호에 따라 펜네와 파르팔레, 푸질리와 같은 짧은 면도 잘 어울린다.

Cappelli d'Angelo(카펠리 단젤로)

'천사의 머리카락'이라는 뜻을 가진 건면이다. 강력분과 달걀만을 넣어 만든 스폴리아 형태의 가는 생면 탈리올리니(Tagliolini) 형태로도 만들 수 있고, 돌돌 말린 상태로 판매되는 건면도 있다. 이 파스타는 수녀들이 산모를 위해 만들어 냈고, 이 파스타가 젖을 잘 나오게 한다고 믿었다고 한다. 가는 파스타는 요리할 때 주의하지 않으면 실패할 확률이 높지만, 수녀들은 능숙하게 조리했다고 한다.

카펠리니(Capellini), 베르미첼리(Vermicelli)와 비슷하나 이 면들이 약간 두껍다. 이태리 곳곳에서 찾아볼 수 있는데, 특히 리구리아와 라지오 주에서 많이 먹는다. 이 면은 육수에 넣어 먹기도 하지만 올리브 오일 버전의 파스타에도 응용이 가능하다. 나폴리에서는 파스티쵸(Pasticcio: 파이 형태) 요리에 사용하기도 하며, 누들 파에야(Paella)인 피데우아(Fideuà), 튀김인 프리타타(Frittata)뿐만 아니라 디저트에도 사용하기도 한다.

지름: 0.85㎜~0.92㎜, 길이 260㎜

Capunti(카푼티)

세몰라와 물로 만든 생면으로, 담배 모양으로 만든 반죽을 5㎝ 간격으로 잘라 오레키에테를 만드는 방법으로 칼로 당겨서 속을 빈 공간을 만드는데, 마치 콩 껍질 모양과 비슷하다.

Caramelle (카라멜레)

사탕 모양 파스타로 '봉봉(Bon Bon)'이라고도 하며 작게 만든 소 채운 칸넬로니(Cannelloni) 형태를 양쪽 모서리를 비틀어 봉합하여 만든 소 채운 파스타이다. 에밀리아 로마냐 주의 파르마 (Parma)나 피아첸자(Piacenza)의 축제일에 쉽게 찾아볼 수 있다. 또한, 여러 가지 착색한 면을 이용하여 만들면 맛과 멋이 탁월하다. 작은 크기로 만들면 '카라멜레테(Caramellette)'라고 말한다. 이 파스타는 포르치니 버섯을 이용한 크림 소스와 잘 어울린다.

길이: 80㎜, 너비: 21㎜

Tip 생면으로 만든 카라멜레 파스타는 현대에는 화이트데이 때 이탈리안 레스토랑에서 코스 중간에 만들어 제공하면 특별한 날을 기념할 수 있는 이색적인 파스타가 된다.

Caramelle al Merluzzo
(카라멜레 알 메를루초: 대구 살을 넣은 사탕 모양 라비올리)

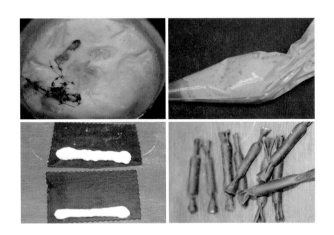

대구 카라멜레 만들기

재료: 오징어 먹물 반죽 200g(p.110)

카라멜라 소: (2인분)

대구 살 80g, 삶은 감자 100g, 우유 200㎖, 월계수 잎 2장, 타임 4줄기, 후추 4알, 으깬 마늘 1개, 파마산 치즈 가루 20g, 올리브유 40g, 다진 파슬리 3g, 소금, 후추 약간씩, 생크림 30㎖

만드는 방법

1. 우유에 껍질 벗긴 대구 살, 월계수 잎, 타임, 후추, 마늘을 넣어 10분 미만으

로 익혀 준다. 삶은 감자와 대구 살을 꺼내 핸드블렌더에 갈면서 생크림, 소금, 후추, 파슬리, 파마산 치즈로 간을 한다. 소는 사용이 편하게 짜 주머니에 담아둔다.

2. 먹물 면을 얇은 스폴리아 형태로 만들고 크기 9x5㎝로 자른다. 소를 끝 부분을 올리고 돌돌 말아서 붙인 후 양 끝 부분을 여러 번 봉합한다.

Tip 삶은 대구는 혹 가시가 있는지 확인한 후 갈아 준다. 카라멜레 면은 가급적 얇아야 한다. 면을 두 번 정도 말기 때문에 두꺼우면 맛이 떨어질 수 있기 때문이다.

Caramella al Merluzzo gratinata al Forno
(카라멜라 알 메를루초 그라티나타 알 포르노: 오븐에 구운 대구 카라멜라)

재료: 카라멜라 10개, 양파 찹 10g, 버터 10g, 생크림 200㎖, 이태리 파슬리 찹 3g, 피자치즈 50g, 파마산치즈 가루 5g,

장식: 토마토 콩카세(껍질 벗겨 씨를 제거하여 0.5cm~1cm 크기의 네모로 자른 것) 10g, 처빌 2줄기

만드는 방법

1. 팬에 양파, 버터를 넣어 볶다가 생크림으로 소스를 만들고 이태리 파슬리를 넣어 한번 끓인다.
2. 삶은 카라멜라 면을 소스에 넣어 볶다가 불을 끈 후, 파마산치즈 가루, 피자 치즈를 뿌려 200도 온도에서 5분 정도 조리한 후 꺼낸다.
3. 색이나면 처빌과 콩카세를 올려 완성한다.

Casarecce(카사레체)

카사레체 파스타는 '홈메이드'라는 의미를 가진 건면으로, 숏 파스타로 모양이 뒤틀려 있고 정면에서 보면 'S'자 모양을 하고 있다. 건더기가 있는 소스와 잘 어울리며 그라탕 요리에도 잘 어울리는 시칠리아의 전통 파스타이다.

길이: 37㎜, 너비: 4㎜

Casoncelli(카손첼리)

라비올리 반죽에 여러 가지 고기와 넛맥, 감자, 살라미, 프레시 소시지, 카쵸(Cacio) 치즈 등의 부수적인 재료를 섞어 만든 브레샤(Brescia)의 라비올리의 일종이다. 롬바르디아 주의 방언으로 '카손세이(Casonsei)'라고도 부른다. 대표적인 라비올리는 베르가모(Bergamo) 스타일인 카손첼리 알라 베르가마스카(Casoncelli alla Bergamasca)이다.

카손첼리 만들기

재료:(2인분) 시금치 반죽 100g(p.104), 고기소 100g(p.487)

만드는 방법

1. 시금치 반죽을 스폴리아 형태로 만들고 7x7㎝ 크기로 자른 후, 준비된 소를 한쪽에 올려 소가 덮일 정도까지만 봉합을 한다.

2. 남은 반대쪽 부분을 두 번 정도 접어 포개 소 위쪽에 올리고 소의 양쪽을 눌러 준다. 세몰라 가루를 뿌려 실온에 20분 정도 겉을 말린 후 냉장고에 넣어 바로 사용한다.

Tip 되직한 소라면 어떤 종류라도 가능하며, 가벼운 버터 소스와 잘 어울린다.

Cavatappi(카바타피)

카바타피는 와인 오프너의 꼬불꼬불한 모양을 본떠 만든 건면으로, 나선형의 튜브 모양의 마카로니다. 다른 이름으로 '첼렌타니(Cellentani)'라고도 불린다.

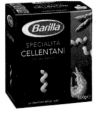

Cavatelli(카바텔리)

세몰라와 물로 만든 반죽을 원통형으로 만들어 길이 3㎝ 간격의 담배 모양으로 잘라 무딘 칼을 이용해 빨래판 모양의 보드 판에 올려 일일이 하나씩 당겨서 만든 남부 지방의 생파스타다. 또는 두 손가락만 한 크기로 잘라 두 손가락으로 눌러 당겨 만들 수 있는데, 카바티엘레(Cavatielle), 캄파냐주와 풀리아 주에서는 '체카텔리(Cecatelli)'라 불린다. 이처럼 지방에 따라 부르는 이름은 차이가 있다. 그 외에 통상적으로 불리는 이름으로는 '뇨케티(Gnocchetti)', '마나텔레(Manatelle)', '성직자의 귀'라고 해석되는 '오레키에 디 프레테(Orecchie di Prete)', '스트라쉬나티(Strascinati)' 등으로 불린다. 요즘 이탈리아 현지에서는 생파스타로 만들어 진공 포장하여 마트에서 판매하는 곳도 있다.

세몰라로 만든 카바텔리는 보통 올리브유 버전의 파스타에 잘 어울리며, 무청이나 브로콜레티(Broccoletti: 여린 브로콜리) 등 야채를 이용해서 만든 소스와 잘 어울린다. 카바텔리는 풀리아 주에서 많이 먹는 파스타인데, 세몰라 외에 숯불에 구운 밀인 그라노 아르소(Grano Arso)를 가루로 내어 카바텔리를 만든 이색적인 면도 있다. 이 면은 숯 향이 가미되어 독특한 맛을 낸다.

길이: 20㎜, 너비: 7㎜

*손가락 마디에 따라 달리 불리는 파스타 면

손가락 크기	한 손가락 2cm	두 손가락 3~3.5cm	세 손가락 4.5cm	네 손가락 5cm
파스타 이름	Trilluzzi (캄파냐)	Cavatelli(풀리아) Trilli(아벨리노)	Strascinatti (풀리아, 바실리카타)	Cortecce (코르테체) (캄파냐)
* 세몰라와 물로 만든 생면으로 손가락 크기에 따라 만들어진 너비가 달라져 이름 또한 전부 달리 불린다.				

카바텔리(Cavatelli)만들기

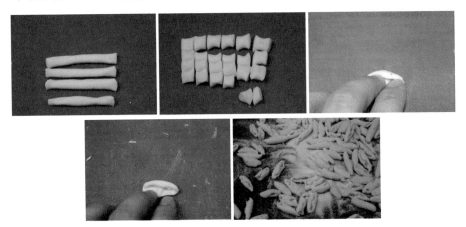

재료: 강력분 100g, 세몰라 50g, 물 88, 소금 3g

만드는 방법

1. 강력분과 세몰라를 섞고 물, 소금을 넣어 반죽한다.

2. 반죽은 10여 분 치댄 후 랩핑을 하여 냉장고에 1시간 정도 휴직을 준다.

3. 사용 전 반죽은 굳어 있기 때문에 10분 전에 실온에 꺼낸 후 사용한다.

4. 반죽은 담배 모양으로 만들고 3cm 간격으로 잘라 두 손가락으로 눌러 몸쪽으로 당겨 만들어 낸다.

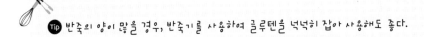

Tip 반죽의 양이 많을 경우, 반죽기를 사용하여 글루텐을 넉넉히 잡아 사용해도 좋다.

Cavatelli con Crema e Manzo di Carne
(카바텔리 콘 크레마 에 만조 디 카르네: 소 갈비살과 크림소스를 곁들인 매콤한 카바텔리)

재료(1 인분): 카바텔리 60g, 으깬 마늘 1개, 양파 찹 20g, 버터 10g, 올리브유 20㎖, 갈빗살 슬라이스 80g, 이태리고추 2개, 양송이버섯 슬라이스 2개 분량, 생크림 150㎖, 헤이즐넛 파우더(오븐에 갈색이 나도록 구워 갈아 놓은 것)10g, 소금, 후추 약간씩, 파마산치즈 가루 5g

장식: 선드라이 토마토 1개, 처빌 1줄기

만드는 방법

1. 팬에 올리브유를 두르고 버섯이 앞뒤로 갈색이 나도록 볶아지면 양파를 넣어 볶는다.

2. 버터를 넣고 갈빗살을 넣어 볶으면서 소금과 후추로 간을 해 준다.

3. 다진 이태리고추를 단시간 볶으면서 생크림을 넣어 졸인다.

4. 충분히 졸여진 크림소스에 삶은 카바텔리를 넣어 소스를 졸인다.

5. 농도가 되직해지기 전에 마지막으로 간을 보고 파마산치즈를 넣어 마무리한다.

6. 마지막에 헤이즐넛 가루를 뿌려 완성한다.

7. 선 드라이 토마토와 처빌을 올려 마무리한다.

Cecamariti(체카마리티)

강력분, 이스트와 물로만 만든 반죽으로 리구리아 지방의 트로피에(Trofie)와 유사한 모양을 가지고 있지만, 빵 반죽으로 사용되고 쓰고 남은 자투리를 이용해서 만든 파스타다. 특히 반죽은 밀가루에 샤워도우인 파스타 마드레(Pasta Madre)를 섞어서 만든 반죽으로, 발효된 반죽을 콩 크기만으로 잘라 손가락으로 문질러서 만든 면이다.

체가마리티의 어원을 살펴보면, 'Cecare(체카레)'는 남부지방의 방언으로 'Accecare(아체카레)'를 뜻하는 '눈이 멀다'는 의미이며, 'Mariti(마리티)'는 '남편들' 이라는 의미이다. 즉, '눈이 먼 남편들'이라는 뜻을 가지고 있는 파스타다. 라지오 주의 리에티(Rieti) 지역의 파스타로 아브르초와 몰리제 주에서 찾아볼 수 있으며, 나무 절구에 생마늘, 소금과 이태리 고추를 거칠게 빻아서 만든 마늘 소스를 파스타에 이용한다.

Cencione(첸치오네)

첸치오네는 '작은 천'이라는 뜻을 가지고 있다. 오레키에테보다 크고 편편하며 더 불규칙적이고 타원형의 꽃잎 모양을 하고 있는 것이 특징이다. 한쪽 표면이 더 거칠어서 소스가 더욱 잘 묻는다. 오레키에테는 세몰라를 사용하지만 센치오네는 강력분을 사용하여 파스타를 만들어 낸다. 특히, 마르케 지역에서는 밀가루와 잠두 콩가루 그리고 달걀로 만들어지는데, 잠두는 글루텐이 없기 때문에 밀가루의 혼합이 필수적이다. 이 파스타는 살시챠(프레시 소시지)로 만든 소스와 매칭이 잘되며, 마르케주 페르골라(Pergola) 도시에서는 파스타와 콩을 이용해서 수프를 만들어 먹기도 한다.

첸치오네 만들기

재료: 세몰라 100g, 미지근한 물 55g, 소금 2g

만드는 방법

1. 재료를 혼합하여 반죽을 10여 분 치댄 후 1시간 정도 휴직을 준다.
2. 반죽을 잘라 담배 모양으로 만든 후, 크기는 2㎝ 간격으로 잘라 가면서 반죽이 말리도록 천천히 앞으로 당긴다.

3. 말린 반죽은 편편하게 펴면 첸치오네 면이 완성된다.

4. 완성된 면은 1시간 정도 겉이 건조되면 원하는 소스에 넣어 만들면 된다.

Cencione con Zuchine e Pinoli
(첸치오네 콘 쥬키네 에 피놀리: 구운 잣과 쥬키니로 맛을 낸 첸치오네)

재료(1인분): 첸치오네 80g, 애호박 쥴리엔 90g, 안초비 1쪽, 으깬 마늘 2쪽, 이태리 고추 2개, 올리브유 20g, 이태리 파세리 찹 2g, 파마산 치즈 30g, 야채육수 100㎖(p.183), 콜라투라 5g(이태리식 멸치 액젓)

장식: 구운 잣 10g

만드는 방법

1. 팬에 마늘을 넣어 노릇하게 볶아 향을 낸 후, 채 썬 애호박, 안초비와 고추를 넣어 약한 불에서 볶는다.
2. 면수를 넣어 약한 불에서 호박을 익힌다. 간을보고 콜라투라를 넣어 맛을 보충한다.
3. 마지막에 삶은 첸치오네 파스타를 넣고 이태리 파슬리 다진 것, 올리브유와 파마산치즈 가루를 넣어 에멀전을 한 후 접시에 담아낸다.
4. 마지막으로 구운 잣을 곁들여 완성한다.

Cestini(체스티니)

건파스타로 작은 바구니모양을 하고 있으며, 속은 비어 있으나 겉 모양은 뇨키 모양을 하고 있다. 이 파스타는 무거운 소스 등과 잘 어울린다.

Chifferi(키페리), Chifferi Rigati(키페리 리가티)

듀럼 밀과 물로 만든 건파스타로, 튜브 형태의 구부러진 팔꿈치 모양을 하고 있다. 표면에 줄이 나 있는 짧은 파스타도 있는데 '키페리 리가티'라고 불린다. 중부와 북부 등에서 주로 먹으며, 가벼운 소스와도 잘 어울린다. 주파(Zuppa)나 미네스트라(Minestra)에 넣어 조리해도 좋다.

길이: 23㎜, 너비: 14㎜, 지름: 8 ㎜

Ciceri e Tria(치체리 에 트리아)

아랍기원의 파스타로 풀리아(Puglia)의 살렌토(Salento)에 정착한 요리로, 치체리는 라틴어로 병아리콩인 체치(Ceci)를 뜻한다. 트리아는 아랍 기원의 파스타로, 폭 1~1.5㎝ 크기로 탈리아텔레와 유사하게 잘라 만들어진다. 트리아는 남부 지방에서 주로 먹는데, 처음에는 시칠리아에서 보급되어 풀리아 지방까지 영향을 받은 파스타이다. 탈리아텔레 파스타에 병아리콩과 튀긴 파스타를 곁들여서 먹는 요리이다.

Ciciones(치쵸네스)

세몰라, 샤프란과 물을 넣어 만든 사르데냐의 파스타로, 사싸리(Sassari)의 대표적인 뇨키다. 원통형의 병아리콩 모양의 작은 파스타로, 라구 형태의 소스와 페코리노 치즈와 잘 어울린다. 사르데냐는 야생 샤프란이 많아 파스타에 자주 사용된다.

치쵸네스 만들기(1인분)

파스타 반죽: 세몰라 100g, 샤프란 물 50g(샤프란 암술 1g), 소금 2g, 올리브유10g

만드는 방법

1. 건조된 샤프란 암술은 물에 넣어 끓인다. 색소가 진하게 우러나면 미지근한 상태에 세몰라 반죽에 넣어 올리브유와 소금도 넣어 반죽을 한다.
2. 반죽은 10여 분 치댄 후, 1시간 정도 휴직을 준다.
3. 반죽은 나무 젓가락 모양으로 만든 후 1㎝ 간격으로 잘라 준다.

Ciciones con Ragú alla Bolognese
(치쵸네스 콘 알라 볼로네제: 볼로냐식 미트소스를 곁들인 치쵸네스)

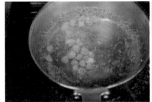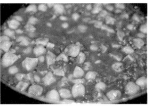

재료(1인분): 치쵸네스 80g, 미트소스 150g(p.175), 파마산치즈 20g, 삶은 병아리콩 50g, 이태리 파슬리 찹 5g, 버터 10g, 소금, 후추 약간씩

장식: 토마토 콩카세 5g, 파마산 치즈 슬라이스 약간, 처빌 1줄기

만드는 방법

1. 병아리콩은 하루 전날 물에 담겨 불린 후 물에 약간의 소금과 월계수 잎을 넣어 삶아서 준비한다.
2. 팬에 미트소스, 약간의 면수와 병아리콩을 넣어 소스를 한 번 끓인다.
3. 삶은 치쵸네스 면을 소스에 넣고 볶는다.
4. 마지막으로 파마산 치즈, 버터, 다진 파슬리를 넣고 간을 한 후 담아낸다.

Cocciolette(코쵸레테)

콘킬리에보다 작은 조개 모양의 파스타로, 수프나 샐러드용으로 자주 쓰인다.

조개 껍질의 양쪽 끝이 뾰족한 게 특징이다.

Conchiglie(콘킬리에)

세몰라와 물로 만들어진 건면으로, 조개 모양의 파스타이며, 바깥 부분에 선이 그어진 콘킬리에 리가테(Conchiglie rigate)도 있다. 작은 크기의 콘킬리에를 '콘킬리에테(Conchigliette)'라고 하여 스프에 넣어 먹기도 한다.

길이: 31.5㎜, 너비 23.5㎜

Conchiglie gratinate di Pate di Manzo e Melanzane fritti
(콘킬리에 그라티나테 디 파테 디 만조 에 멜란자네 푸리티: 튀긴 가지와 소고기 파테를 넣은 콘킬리에 그라탕)

소고기 파테(Paté) 만들기

재료: 으깬 마늘 1개, 로즈마리 1줄기, 올리브유 20㎖, 소고기 안심(자투리 살코기)100g, 양파 슬라이스 20g, 닭 육수 100㎖(p.177), 이태리 파슬리 한줄기, 소금, 후추 약간씩, 파마산치즈 20g

만드는 방법

1. 팬에 올리브유를 두르고 마늘과 로즈마리를 넣어 향을 낸 후 슬라이스 양파와 고기를 순서대로 넣어 볶아 준다.
2. 기본 간을 한 후 육수를 넣어 단시간 끓인 후, 국물이 없도록 조리한다.
3. 핸드 블렌더에 고기를 갈고 파슬리와 파마산치즈로 맛을 낸다.

요리 완성하기

재료(1인분): 콘킬리에 60g, 가지 ½개, 튀김용 기름 약간, 튀김가루 80g, 파프리카 파우더 5g, 생크림 80㎖, 파마산치즈 가루 20g, 다진 파슬리 5g, 피자치즈 50g, 체다치즈 20g,

장식: 베이비 루콜라 5g, 선 드라이 토마토 1개

만드는 방법

1. 가지는 길이로 4등분하여 자르고 씨가 있는 부분은 살짝 제거하고 3㎝ 간격으로 어슷하게 썰어 소금, 후추로 간을 한 후 튀김가루를 넉넉히 입혀 기름에 튀겨 낸 후 기름기를 제거해 파프리카 파우더와 파마산 치즈로 간을 한다.
2. 팬에 파테를 넣고 생크림으로 농도를 조절하여 삶은 꼰킬리에를 넣어 볶는다.
3. 오븐용 팬에 담고 튀긴 가지를 올리고 피자치즈와 체다 치즈를 올려 예열된 180도 오븐에서 5분 정도 조리한다.
4. 치즈가 녹은 그라탕에 베이비 루콜라, 파마산치즈가루와 선 드라이 토마토를 올려 마무리한다.

Tip 기호에 따라 수란을 올려서 같이 곁들이면 더욱 맛이 좋고 와인 안주나 아페르티보 (Apertivo: 식전 주)와 적합한 메뉴이다.

Coralli(코랄리)

산호 모양을 본떠 만든 돌돌 말린 파스타로 겉에 이랑이 있는 튜브모양으로 세몰라와 물로만 만든 건파스타의 한 종류이다. 코랄리는 수프나 샐러드에 자주 사용된다.

Cortecce(코르테체)

세몰라로 만든 카바텔리(Cavatelli) 형태의 파스타로, 반죽을 네 손가락을 이용해서 당겨 만든다. 주로 캄파냐 주의 칠렌토(Cilento) 지역에서 만들며, 이 지역에서는 '코르테체'라고 부른다. 코르테체는 라구 소스나 버섯을 기초로 하여 만든 소스, 훈제 스카모르차 치즈와도 잘 어울리는 파스타이다.

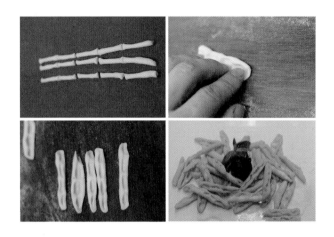

재료(1인분): 세몰라 100g, 미지근한 물 50g, 소금 2g

만드는 방법

1. 세몰라 가루에 미지근한 물, 소금을 넣어 글루텐이 잡히도록 치댄다.
2. 1시간 정도 휴직을 둔 반죽을 담배 모양인 5㎝ 간격으로 자른다.
3. 자른 반죽은 세 손가락을 이용해서 당겨 홈을 내 준 후 다시 앞으로 당겨서 홀이 깊이 파이도록 만들고, 세몰라 가루를 뿌려서 건조를 한다. 실온에 두어 겉이 마르면 사용한다.

Cortecce con Astice e Gamberi
(코르테체 콘 아스티체 에 감베리: 바닷가재와 새우를 넣은 코르테체)

재료(1인분): 코르테체 80g, 으깬 마늘 2쪽, 랍스터 ½마리(약 250g: 내장을 제거하고 3등분하여 손질한 것), 껍질 벗긴 새우(중하) 3마리, 엑스트라 버진 올리브유 30㎖, 화이트 와인 20㎖, 방울토마토 5개, 이태리 파슬리 5줄기

만드는 방법

1. 랍스터 집게발은 5분 정도 삶아서 살을 빼둔다.

2. 팬에 올리브유를 두르고 으깬 마늘을 넣고 향이 나면 건져내고 랍스터를 넣고 볶아 준다. 랍스터가 볶아지면 새우를 넣어 다시 볶고, 와인을 넣어 맛을 들이고 불을 줄여 면수와 냉수를 넣어 랍스터의 맛을 뽑아낸다. 이태리 파슬리를

넣어 소스를 마무리한다. 살짝 익은 새우 살은 질겨지지 않도록 건져낸다.

3. 삶은 면과 반으로 자른 방울토마토를 그리고 집게발을 넣어 에멀전이 잘되도록 천천히 맛을 낸다. 건져낸 새우를 다시 넣어 마무리한다.

4. 불을 끄고 소량의 올리브 유를 넣어 향을 더 내준다. (요즘은 버터로 마무리하는 경우도 많아 기호에 따라 달라질 수 있다.)

Tip 랍스터 소스 맛이 약하다면 미리 준비해 둔 조개나 갑각류 육수를 조금 넣어 맛을 더하면 깊은 맛을 낼 수 있다. 또한, 갑각류를 이용해 비스큐 소스를 만들어 사용하면 더욱 깊은 맛을 낼 수 있다.

Corzetti(코르제티)

코르제티는 제노바의 방언인 '쿠르제티(Curzetti)'라고도 불리며, 리구리아의 발 폴체베라(Val Polcevera) 지역의 전통 파스타로 코르제티 스탐파(Corzetti Stampa)라고 하는 나무 문양 틀에 찍어서 만들며, 몰드에 새겨진 문양은 다양한 가문의 휘장이 새겨져 있다. 파스타의 이름은 14세기에 만들어진 동전의 이름인 '크로셀(Croset)'에서 따왔다. 양각으로 찍힌 무늬가 호두 페스토 소스와 잘 어우러지며 마조람, 녹인 버터, 잣과 파마산 치즈로만 양념하여 만든다. 또는 고기나 버섯 소스와 같이 먹기도 한다. 생면으로 만들지만 간편하게 드라이 면으로 만들어져 판매된다.

지름: 60㎜, 두께: 1.5㎜

생면 코르제티 만들기

재료(1인분): 세몰라 100g, 미지근한 물 50g, 올리브유 5g, 소금 2g

만드는 방법

1. 세몰라에 미지근한 물, 소금, 올리브유를 넣어 글루텐이 잡히도록 치댄다.

2. 반죽은 밀대로 밀은 후 파스타 기계에 넣어 약 0.5㎝ 정도의 두께의 스폴리아 (Sfoglia) 면으로 뽑아낸다.

3. 코르제티 스탬포로 반죽을 원형으로 자른 후, 밑받침에 위에 원형으로 자른 반죽을 올려서 뚜껑으로 찍어 낸다.

4. 모양이 새겨진 코르제티 면은 겉이 마르도록 둔 후 사용한다.

Culurgiones(쿨루르죠네스)

사르데냐의 방언인 '쿨루르조네스(Culurzones)'라고도 불리며, 올리아스트라 (Ogliastra) 지역의 전통적인 소 채운 파스타이다. 세몰라 반죽에 삶은 감자와 민트 그리고 페코리노 치즈만으로 소를 넣어 손끝으로 봉합하여 모양을 만든 후, 삶아서 토마토소스나 버터와 페코리노 치즈만을 곁들여 먹는 파스타이다.

쿨루르죠네스 만들기

반죽 재료(1인분): 세몰라 90g, 강력분 10g, 물 60g, 올리브유 5g, 소금 2g

소 재료: 삶은 감자(소) 1개, 민트 슬라이스 5잎, 페코리노 치즈가루 50g, 소금,
후추 약간씩

만드는 방법
1. 반죽재료로 반죽하여 치댄 후 1시간 정도 휴직을 한 다음, 얇은 두께의 스폴
   리아(Sfoglia) 모양으로 만든 후 원형 틀로 반죽을 찍어낸다.
2. 소는 채에 내린 감자, 슬라이스 한 민트, 페코리노 치즈, 소금과 후추 등으로
   소를 만든다.
3. 원형도우에 소를 채워 주름이 잡히도록 라비올리를 만든다.

Culurgiones al Patate e Menta con Purea di Fagioli rossi
(쿨루르죠네스 알 파타테 에 멘타 콘 푸레아 디 파죨리 로씨: 강낭콩 퓨레, 감자와 민트로 맛을 낸 쿨루르죠네스)

파지올리 퓨레 만들기

재료(2인분): 삶은 강낭콩 100g, 프로쉬토 찹 1장, 닭 육수 200㎖(p.177), 양파 찹 20g, 올리브유 10㎖, 버터 20g, 파마산치즈 10g

만드는 방법

1. 팬에 올리브유와 다진 프로쉬토, 양파를 볶다가 강낭콩을 넣고 육수를 넣어 끓인다.
2. 믹서기에 갈아 체에 내린 후 치즈와 소금, 후추를 넣어 간을 맞춘다.

요리 완성하기

재료(2인분): 쿨루르죠네스 7개, 버터 20g, 파지올리 푸레 100g, 파마산치즈 30g

장식: 선드라이 토마토 1개, 리코타 치즈 20g(P.187), 튀긴 프로쉬토 1장, 삶은 강낭콩 5알, 처빌 2줄기, 올리브 유 약간

만드는 방법

1. 팬에 녹인 버터, 면 물, 삶은 쿨루르죠네스와 파마산 치즈로 볶는다.
2. 다른 팬에 강낭콩 소스를 데우고 접시에 먼저 강낭콩소스를 깔고 위에 볶은 라비올리를 올리고 처빌, 선드라이 토마토, 올리브 유, 리코타치즈와 튀긴 프로쉬토를 뿌려 마무리한다.

Ditali(디탈리), Ditalini(디탈리니)

작은 튜브 형태의 건파스타로 '작은 골무'라는 뜻을 가지고 있으며, 손가락을 뜻하는 '디타 (Dita)'에서 유래되었다. 투베티니(Tubettini)'라고도 불리며, 파스타 회사인 바릴라(Barilla)에서 생산되며 작은 튜브 모양 건면으로 수프 요리에 자주 사용한다. 남부 풀리아 지역에서 처음으로 만들어졌고 대량생산이 되어 시칠리아의 여러 요리에도 사용되고 있다. 디탈리니는 디탈리 보다 작은 모양을 뜻한다.

지름 6㎜, 길이: 7㎜, 두께: 1㎜

Fagottini(파고티니)

파고티니는 '작은 꾸러미'라는 의미를 가지고 있는 소 채운 파스타로, 삶은 당근, 완두콩 등과 같은 채소나 고기류 그리고 리코타치즈를 넣어 만든다. 강력

분에 달걀과 소금을 넣어 만든 반죽을 얇게 밀어 소를 채워 보자기 모양으로 만든다. 혹은 착색 물과 무늬 면을 만들어 사용해도 좋다. 파고티니를 '사케토니(Sachettoni)'라고도 부른다.

Fagottini ai Gamberi(파고티니 아이 감베리: 새우 살을 넣은 파고티니)

새우 파고티니 만들기

재료(1인분): 샤프란 반죽 100g(p.113)

파고티니 소: 왕 새우(15미) 2마리, 으깬 마늘 2쪽, 올리브 오일 20g, 양파 찹 40g, 이태리 파슬리 찹 5g, 방울토마토 4개, 화이트 와인 20㎖, 파마산 치즈 20g, 소금, 후추 약간씩

소 만들기

1. 새우는 머리를 떼고 껍질을 모두 벗기고 살을 갈라 내장을 제거하여 다진다.

2. 팬에 다진 양파와 마늘을 넣어 볶은 후, 한 마리 분량의 다진 새우 살을 볶고 와인을 넣어 날리고 방울토마토를 넣어 더 볶아 준다.

3. 볶은 새우 살과 나머지 다진 새우 살, 파마산 치즈, 이태리 파슬리를 볼에 넣어 핸드 블렌더에 갈아 준다.

4. 샤프란 반죽은 얇은 스폴리아(Sfoglia) 형태로 7x7㎝ 크기로 자른 후, 소를 중앙에 놓고 모서리를 감싸듯이 성형을 한 다음, 실온에 1시간 정도 건조시킨 후 사용한다.

Tip 파고티니 면은 얇어야 성형하기 쉽고 봉합하기 쉽다. 성형은 자연스럽게 보자기 싸듯이 만들면 되고, 마지막 봉합은 반죽이 모이는 부분에 물을 약간 칠해서 꾹 눌러 떨어지지 않도록 한다.

Fagottini ai Gamberi con Fegato di Oca e Tartufo nero
(파고티니 아이 감베리 콘 페가토 디 오카 에 타르투포 네로: 송로버섯과 거위간 소스를 곁들인 새우 파고티니)

재료(1인분): 파고티니 10개, 거위간 다이스 20g, 버터 10g, 송로버섯 참 5g, 파마산 치즈 가루 10g, 소금, 후추 약간씩

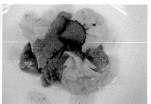

장식: 처빌 한 줄기, 송로버섯 슬라이스 약간

만드는 방법

1. 팬에 거위 간을 넣어 약한 온도에서 녹인다. 거위 간의 기름이 지나치게 많으면 덜어내고 다진 소량의 송로 버섯과 면 물, 삶은 파고티니 면을 넣어 볶는다.
2. 마지막에 불을 끄고 버터 한 조각과 파마산 치즈로 가루로 맛을 낸다.
3. 접시에 담고 처빌과 송로버섯 슬라이스를 올린다.

Tip 이탈리아 요리나 파스타에 닭이나 거위 간을 사용하는 레시피도 종종 등장한다. 송로버섯과 올리브 유를 넣어 곱게 갈아 송로버섯 페스토를 만들어 사용하면 더욱 잘 어울린다.

● **음악가의 파스타**

엔리코 카루소(Enrico Caruso, 1873년 2월 25일 ~ 1921년 8월 2일)는 이탈리아의 테너 가수이다. 그는 나폴리에서 출생하였으며, 1891년부터 롬바르디아에서 성

악을 배운 그는 1894년 카제르타에서 파우스트를 노래하며 데뷔하였다. 1902년 모나코의 몬테카를로에서 푸치니 작곡의 《라보엠》을 소프라노 가수 멜바와 함께 공연하여 성공적인 무대를 만들면서 일약 스타덤에 오르게 됐다. 이듬해 미국으로 건너가 뉴욕의 메트로폴리탄 오페라 하우스에서 《리골레토》를 공연하여 전 세계적인 테너가수임을 입증하게 되었다. 그런데 이런 그가 생전에 즐겨 먹었던 음식이 있었다고 한다.

'스파게티 알라 카르소(Spaghetti alla Caruso)'라고 하면 그가 좋아했던 재료로 만든 파스타 소스를 의미하는데, 그는 특히 닭 간을 좋아했고 닭 간, 버섯, 산 마르차노(San Marzano) 토마토, 양파, 마늘 등을 넣어 만든 소스를 곁들인 파스타를 즐겼다고 한다. 그가 죽고 난 후, 이 같은 소스를 '카루소 스타일'이라고 하여 스파게티뿐만 아니라, 이탈리아 요리에 접목하여 사용하고 있다.

Fagottini Quattro(파고티니 콰트로)

파코티니 콰트로도 '보자기 모양' 라비올리라고 부른다. 만드는 사람에 따라 모양도 다양하게 만들 수 있는데, 사각형으로 자른 스폴리아(Sfoglia) 위에 소를 올리고 4개의 꼭지를 붙여서 만들 수 있는 라비올리이다. 우리나라의 마치 편수 모양을 하고 있고 스폴리아 면도 얇아야 하며 4개의 꼭지점을 한 번에 봉합하는 것이 모양이 예쁘다.

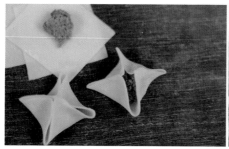

Farfalle (파르팔레), Farfalloni(파르팔로니), Farfalline(팔르팔리네)

 '나비 모양' 혹은 '나비 넥타이' 파스타라고 불리며, 파르팔레 프레스카(Farfalle fresca) 생면은 탈리아파스타(Tagliapasta)를 이용해 직사각형으로 자른 면에 주름을 내 듯 접어 가운데 꾹 누르고 양쪽을 펼치며 만들어 낸다. 봉합된 부분이 쉽게 익지 않아 알덴데(al Dente) 느낌이 날 수 있으며, 샐러드에도 많이 사용되는 파스타이 다. 연질밀가루와 달걀로 만든 면 외에도 세몰라를 이용해서 만든 면도 있는데, 건면으로도 한 가지 색이 아닌 여러 색으로도 착색이 되어 판매되고 있다. 파르팔

| 파르팔레 콜로란테 | 파르팔리네 | 생면 파르팔레 |

레보다 큰 면은 '파르팔로니(Farfalloni)', 작은 면은 '파르팔리네(Farfalline)'라 부른다. 그리고 아주 작은 파스티네 형태의 수프용 파스타도 있다.

　길이: 39㎜, 너비: 27.5㎜

생파르팔레 만들기

　작품용으로 만드는 경우가 많으며 삶아서 요리하면 착색 물들이 조금씩 빠지는 단점도 있다.

재료: 시금치 면 100g(P.104), 비트 면 100g(P.107), 흰자 면 100g(P.95)

조리도구: 탈리아 파스타(Taglia pasta), 파스타 기계, 밀 방망이

만드는 방법(착색 무늬면 p.115)

1. 3가지 반죽을 50g씩 나눠 놓고 직사각형으로 두툼하게 만들어 둔다.

2. 색이 겹치지 않게 달걀 물을 발라 붙인다. 3가지 색을 순서대로 비트 면, 흰자 면, 시금치 면 순으로 반복하여 붙인다.

3. 붙인 반죽은 세로로 두께 3㎝ 간격으로 잘라 파스타 기계에 스폴리아(Sfoglia)

형태로 뽑아낸다.

4. 탈리아 파스타를 이용해서 약 5x7㎝ 크기로 자른다.

5. 자른 반죽은 부채 모양으로 접고 가운데 부분은 이쑤시개를 이용해 눌러 준 후
   양쪽을 펴 준다.

6. 세몰라 가루를 뿌려 1시간 정도 실온 건조를 시킨 후 사용한다.

Insalata di Farfalle(인살라타 디 파르팔레: 파르팔레 샐러드)

재료(1인분): 건면 파르팔레 30g, 로메인 상추 ½ 포기, 모차렐라 다이스 ½개,
삶은 달걀 ½개, 방울토마토 2개, 참치 살 50g, 안초비 1쪽, 파마산 치즈 슬라이
스 20g, 이태리 파슬리 2줄기, 바질 페스토 5g(P.172), 시저 드레싱 50㎖(p.194)

만드는 방법

1. 달걀은 삶아서 웻지 모양으로 자른다. 참치 살은 소금과 후추 그리고 다진 이
   태리 파슬리를 뿌려서 앞뒤로 굽는데, ⅓ 정도 익지 않은 상태로 구워 놓는다.

2. 파르팔레는 12분 정도 삶아 식힌 후 바질 페스토를 섞는다.

3. 로메인은 5㎝ 간격으로 잘라 시저 드레싱을 묻혀 접시에 담고 파르팔레, 방울 토마토, 안초비, 구운 참치, 모차렐라 치즈, 파마산 치즈 슬라이스, 삶은 달걀 등을 올려 마무리한다.

Tip 로메인 상추를 자르지 않고 포기 상태에 시저 드레싱을 발라서 접시에 담아 가니쉬(Garnish) 등을 올려 제공하는 것도 운치 있다. 손님들에게는 포크와 나이프를 세팅하여 직접 자를 수 있는 기회를 주는 것도 좋다.

Fascine(파쉬네)

파쉬네는 작은 원통형의 스틱을 묶어 놓은 형태를 의미하며, 묶어 놓은 장작 더미와 같은 모양을 하고 있는 파스타로 삶은 생면에 소를 채워 돌돌 말은 창작 파스타를 가리킨다.

Fascine al Tonno(파쉬네 알 톤노: 참치살을 넣은 파쉬네)

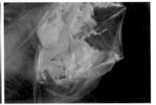

참치살을 넣은 파쉬네 만들기

재료(1인분): 근대 면 30g(p.106), 먹물 면 30g(P.110), 샤프란 면 30g(P.113), 참치 살 슬라이스 100g, 마늘 1쪽, 올리브유 20㎖, 로즈마리 2줄기, 화이트 와인 20㎖, 마스카르포네 치즈 50g, 생크림 20g, 레몬 즙 5g, 파마산치즈 20g, 이태리 파세리 찹 약간, 바질 슬라이스 2장, 소금, 후추 약간씩

만드는 방법(착색 무늬면 만들기 참고)

1. 3종류의 얇은 면은 삶아서 물기를 제거해 놓는다.

2. 팬에 올리브유를 두르고 으깬 마늘, 다진 참치 살과 로즈마리 등을 넣어 볶는다. 와인을 넣고 참치 살을 익힌 후 푸드 프로세서에 크림치즈와 같이 갈면서 바질, 파슬리, 생크림, 레몬즙과 파마산치즈를 넣어 농도와 간을 조절한다.

3. 삶은 면 위에 소량의 소를 채워 돌돌 말아 준다. 마치 장작을 쌓아둔 모양처럼 각각 두 가지 색을 번갈아 묶는다.

Fascine al Tonno con Salsa di Pomodoro
(파쉬네 알 톤노 콘 살사 디 폼모도로: 토마토 소스를 곁들인 참치 살 파쉬네)

재료(1인분): 파쉬네 2묶음, 구운 가지 한 장, 토마토 소스 50g, (P.170) 프레시 모차렐라 치즈 50g

장식: 베이비 믹스 야채 약간

만드는 방법(착색 무늬면 만들기 참고)

1. 준비된 파쉬네 파스타를 구운 가지를 잘라 묶어주고 150도 오븐에서 2-3분 정도 데운다.

2. 데운 토마토소스를 준비된 접시에 깔고 따뜻한 파쉬네와 모차렐라 치즈, 베이비 야채를 올려 마무리한다.

 Tip 토마토 소스를 갈아 체에 내려 사용하는 것도 부드러운 식감을 내는 데 좋다.

● 건파스타의 고장 남부 이탈리아

파스타의 도시 그라냐노(Gragnano)를 아시나요?

이탈리아 남부 나폴리와 폼페이 근처에 있는 자그마한 도시 '그라냐노'는 전 세계적으로 파스타만으로 명성이 높은 지역으로, 오래전부터 파스타를 만들어 왔다. 멀리는 베수비오 화산이 보이며, 나폴리 중앙역에서 버스로 50분 정도 걸려 도착할 수 있는 곳으로 산속의 작은 마을에 위치하고 있다. 이곳은 500년 역사의 파스타 전통을 이어 오고 있는 곳이다. 계곡에서 내려오는 깨끗한 물과 풀리아 지역에서 생산된 질 좋은 세몰라를 이용해 1400년도부터 수작업으로 파스타를 만들기 시작했다. 지중해에서 불어오는 해풍으로 서서히 건조시켜 질 좋은 건파스타를 만들어 왔다. 성업을 했던 시기에는 파스타 제조사가 무려 100여 개가 있을 정도로 파스타 제조사와 일을 찾는 노동자들이 이곳으로 몰려들었다. 남부 지방에 처음으로 그라냐노 역이 생기면서 질 좋고 대량 생산된 파스타를 이태리 전역과 스페인을 비롯한 유럽 전역으로 수출하기도 했다.

그라냐노 역

　하지만 대량 생산 기계를 갖추지 못한 공장과 1980년대 그라냐노의 대지진으로 인해 많은 대부분 파스타 공장들이 문을 닫고 위기를 맞게 되었다. 지금은 수작업으로 하는 공장들은 찾아보기 힘들며, 대량생산체제를 갖춘 건파스타 공장들이 대를 이어 가고 있다. 또한, 그라냐노 역은 역으로서 역할을 하지 못한 채 가정집으로 사용되는 장소로 전락하고 말했다. 내가 찾은 2월에는 카니발 축제 장소로서 역할을 할 뿐이었다. 그라냐노의 '아이들을 위한 카니발 축제'가 여러 해 동안 전통으로 이어져 왔으며, 이날 아이들이 파스타 도시답게 갖가지 파스타 면을 이용해 분장하는 모습도 이색적이었다.

　오늘날까지 그라냐노의 파스타 공장들은 질 좋은 파스타를 꾸준하게 만들어 오고 있는데, 20여 개의 크고 작은 생산업체들이 아직까지도 전통을 이어 오고 있다. 그라냐노의 메인 거리인 비아 로마(Via Roma)에서는 오래전 수작업으로 만들어서 파스타를 건조했던 곳이며, 지금은 파스타 축제가 열리는 메인 행사장소로 사용하고 있을 정도로 역사적인 가치가 있다고 한다.

　그라냐노의 한 공장인 파스티피쵸 파엘라(Pastificio Faella)를 찾았다. 반갑게 맞아주는 파엘라의 홍보담당 라파엘씨에게 한 가지 질문을 던졌다. "그라냐노의 파스타 성공의 비결은 뭘까요?" 그러자 그는 이렇게 대답을 한다.

"자신들의 파스타 맛의 비결은 자연적인 조건과 열정에서 나온다. 계곡에서 나오는 질 좋은 물로 만든 파스타, 건조에 좋은 산속의 바람과 온도 물론, 지금은 공장에서 만들지만 대를 이어 온 전통적인 방식을 고집하는 장인정신, 풀리아(Puglia) 주를 비롯한 유럽 전 지역에서 수입해 온 질 좋은 세몰라에 있다. 더불어 파스타 도시라는 브랜드 마케팅이 더해져 성공 요인이 된 거라 말했다." 그리고 파스타의 자랑을 한 가지 더 덧붙였는데, "동으로 만든 다이스만을 사용하여 풍

비아 로마(VIA ROMA)

부한 식감과 맛을 고려한 파스타라고 했다.” 그라냐노의 파스타는 2013년에 유럽에서는 처음으로 지역 보호 재산인 이지피(I.G.P) 마크를 획득했고, 그라냐노의 파스타는 현재 전 세계적으로 뻗어나가 세계인들의 입맛을 책임지고 있다.

파스티피쵸 파엘라

Fazzoletti(파촐레티), Fazzoletti ripieni(파촐레티 리피에니)

스폴리아(Sfoglia)를 얇게 밀어 만든 파스타로 '손수건'이라는 의미를 가지고 있으며, '파촐레티 디 세타(Fazzoletti di Seta: 실크 손수건)'라고도 불린다. 삶았을 때 투명하게 보일 정도로 얇게 밀어야 하며, 특히 북부 지방인 리구리아에서 주로 먹는다. 밀가루에 달걀을 넣어 만들기도 하지만, 밀가루에 화이트 와인을 넣어 반죽하는 것이 이색적이다. 얇게 밀어 쫄깃하고 탄력이 있으며 질감도 부드럽다. 제노바의 '호두소스'와 '바질 페스토'와 잘 어울린다. 삶는 시간이 짧아 면에 소스를 묻히는 시간이 없기 때문에 퍼지는 것에 주의해야 한다. 길이 125㎜, 너비 177㎜, 두께 0.5㎜이다. 파촐레티 면에 소를 채워 삼각형으로 접으면 '파촐레티 리피에니'가 된다.

Fettuce(페투체)

편편한 리본 모양의 건파스타로 길이는 25㎝ 정도 되며, 페투치네(Fettucine)보다 폭이 넓은 파스타로 중부와 남부 이태리에서 주로 찾아볼 수 있다. 페투챠(Fetuccia)의 복수 형태로, 파스타 제조 회사인 가로팔로(Garofalo)에서 판매되는 건파스타다.

Fettuccine(페투치네)

페투치네는 탈리아텔레와 유사하지만, 면밀히 말하자면 페투치네가 탈리아텔레보다 폭이 2-3㎜넓고 두께도 약간 굵다. '아페타레 (Affettare: 슬라이스하다)'라는 단어에서 나온 말로, 페투치네는 밀가루와 달걀로 만든 로마의 파스타이며 탈리아텔레는 볼로냐의 대표적인 파스타다. 건면으로도 판매가 되지만, 생면으로 만들어 쉽게 사용할 수 있다. 이 파스타는 전통적으로 크림소스인 알프레도 소스에 잘 어울린다. 로마 시내의 한 레스토랑

에서 오래전 탄생한 파스타로, 전 세계적인 파스타 메뉴가 되었다.

길이: 250㎜, 두께: 1㎜

생면 페투치네 만들기

재료: 강력분 100g, 노른자 3개, 물 10g, 올리브유 5g, 물 3g

만드는 방법

1. 재료를 반죽한 후 글루텐이 잡히도록 10분 정도 치댄다. 냉장고에 1시간 정도 휴직을 준 후 20㎝ 크기의 스폴리아(Sfoglia) 형태로 만든다.

2. 페투치니 몰드를 끼워 제단한 후, 세몰라 가루를 뿌려 실온에 건조시켜 사용한다.

3. 나중에 사용할 때는 급냉동시켜 사용할 수 있다.

Fettucine con Pesto di Olive, Crema e Orecchi di Mare
(페투치네 콘 페스토 디 올리베, 크레마 에 오레키 디 마레: 올리브 페스토와 전복을 넣은 크림 소스 페투치네)

재료(1인분): 생면 페투치네 80, 활전복 1마리, 으깬 마늘 1쪽, 브로콜리 30g, 화이트 와인 10㎖, 양파 찹10g, 버터 10g, 올리브유 5g, 생크림 200㎖, 파마산

치즈가루 5g,

올리브 페스토: 블랙 올리브 50g, 올리브오일 70g, 안초비 ½마리, 이태리 파슬리 2줄기, 파마산 치즈 가루 10g, 으깬 마늘 ½쪽, 소금 약간

장식: 선드라이 토마토 1개, 처빌 1줄기

만드는 방법

1. 올리브 페스토 재료를 넣어 핸드블렌더로 곱게 갈아둔다.

2. 전복은 껍질에서 살을 분리하고 내장을 떼어내어 전복 살은 솔로 손질하여 한 입 크기로 슬라이스 한다.

3. 팬에 올리브유를 두르고 슬라이스 한 전복을 넣어 볶다가 양파와 버터 그리고 와인을 넣은 후, 생크림을 넣어 졸인다.

4. 페투치네 면과 데친 브로콜리를 넣고 팬을 불에서 뗀 후 올리브 페스토를 넣어 혼합한다. 기호에 따라 파마산 치즈를 넣어 간을 더 맞춘다.

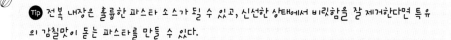

Tip 전복 내장은 훌륭한 파스타 소스가 될 수 있고, 신선한 상태에서 비릿함을 잘 제거한다면 특유의 감칠맛이 도는 파스타를 만들 수 있다.

● 알프레도 파스타의 원조는?

리스토란테 알프레도 알라 스크로파(Ristorante Alfreddo alla Scrofa)

로마 시내 판테온(Pantheon) 근처에 위치한 알프레도 알라 스크로파 레스토랑이 있다. 식당 주인인 '알프레도 디 릴레오'의 이름과 식당이 위치한 거리 이름인 '스크로파'을 따서 만든 것으로, 1914년 이곳 레스토랑에서 처음 만들어 낸 파스타인 페투치네 알 트리플로 부로(Fettucine al Triplo Burro)는 알프레도 부인이 만들어 낸 레시피였다고 한다. 그 당시 임신한 그녀가 아이가 건강하고 튼튼하게 나오기를 바라며 버터를 많이 사용하여 먹었다고 한다. 이 파스타에는 많은 양의 버터가 들어가는데, 두 번에 나눠서 면을 볶는다. 주방에서 요리사가 팬에서 한 번, 홀에 가져와 웨이터가 손님 앞에서 접시에 담아 한번 더 버터와 넉넉한 치즈를 넣어 비벼 주면서 만들어 낸다.

내가 찾은 2월의 어느 날, 점심시간이 시작된 12시부터 이미 손님들이 자리를 많이 차지하고 있었는데, 실내에는 이미 방문한 유명인사들의 사진이 빼곡하게 걸려 있고, 미리 도착한 손님들은 알프레도 소스를 곁들인 페투치네 파스타를 즐기고 있었다. 파스타를 주문하고 20여 분이 지나고 나서야 내 테이블 옆의 간이 테이블에 파스타가 놓여졌다.

　웨이터는 간이 테이블 위에 있는 파스타에 넉넉한 파마산 치즈와 버터로 한참 동안 아말가마레(Amalgamare: 잘 섞어주다)를 해 준다. 웨이터는 빨리 먹어야 한다며 부연 설명을 하고는 사라졌는데, 나의 파스타는 얇고 끊어지고 퍼져서 이미 먹을 수가 없었다. 웨이터 말에 의하면 "얇고 퍼진 질감의 파스타는 우리 레스토랑 스타일"이라고 한다. 나는 황당한 파스타라고 투정을 했지만 그들은 나의 불평을 받아주지 않았다.

　이 레스토랑의 페투치네의 면은 너무나 얇아서 일반인들이 먹기에 식감이 부

족한 듯싶다. 첫 메뉴를 개발한 임산부의 의도인 만큼 소화가 잘되도록 만들어진 파스타였다. 물론, 이곳의 알프레도 소스에는 생크림이 전혀 들어가 있진 않았다.

현재의 알프레도 소스는 크림과 치즈가 기본 소스인데, 알프레도 파스타의 원조인 이곳은 그렇지 않았다. 이곳의 알프레도 레스토랑은 버젓이 해외 레스토랑 지점까지 내줬고 알프레도 페투치니를 최초로 개발한 레스토랑임을 상업적인 전략으로 활용하고 있다.

Fileja Calabrese(필레야 칼라브레제)

길쭉하게 자른 반죽을 가는 철사 봉으로 굴려서 만든 긴 생파스타의 하나이다. 생푸질리 파스타와 비슷하나, 길이가 더욱 길고 여러 번 말린 것이 아니라 두세 번 길쭉하게 말려 있는 것이 특징이다. 세몰라, 물과 소금으로 만든 생파스타로 칼라브리아 지역의 전통 파스타이며, 현재에는 건면으로 만들어져 있고 여러 가지 착색을 하여 만들어 유통되고 있다.

필레야 칼라브레제 만들기

재료(1인분): 세몰라 100g, 미지근한 물 50g, 소금 3g, 올리브유 10g

조리도구: 원통형 나무 젓가락

만드는 방법

1. 세몰라, 미지근한 물, 소금, 올리브유를 넣어 반죽을 한다.

2. 10여 분 정도 치댄 후 냉장고에 1시간 정도 휴직을 한다.

3. 반죽을 담배 모양의 두께로 밀어 준다.

4. 원통형의 젓가락 모양을 6-7㎝ 간격으로 자른 후, 면을 돌돌 말아 도마 위나 나무 판 위에 비벼 모양을 잡는다.

5. 파스타 모양이 잡히도록 세몰라 가루를 뿌려 겉을 건조한다.

 Tip 올리브유는 부드러움과 풍미를 주기 위해 넣지만, 굳이 넣지 않아도 된다.

Fileja Calabrese con Mare e Zafferano(필레야 칼라브레제 콘 마레 에 차페라노: 해산물과 샤프란으로 맛을 낸 필레야 칼라브레제)

재료(1인분): 필레야 80g, 으깬 마늘 2쪽, 올리브유 20g, 모시조개 6개, 냉동관자 2개, 새우(중하) 2마리, 방울토마토 3개, 화이트 와인 2㎖, 루콜라 5줄기, 샤프란 약간

장식: 처빌 2줄기

만드는 방법

1. 팬에 올리브유를 두르고 으깬 마늘을 넣어 마늘 향을 낸 후 조개와 관자, 껍질 벗긴 새우 순으로 볶은 후 화이트 와인으로 맛을 낸다. 해물 맛이 약하다면 조개 육수를 조금 더 넣어 맛을 낼 수 있다.

2. 새물을 자작하게 넣은 후 샤프란을 넣어 향과 색을 낸 다음, 삶은 필레하 면을 넣고 마지막에 방울토마토와 루콜라를 넣어 볶은 후 접시에 담아낸다. 처빌로 장식을 해서 제공한다.

Filindeu(필린데우)

사르데냐의 직물 모양의 파스타로, 세몰라 반죽을 자장면 굵기로 여러 번 가늘 게 늘려 체반 위에 촘촘히 가로 세로 겹치고 붙여서 햇볕에 말려 박편으로 잘라 만든 파스타이다. 주로 수프 등에 넣어 먹을 수 있는 생파스타다. 특히 양고기 육수와 사르데냐산 페코리노 치즈와 같이 끓인 수프를 최고로 친다.

Filini(필리니)

얇고 작은 파스타 가닥으로 수프나 파스타에 사용하는 건파스타이며, 피데우아(Fideua)와 비슷하나 이것보다는 작다.

Fiori(피오리)

'꽃'이라는 의미의 건파스타로, 로텔로(Rotello)와 유사하다.

Foglie d'Uliva(폴리에 둘리바)

세몰라로 만든 건파스타로, '울리바'는 '올리브'를 뜻하는 방언으로 파스타의 모양은 '올리브 잎'과 유사하다. 건면으로 판매되고 있지만 세몰라와 물로 반죽하여 스트라쉬나티(Strascinati) 형태로 올리브 잎 모양으로 만들어 사용할 수 있다.

Foglie d'Uliva con Tonno
(폴리에 둘리바 콘 톤노: 참치 살을 곁들인 폴리에 둘리바)

재료: 폴리에 둘리바 80g, 으깬 마늘 2개, 올리브유 20g, 보라색 양파 슬라이스 20g, 다진 참치살 80g, 화이트 와인 10㎖, 드라이 오레가노 2g, 초록색 올리브 3개(씨를 제거한 슬라이스), 방울토마토 6개, 파마산치즈 가루 10g, 루콜라 10g, 소금, 후추 약간씩

만드는 방법

1. 팬에 올리브유를 두르고 으깬 마늘을 넣어 향을 낸 다음, 다진 참치 살을 넣어 볶은 후, 오레가노를 센 불에서 볶고 화이트 와인을 넣는다.
2. 와인이 날아가면, 슬라이스 양파를 넣어 볶는다.
3. 삶은 면과 2등분한 방울토마토와 슬라이스 올리브를 넣어 넉넉하게 볶아 준다.
4. 마지막에 루콜라와 파마산 치즈를 넣어 맛을 낸다.

Tip 드라이 오레가노는 센 불에서 볶아야 향이 잘 일어나고 참치의 비릿함을 제거하는 데 도움을 줄 수 있으며 캔 참치를 사용해도 좋다.

Francesine(프란체시네)

프란체시네는 '나비 넥타이' 파스타로 파르팔레(Farfalle)와 유사하나, 넥타이 모양과 달리 끝이 둥근 모양을 하고 있어 '파르팔레 톤다(Farfalle Tonda)'라고도 불린다. 건면으로도 쉽게 구입이 가능하지만, 생면으로 착색하여 만들 수도 있다.

프란체시네 만들기

재료(1인분): 시금치 반죽 50g(p.104), 노른자 반죽 50g(p.96)

덧 밀가루: 세몰라 50g

조리도구: 파스타 기계, 원형 몰드

만드는 방법

1. 파스타 기계를 이용해서 얇은 스폴리아(Sfoglia) 형태의 파스타를 만든다.

2. 원형 몰드를 이용해서 둥근 면을 찍어낸다.

3. 둥근 면의 가운데를 기준으로 위 아래를 두 번씩 접어 가운데 부분을 눌러둔다.

4. 세몰라 가루를 뿌려 건조를 시킨다. 실온에 1시간 이상 건조시킨 후 사용한다.

Francesine con Crema e Gamberi
(프란체시네 콘 크레마 에 감베리: 새우 감자 크림소스를 곁들인 프란체시네)

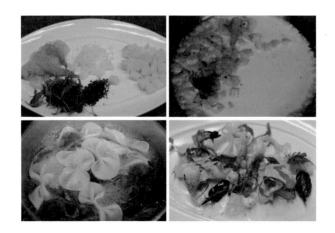

재료: 생프란체시네 80g, 버터 20g, 양파 찹 10g, 새우 3마리(중하: 머리, 꼬리
와 껍질을 제거한 것), 이탈리안 파슬리 찹 5g, 화이트 와인 10㎖, 생크림 150㎖,
삶은 감자 다이스 70g, 파마산치즈 가루 20g, 소금, 후추 약간씩

장식: 베이비 루콜라 5g, 선드라이 토마토 3개

만드는 방법

1. 팬에 버터와 양파 그리고 새우를 넣어 볶는다. 화이트 와인을 넣어 잡내를 날려 주고 생크림을 넣고 삶은 감자를 넣어 한번 끓인다. 새우는 질겨 지므로 건져내어 마지막 과정에 다시 넣어 맛을 낸다.

2. 삶은 프란체시네를 넣고 파슬리를 넣은 후 소금과 후추로 간을 하고 마지막에 파마산 치즈가루로 맛을 낸다.

3. 접시에 담고 베이비 루콜라와 선 드라이 토마토를 올려 마무리한다.

Tip 삶은 감자와 생크림을 갈아서 크림 형태의 소스를 만들어 사용해도 좋다. 감자 맛이 기본적인 크림 파스타 맛을 잡아주어 맛을 내기 쉬워진다.

Frascatelli(프라스카텔리)

몰리제(Molise), 캄포바쏘(Campobasso)의 전통 파스타로, 세몰라에 물을 넣어 반죽한 작은 알갱이 파스타이다. 불규칙한 구 형태의 덩어리로 완성한 것으로, '프라스카티엘레(Frascatielle)', '프레스케텔리에(Frescheteglie)' 또는 '트리톨리(Tritoli)' 등으로 불린다.

Fregula(프레굴라)

프레굴라 면은 사르데냐의 파스타로 '프레골라(Fregola)'라고도 불리며, 라틴어로

'비비다'를 의미하는 '프리카레(Fricare)'에서 파생한 것으로 세몰라 가루로 만든다.

직경은 2-3㎜ 정도이며 쿠스쿠스(Cous Cous)와 비슷한 모양을 하고 있으나 불규칙적인 구 모양을 하고 있다.

세몰라 가루에 물을 부어 손가락으로 돌려 가며 반죽하면 좁쌀 모양의 형태가 나오는데, 이를 체로 쳐서 가루를 제거하고 작은 구 모양만 모아서 오븐에 말리면 불규칙하게 갈색이 나면서 생면이 만들어진다. 맛이 구수하고 쫄깃한 식감을 주며, 공장에서 만들어 내는 건면도 판매된다.

건면 프레굴라

생면 프레굴라 만들기

재료(1인분): 세몰라 100g, 물 50g, 소금 3g

만드는 방법

1. 볼에 세몰라, 물과 소금을 넣고 손가락으로 비벼서 작은 알갱이 모양의 덩어

리를 만든다.

2. 10분 정도 볼 안에서 돌리면 작은 알갱이와 가루로 나눠진다.

3. 체에 쳐서 가루를 제거하고 알갱이를 100도 미만의 오븐 온도에서 연한 갈색으로 말려서 사용한다.

Fregula con Salsa di Vongole e Abalone(프레굴라 콘 살사 디 봉골레에 아발로네: 조개소스와 구운 전복을 곁들인 프레굴라)

재료(1인분): 건면 프레굴라 80g, 으깬 마늘 2쪽, 올리브유 20㎖, 모시조개 10

개, 활 전복 (10미/kg) 1마리, 화이트 와인 20m, 이태리 파슬리 5줄기, 방울토마토 5개, 버터 10g, 처빌 2잎, 후추 약간, 파마산치즈 20g,

장식: 베이비 믹스 야채 약간

만드는 방법

1. 팬에 올리브유를 두르고 으깬 마늘을 넣어 향을 뺀 후 모시조개를 넣어 볶는다.
2. 뚜껑을 잠시 덮어 두었다가 조개의 입이 열리면 전복과 화이트 와인 그리고 이태리 파슬리를 넣어 와인이 향이 날아갈 때까지 조린다.
3. 조개에 찬물을 넣고 뭉근한 불에서 끓인 후 조갯살을 발라내고 방울토마토를 넣는다.
4. 삶은 프레굴라를 넣어 볶다가 마지막에 다진 처빌, 버터와 파마산 치즈를 넣어 맛을 낸다.
5. 다른 팬에 올리브유를 두르고 손질하여 칼집을 낸 전복과 내장을 넣어 앞뒤로 노릇하게 굽고 화이트 와인과 후추를 뿌려 구워낸다.
6. 접시에 프레굴라를 담고 위에 구운 전복을 올리고 베이비 믹스 야채 순을 올려 마무리한다.

Fresine(프레시네)

세몰라와 물로 만든 건면으로, 페투첼레와 탈리아텔레의 중간 정도의 폭 0.5㎝ 정도 하는 파스타다. 1912년 파스티피쵸 디 마르티노(Pastificio di Martino)의 제조사에서 만들기 시작하였으며, 풀리아의 질 좋은 듀럼 밀과 그라냐노(Gragnano)의 칼슘이 함유된 질 좋은 물로 만들어진다. 그들의 오랜 전통과 현대 기술의 조화로 질 좋은 파스타를 만들어 낸 파스타의 한 종류다.

Fusi Istriana(푸시 이스트리아나)

강력분과 달걀을 넣어 만든 반죽을 자그마한 삼각형 모양으로 만든 파스타로, 가끔 돼지 피를 넣어 갈색으로 만들기도 한다. 삼각형으로 자른 반죽을 모서리를 모아 눌러 만든 프리울리−베네치아 줄리아 주의 이스트리아(Istria) 도시의 전통 파스타이다.

푸시 이스트리아나 만들기

재료(1인분): 시금치 면 50g(p.102), 흰자 면 50g(p.95), 세몰라 약간

기구: 파스타 기구, 쇠 젓가락

만드는 방법

1. 시금치 면과 흰자 면을 겹쳐서 붙인 후, 측면을 잘라서 자르면 색이 교차가 된다.

2. 면을 파스타 기구에 넣어 내린 후 스폴리아 형태를 삼각형 모양으로 자른다.

3. 자른 면 세 꼭지를 붙이는데, 젓가락을 중앙에 넣어 면이 잘 붙도록 눌러 준 후 세몰라 가루를 뿌려 실온에 2시간 정도 말려서 사용한다.

Fusilli(푸질리)

푸질리는 '회전축'이라는 뜻을 가진 건파스타로, 3중으로 꼬인 나선형 모양을 하고 있어 소스에 잘 묻고 쫄깃한 식감을 주는 파스타이다. 세몰라로 만든 파스타 외에 3가지 색을 넣어 만든 착색 면도 있으며, 작은 푸질리도 있고 기계로 만든 생 푸질리 면도 있다.

길이: 3㎝, 너비: 7.5㎜

건면 푸질리

Fusili fatti a Mano(푸질리 파티 아 마노: 핸드메이드 푸질리)

손으로 만든 푸질리 면으로, 전화선처럼 속이 빈 부지아티(Busiati)처럼 만들 수 있으며 보통 세몰라 반죽을 이용해서 만들 수 있다. 약 7㎝ 간격의 담배 모양으로 잘라서 페레토(Ferreto)라고 하는 철사로 반죽을 굴려 가면서 속이 텅 빈 형태로 만들며, 최소한 30분 정도 실온에 말려서 삶아야 소스와 버무려도 모양이 풀리지 않는다. 페스토소스나 진한 미트소스 그리고 토마토소스와도 잘 어울린다.

푸질리 파티 아 마노 만들기

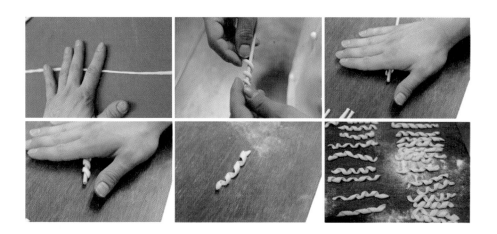

재료(1인분): 세몰라 100g, 미지근한 물 50g, 소금 2g, 올리브유 5g

조리기구: 나무 젓가락, 또는 가는 철로 된 봉

만드는 방법

1. 재료를 반죽을 한 후 10여 분간 치댄다. 치댄 후 냉장고에 1시간 동안 휴직을 시킨다.

2. 반죽을 가는 담배 모양으로 길게 늘린 후 10㎝ 간격으로 잘라 원통형 젓가락에 감아서 손바닥으로 밀어 준다.

3. 밀어진 면에서 조심스럽게 젓가락에서 뺀 후 세몰라 가루를 뿌려 겉이 건조되면 삶아서 사용한다.

Fusili fatti a Mano con Funghi e Salsiccia
(푸질리 파티 아 마노 콘 풍기 에 살시챠: 소시지와 버섯으로 맛을 낸 푸질리)

재료(1인분): 생 푸질리 80g, 으깬 마늘 2쪽, 표고버섯 슬라이스 1개, 새송이버섯 슬라이스 1/2개, 이태리 소시지 60g(p.198), 다진 이태리 파세리 2g, 화이트 와인 20㎖, 파마산 치즈 30g, 소금, 후추 약간

장식: 처빌 1줄기

만드는 방법

1. 팬에 올리브유를 두르고 마늘을 넣어 향을 뺀 후 이태리 소시지를 넣어 볶다가 버섯을 넣어 볶고 소금, 후추로 간을 해 준다.

2. 와인을 넣고 날린 후 다진 이태리 파슬리와 면물로 소스를 완성한다.

3. 삶은 푸질리 면을 넣어 볶다가 마지막에 파마산 치즈로 간을 하여 마무리한다.

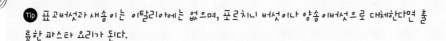

Tip 표고버섯과 새송이는 이탈리아에는 없으며, 포르치니 버섯이나 양송이버섯으로 대체한다면 훌륭한 파스타 요리가 된다.

Fusilli Bucati Lunghi (푸질리 부카티 룽기)

긴 푸질리 면으로, 와인의 코르크 마개를 따는 기구처럼 꼬불꼬불한 형태로 되어 있으며, 이 건파스타는 되직한 소스나 퓨레 형태가 있는 소스 등과 잘 어울리며, 특히 고기를 이용한 라구 등과 잘 어울린다.

길이: 120㎜, 지름: 3.5㎜

Galletti(갈레티)

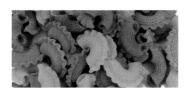

닭 벼슬 모양을 하고 있는 건파스타다. 수평으로 구부러져 있으며, 무겁고 강한 소스와 잘 어울린다.

Garganelli(가르가넬리)

튜브 모양의 파스타로, 에밀리아–로마냐 주의 '가르가넬(Garganel)'이라고 하는 '식도'라는 뜻에서 유래되었고, 닭의 목 부분이 끝나는 데 붙어 있는 원통 뼈의 모양을 본떠 만들어진 파스타이다. 밀가루 반죽을 얇게 밀어 3㎝ 크기의 정사각형으로 잘라 홈이 파인 *페티네(Pettine)판 위에 마름모꼴 형태로 올려 넣고 막대로 말아 면 겉에 홈이 나게 만들어진 파스타이다. 주름진 면은 마치 닭의 식도 모양을 하고 있으며, 소스와 잘 어우러지도록 고안된 파스타이다.

길이: 65㎜, 너비: 14㎜

* 페티네: 가르가넬리 파스타를 만드는 빗 모양의 파스타 기구

가르가넬리 만들기

재료(1인분): 강력분 100g, 노른자 3개, 올리브유 10g, 소금 2g, 샤프란 수술 2g, 물 약간

준비물: 페티네(Pettine), 덧밀가루 용 세몰라 약간

만드는 방법

1. 손으로 반죽을 한 후, 랩으로 싸서 1시간 동안 휴직을 한다.

2. 반죽은 파스타 기계를 이용해서 스폴리아(Sfoflia) 형태로 얇게 밀어 3x3㎝ 정 사각형으로 자른다.

3. 반죽을 페티네 위에 마름모꼴로 올려놓고 막대로 감싸 엄지와 검지 손가락으 로 힘을 주면서 돌려 모양을 만든다.

4. 만든 가르가넬리 면은 실온에 겉이 마르면 사용한다.

Garganelli con Ragú di Anatra
(가르가넬리 콘 라구 디 아나트라: 오리 라구를 곁들인 가르가넬리)

재료(1인분): 생면 가르가넬리 80g, 오리 가슴살 다이스 100g, 올리브유 10㎖, 으깬 마늘 2개, 로즈마리 1줄기, 타임 2줄기, 양파 찹 30g, 당근 찹 20g, 버터 20g, 데친 브로콜레티 찹 50g, 닭 육수 100㎖(p.177), 화이트 와인 20㎖, 파마산 치즈 20g, 소금, 후추 약간씩

장식: 베이비 루콜라 20g

만드는 방법

1. 팬에 올리브 오일을 두르고 으깬 마늘을 넣어 향을 낸 후 로즈마리와 타임을 넣어 튀기면서 향을 낸다.

2. 다진 오리 가슴살을 볶다가 소금, 후추로 간을 하고 다진 양파와 당근도 같이 볶아 준다.

3. 진한 갈색으로 볶아지면 화이트 와인을 넣어 날려 주고 육수와 데친 브로콜레티를 넣어 조리면서 간을 다시 한 번 한다.

4. 삶은 가르가넬리 면을 넣고 잘 볶아 준 후, 불을 줄이고 버터와 파마산치즈를 넣어 최종적으로 간을 맞춘다. 완성된 소스와 면은 서로 어우러져 걸쭉하고 녹진한 상태가 되도록 에멀젼을 해 준다.
5. 접시에 담고 루콜라를 올려 마무리한다.

Gemelli(제멜리)

제멜리는 이태리어로 '쌍둥이'라는 의미를 가지고 있는 건면으로, '유니콘 뿔'이라는 의미도 지니고 있다. 한 가락이 S자로 되어 있어 반대로 다시 꽈배기 모양처럼 돌려 말린 것이다. 제멜리는 카사레체(Casarecce)를 만들면서 탄생한 파스타로, 카사레체는 s자 모양으로 한  겹이 꼬여진 파스타이며, 두 겹으로 꼬아지면 제멜리로 보면 된다. 제멜리는 토마토와 바질이 들어간 파스타 소스와 잘 어울리며, 특히 바질을 이용한 페스토 알라 제노베제(Pesto alla Genovese)와 잘 어울린다. 길이: 42㎜, 너비: 7㎜

Gianduietta(쟌두이에타)

농장의 여러 동물 등의 모양을 본떠 만든 작은 파스타로, 수프나 샐러드용으로 사용된다.

Gigli(질리)

백합 또는 포도 덩굴 모양의 파스타로, 세몰라와 물로만 만든 면이다. 육수

건면 질리

에 넣어 먹거나 라구 소스와 다양한 소스에 이용이 가능한 파스타다. 피렌체를 대표하는 파스타로, 가장자리가 꾸부러진 콘 모양으로 '캄파넬레(Campanelle: 작은 종)'라고도 불리는 건면이다. 여러 가지 색을 넣은 무늬 면으로, 생파스타로도 만들 수 있다.

질리 만들기

재료: 2색 혹은 3색 무늬면 1장(p.115)

준비물: 꽃잎 모양 몰드, 조리용 붓, 덧밀가루용 세몰라, 이쑤시개

만드는 방법

1. 몰드를 이용하여 꽃잎을 찍고 다시 몰드를 굴려서 가장자리 부분을 눌러 준다.

2. 반으로 접어 가운데 꼭지점을 만들고, 접힌 꼭지점을 기준으로 한쪽 방향으로 접으면서 스폴리아 끝 부분을 펼치면서 잎 모양을 만들어 준다.

3. 이쑤시개를 이용해 꽃 밑동을 찔러서 말면 만들기에 훨씬 수월하다.

Gigli secchi con Salsa Crema e Scombro
(질리 세키 콘 살사 크레마 에 스콤브로: 고등어 크림소스를 곁들인 질리)

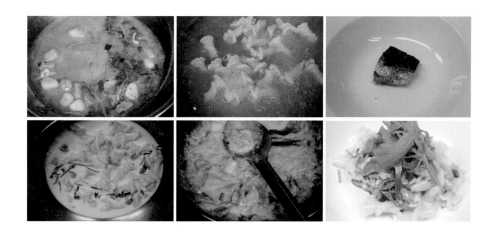

고등어 마리네이드 재료: 가시 제거한 고등어 ½마리, 마늘 슬라이스 1개, 레몬 껍질 슬라이스 ¼개, 올리브유 10㎖, 통 후추 2g, 월계수 잎 1장, 이태리 파슬리 줄기 2, 화이트 와인 10㎖

파스타 소스 재료(1인분): 건면 질리 60g, 올리브유 10㎖, 다진 양파 10g, 구운 고등어 ½분량, 으깬 마늘 2개, 이태리 파슬리 2줄기, 화이트 와인 20㎖, 이태리 고추 2g
장식: 구운 고등어 1/2 분량, 베이비 루콜라

만드는 방법

1. 고등어 마리네이드는 액체와 향신료를 넣어 사용 전 2시간 전에 절임을 해 놓는다.

2. 고등어는 물기를 제거하여 소금, 후추 간을 한 후 팬에 노릇하게 굽는다. 구운 고등어 반 분량은 나중에 데코레이션을 위해 남겨 놓고, 나머지 분량은 소스로 준비한다.

3. 팬에 올리브유를 두르고 마늘을 넣어 향을 낸 후 구운 고등어 반, 다진 양파, 고추 순으로 넣어 볶는다. 생크림을 넣고 이태리 파슬리와 삶은 질리 파스타를 넣어 농도를 조절한다. 마지막에 간을 한 후 접시에 담고, 구운 고등어와 루콜라로 장식하여 마무리한다.

Tip 고등어 파스타는 고등어의 상태가 맛을 좌우하므로 신선한 상태의 고등어를 준비해야 한다. 오일 버전으로 만드는 고등어 파스타는 대파와 고추를 적절하게 사용하면 담백한 맛을 낼 수 있다.

Gnocchetti(뇨케티)

감자로 만들어진 작은 뇨끼를 말하며, 주름이 진 조개 껍질 모양이다. 뇨케티는 무거운 소스와 잘 어울리며, 세몰라로 만들어진 건면으로도 판매된다. 카바텔리(Cavatelli)나 말로레두스(Malloreddus)와 모양이 유사하여 대체하여 사용해도 무방하다.

뇨케티 만들기

재료(1인분): 삶은 감자 60g, 박력분 25g, 파마산 치즈 가루 10g, 넛맥 약간, 소금, 후추 약간, 달걀 물 10g

조리도구: 뇨케티(Gnocchetti) 만드는 기구

만드는 방법

1. 감자는 180도 오븐에서 40분 정도 구운 후 껍질을 벗긴 상태에서 체에 내려 밀가루, 달걀 물, 치즈, 넛맥, 소금을 넣어 반죽한다.

2. 반죽을 오래 치대지 말고 밀가루가 보이지 않을 때까지만 치댄 후, 가래떡 모양으로 만들어 2㎝ 간격으로 잘라 손바닥으로 굴려 동그랗게 만들고, 뇨케티 판에 올려 모양을 만들어 낸다.

3. 달라붙지 않도록 밀가루를 뿌려둔다.

Tip 뇨키보다 작게 만드는 것이 '뇨케티'이며, 오래 치대거나 밀가루 양이 많으면 고무를 씹는 질감이 나올 수 있으므로 밀가루 넣는 양을 가급적 적게 넣도록한다.

Gnocchi (뇨키)

뇨키에는 여러 가지 종류가 있으며, 대중적으로는 삶은 감자에 소량의 밀가루를 넣어 반죽하여 만든 감자 뇨키가 일반적이나 종류는 아래의 표와 같다. 각 지역별로 뇨키 재료는 다양하며 연질밀가루, 경질밀가루인 세몰라 등 다양한 전분질에 양념인 빵가루, 치즈와 달걀 등을 넣어 다양하게 만들어 낸다. 세몰라로 만든 로마식 뇨키, 시금치와 리코타 치즈를 넣어 만든 시금치 뇨키인 말파티(Malfatti), 토스카나와 풀리아의 카바티엘리(Cavatielli) 등도 이색적인 파스타 중에 하나이다. 뇨키는 뇨케티(Gnocchetti)보다 크게 만드는 것을 의미한다. 뇨키는 이탈리아 슈퍼에서 쉽게 찾아볼 수 있는데, 진공 포장된 뇨키는 여러 종류를 쉽게 구입할 수 있다. 대중적인 감자 뇨키는 고르곤졸라 크림소스가 잘 어울린다. 또한 세몰라로 만든 건파스타인 뇨키도 있는데, 이 파스타는 뇨키 모양을 본떠서 만든 속이 빈 모양을 하고 있다.

길이: 15㎜, 너비: 10㎜, 깊이: 7㎜

건면 뇨키   감자 뇨키

*뇨키의 종류 및 만드는 과정

주재료	액체 및 농밀제	양념하기	반죽하기	성형하기	삶기	조리하기
1. Castagna lesse(삶은 밤) 2. Legume lessati(삶은 두류) 3. Pane raffermo (단단해진 빵) 4. Patate lessate (삶은 감자) 5. Ricotta asciutta (마른 리코타) 6. Riso(쌀) 7. Verdure lessate (삶은 채소)	Farina(밀가루) Uova(달걀) *기호에 따라 천연 착색료 사용(ex: 비트 주스, 시금치 주스 등)	허브 및 향신료 첨가 Sale fino (가는 소금)	반죽하는 시간은 전분질이 질겨지지 않도록 단시간	반죽한 뇨키 반죽의 원하는 모양 잡기 (전형적인 뇨키 모양 혹은 구 모양, 커넬 등)	뇨끼 1kg : 끓는 물 5리터, 소금 1.5~ 2%	*Minestra (수프에 넣어 조리) *Condite (중탕으로 섞는 형태) *Saltate (준비된 소스에 첨가하여 볶는 방법)
8. Farina(밀가루) 9. Pane grattugiato (빵가루)	Aqua(물) Latte(우유) Uova(달걀)					
10. Polenta (폴랜타) 11. semolino (세몰리노)				한 번 조리하여 굳혀 원하는 툴로 모양을 잡아 사용	물에 조리하지 않음	*Gratinati (오븐에 넣어 그라탕)
출처: i.c.i.f 본교 교재 참고(2001)						

Gnocchi di Patate(뇨키 디 파타테)

감자 뇨키 만들기

재료(1인분): 삶은 감자 60g, 박력분 25g, 파마산 치즈 가루 10g, 넛맥 약간, 소금 약간, 달걀 물 10g
조리도구: 뇨키(Gnocchi)만드는 기구

만드는 방법

1. 감자는 180도 오븐에서 40분 정도 구워 껍질을 벗긴 후 체에 내려 밀가루, 달걀 물, 치즈 소금을 넣어 반죽을 한다.

2. 반죽을 오래 치대지 말고 밀가루가 보이지 않을 때까지 섞은 후, 가래 떡 모양으로 만들어 3㎝ 간격으로 잘라 손바닥으로 굴려 동그랗게 만들고 뇨키 만드는 기구에 올리고 굴려서 모양을 만들어 낸다.

3. 달라붙지 않도록 밀가루를 뿌려둔다.

> Tip 뇨키는 부드럽게 혹은 쫄깃하게 만드는 두 가지 방법이 있다. 기호에 따라 쫄깃한 파스타 질감을 원한다면 밀가루를 강력분으로 바꾸고 여러 번 치대어 만들어야 한다. 뇨키는 뇨케티보다 크게 만든다.

Gnocchi con Salsa di Melanzane e Gamberi
(뇨키 콘 살사 디 멜란자네 에 감베리, 새우와 가지 소스를 곁들인 뇨키)

가지 소스 만들기

재료(1인분): 올리브유 50㎖, 양파 슬라이스 20g, 베이컨 슬라이스 20g, 가지 슬라이스 ½개, 감자 슬라이스 80g, 소금, 후추 약간, 닭 육수 150㎖(p.177), 파마산 치즈 약간, 버터 20g

만드는 방법

1. 팬에 올리브유를 두르고 채 썬 양파, 베이컨, 가지, 감자를 넣어 볶다가 소금과 후추로 간을 한다.

2. 육수를 넣어 10분 정도 끓인 후, 믹서기에 곱게 갈아 체에 내려 소스펜에 옮겨 마지막에 파마산 치즈와 버터를 넣고 최종 간을 본다.

요리 완성하기

재료(1인분): 뇨키 80g, 새우(중하) 3마리, 마늘 1쪽, 화이트 와인 10㎖, 버터 20g, 파마산 치즈 20g, 야채육수 100㎖(p.183), 바질 페스토 20g(p.172)

장식: 방울토마토, 처빌 1줄기

만드는 방법

1. 팬에 올리브유를 두르고 마늘을 넣고 노릇하게 색이 나면 손질한 새우를 넣고 와인을 넣는다.

2. 와인이 날라가면 야채육수를 넣고 소스를 만든 후, 볶은 새우는 질겨지지 않도록 건져 낸다. 삶은 뇨키를 넣고 조심스럽게 볶고 마지막에 불을 끄고 볶은 새우와 바질 페스토를 넣어 섞고 완성한다. 기호에 따라 파마산 치즈가루를 넣어도 좋다.

3. 다른 팬에 미리 준비된 가지 소스를 데워 접시 위에 깔아 준 후 볶은 뇨끼를 담아낸다.

4. 처빌로 장식하여 완성한다.

Gnochetti verde(뇨케티 베르데: 초록색 뇨케티)

뇨케티 베르데는 감자를 이용한 뇨키가 아니라 밀가루 반죽에 시금치 즙을 이용하여 착색한 반죽이다. 감자 뇨키에 착색을 하여 만들 수 있는데, 비트 주스나 시금치 즙을 이용하여 만든 뇨키들도 존재한다.

재료(1인분)

시금치 주스: 시금치 잎 100g, 물 20g, 소금 2g

시금치 반죽: 강력분 100g, 시금치 주스 40g, 전란 10g, 올리브유 5g, 소금 2g

만드는 방법

1. 시금치는 잎만 떼서 소량의 물과 소금을 넣어 믹서기에 갈아 주스를 만든다.

2. 강력분과 시금치 주스, 전란, 올리브유, 소금 등을 넣어 반죽을 치댄다.

3. 글루텐이 잡히도록 치대고 나서 1시간 정도 냉장고에 휴직 후 성형을 한다.

4. 반죽을 담배 모양으로 만든 후 2㎝ 간격으로 잘라 공 모양으로 만든 후 뇨키 만드는 판에 올려 굴려서 모양을 만들어 낸다. 만든 뇨케티는 밀가루를 뿌려 건조를 한 후에 사용한다.

Gnochetti verde con Salsa Gorgonzola(뇨케티 베르데 콘 살사 고르곤 졸라: 고르곤졸라 크림소스를 곁들인 시금치 뇨케티)

재료(1인분): 시금치 뇨케티 70g, 양파 찹 20g, 버터 20g, 생크림 200g, 고르곤 졸라 치즈 20g, 파마산치즈 10g, 다진 파슬리 5g, 소금, 후추 약간씩

장식: 베이비 야채 약간

만드는 방법

1. 팬에 버터를 넣고 다진 양파를 노릇하게 볶는다.

2. 생크림, 고르곤졸라 치즈를 넣어 녹이며 크림을 한 번 끓이면서 고르곤졸라를 완전히 녹여 준다.

3. 삶은 시금치 뇨케티를 넣고 약한 불에서 조리면서 농도를 맞춘다.

4. 마지막에 파마산치즈로 맛을 내고 이태리 파슬리를 넣고 맛과 크림소스 농도 를 조절하여 마무리한다.

Gnudi(뉴디)

시금치나 근대, 소량의 밀가루, 리코타 치즈와 달걀과 빵가루를 넣어 만든 뇨키의 한 종류로, '라비올리 뉴디(Ravioli Nudi)'라고도 한다. 말파티(Malfatti)와 유사하며, 2cm 정도 크기로 토스카나주 피렌체의 전통 요리다. 말파티와 뉴티 둘다 리코타치즈와 밀가루, 빵가루를 반죽해 만든 뇨키의 일종이다. 뉴디는 세이지 버터 소스에 잘 어울려 종종 사용하는 경우가 있다. 같이 어울리는 재료로는 페코리노 치즈, 프로쉬토 그리고 허브 등이 있다.

지름: 20mm

Gomiti(고미티)

고미티 파스타는 '팔꿈치'을 의미하는 파스타로 팔꿈치처럼 구부러져있고 선이 그어진 리가테(Rigate) 형태를 하고 있다. 이 파스타는 건더기가 풍부하고 진한 맛의 오일 소스와 잘 어울린다.

길이: 33mm, 너비: 20mm, 지름: 12.5mm

Gramigne(그라미녜)

그라미녜는 '작은 잡초'라는 의미를 가지고 있으며, 세몰라와 물로 만들거나 혹은 달걀 반죽으로도 만드는데 대량생산된 파스타는 단단한 반죽으로 만들어진다. 살시챠를 이용한 짭조름한 소스와 잘 어울린다.

길이: 12mm, 너비: 18.5mm, 지름: 2.8mm

Grano(그라노)

곡식의 낱알 모양을 본떠 만든 세몰라와 물로 만든 건파스타로, 수프나 샐러드용으로 사용된다.

Inganna Preti(인간나 프레티)

강력분과 달걀만으로 만든 면으로, 속이 빈 카펠레티(Capelletti) 모양을 하고 있는 파스타라고 보면 된다. 얇게 민 스폴리아 면을 4x4㎝ 크기로 자른 정사각형의 면을 삼각형 모양으로 접는데, 이때 손가락을 넣어서 붙여 공백이 있도록 하며 다른 반대쪽으로 끝을 접어서 만드는 로마뇰로(Romagnolo) 지방의 생파스타로, '핀티 카펠레티(Finti Cappelletti)'라고도 불린다. 속이 빈 카펠레로 핀티(Finti)는 '거짓의' 라는 의미로, 카펠레티가 아니라는 의미로 보면 된다. 모양새가 속을 채운 카펠레티처럼 보이지만, 자세히 보면 속이 비어 있기 때문이다.

인간나 프레티 만들기

재료: 비트 반죽 50g(p.108), 시금치 반죽 50g(p.104), 세몰라 반죽 100g(p.98)

조리기구: 파스타 기계

만드는 방법

1. 얇게 밀어 놓은 세몰라 반죽에 얇게 밀어 놓은 스폴리아 비트 반죽, 시금치 반죽을 탈리아텔레 두께와 크기로 잘라 세몰라 반죽 위에 두 가지 색을 번갈아 붙인다.
2. 붙인 후 파스타 기계로 다시 한 번 밀어낸다.
3. 반죽이 완성되면 4x4㎝ 크기로 자른다.
4. 삼각형으로 양쪽 끝을 붙이고 반대로 다른 두 쪽을 붙이면 완성된다.

Lagane(라가네)

파파르델레 면과 폭이 유사하나 길이는 짧고, 두께는 0.3㎝ 정도로 만든 면으로 세몰라와 강력분을 섞어서 만든 생면이다. 캄파냐(Campania)와 칼라브리아(Calabria)의 전통 파스타로, 라가네면과 병아리콩을 같이 요리하는 라가네 에 치챠리(Lagane e Cicciari) 요리에 잘 어울린다. 치챠리는 체치(Ceci)인 '병아리콩'을 의미한다.

Lanterne(란테르네)

란테르네(Lanterne)는 석유 램프를 의미하며, 물결처럼 이랑이 깊이 파여 있고 전구처럼 속이 파인 형태로 만들어지는 란텐 모양의 파스타이다.

Lasagna(라자냐)

라자냐는 작은 널빤지 모양의 면 사이사이에 고기소스와 베샤멜 소스를 넣어 오븐에 구워내는 요리 또는 면 이름을 말한다. 건면은 굵기가 두꺼운 반면 생면으로 만든 라자냐 면은 쫄깃한 식감을 맛볼 수 있고, 들어가는 소스나 내용물을 달리하거나 용기에 담지 않고 오픈(Open) 형태의 라자냐 등도 존재한다. 미트소스는 볼로냐 스타일과 나폴리 스타일 외에 피에몬테 방식 등 지역에 따라 들어가는 재료의 차이가 있어 다양하게 만들어지는데, 볼로냐식은 재료들을 큼직하게 다져서 끓이는 반면 나폴리식은 덩어리 고기를 토마토소스에 오랫동안 끓여서 만들어 낸다. 기호에 따라 라자냐 속에 구운 가지나 퓨레 등을 넣어 다양하게 만들 수 있으나, 볼로냐 스타일로 만들어진 라자냐 요리가 많이 알려져 있다.

길이: 185㎜, 너비: 75㎜, 두께: 0.6㎜

Lasagna alla Bolognese
(라자냐 알라 볼로네제: 볼로냐식 미트 소스를 곁들인 라자냐)

 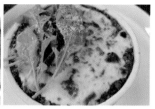

재료: 생라자냐 면 60g(p.98), 볼로냐식 미트 소스 200g(p.175), 이태리 파슬리

2줄기, 토마토 콩카세 10g, 파마산 치즈 30g, 화이트 소스 150㎖(p.164), 프레시 모차렐라 치즈 100g, 피자치즈 100g, 버터 10g

장식: 루콜라 10g

만드는 방법

1. 라자냐 면은 삶아서 물기를 제거한다. 라자냐 볼에 버터를 바르고 여분의 미트 소스를 깔아 면이 타지 않도록 한다. 면을 올리고 미트 소스와 화이트 소스를 원하는 층의 사이사이에 바른다. 모차렐라 치즈와 피자 치즈도 뿌린다.

2. 같은 방법으로 2번을 더하고 제일 윗면은 화이트소스와 치즈로 마감을 한 후 250도 오븐에서 10분 정도 색을 낸 후 루콜라를 얹어 제공한다.

Tip 라자냐 안에 피자치즈를 넣는 것 보다 베샤멜 소스를 넉넉하게 넣는데, 치즈를 많이 사용하는 것은 이탈리아식이 아닌 한국식으로 변형화된 메뉴라고 볼 수 있다. 국내에서는 워낙 치즈가 늘어나는 모습과 치즈 맛을 좋아하는 고객들이 많아 요리가 변형되었다.

Lasagna Riccia(라자냐 리챠)

라자냐 리챠는 가장자리가 곱슬곱슬한 건면 라자냐로, 남부지방에서는 세몰라와 물로 만들고 북부에서는 연질밀과 달걀 면으로 만들어서 먹는다. 라자냐 리챠는 시칠리아 전역에서 먹는 파스타로, 진한 라구소스와 리코타 치즈를 넣어 오븐에 넣어 만든 크리스마스 요리 중 하나다.

길이: 12㎜, 너비: 36㎜, 두께: 1㎜

링구아 디 수오체라(Lingua di Suocera)

'장모의 혀'라는 이름이 붙은 파스타로, 여러 색으로 착색을 한 얇고 긴 면으로 가장자리를 톱니 바퀴 모양으로 잘라서 비틀어 만든 면이다. 풀리아 지방에서는 건면으로 판매되고 있는데, 생면으로도 충분히 만들 수 있는 파스타이다. 피에 몬테의 아페르티보(Apertivo), 식욕 촉진 주와 같이 먹는 빵으로, 파네 링구아 디 수오체라(Pane Lingua di Suocera)도 있다.

Lingue di Passero(링게 디 파세로)

세몰라와 물만으로 만든 건면으로, 링귀네(Linguine)보다 폭이 두꺼운 파스타로, 약간 오발형태의 긴 면으로 '참새의 혀'라는 뜻을 가지고 있다. 해산물과 특히 조개소스, 황새치와 레몬소스 그리고 페스토 알라 제노베제(Pesto alla Genoves)와 너무나 잘 어울린다. 풀리아의 그라놀로(Granoro) 파스타 공장에서 만든 건면이다.

Linquine(링귀네), Linquinette(링귀네테)

긴 면으로 스파게티 보다 폭이 납작하고 '작은 혀'라는 뜻을 가지고 있으며, 리구리아의 전통 건파스타인 바베테(Bavete)와 유사하며, 트레네테(Trenette)는 링귀네보다 폭이 약간 넓어서 소스가 더 잘 묻는다. 링귀네보다 얇은 면은 '링귀네테(Linquinette)'라고 불린다. 이 면은 전통적으로 해산물 등과 잘 어울리는데, 특히 봉골레(Vongole) 소스와 잘 어울린다.

길이: 260㎜, 너비: 3㎜, 두께: 2㎜

Linguine algli Scampi(링귀네 알리 스캄피: 가재새우로 맛을 낸 링귀네)

스캄피

스캄피 새우는 노르웨이 원산으로 이탈리아에서 쉽게 찾아볼 수 있고 파스타뿐만 아니라 전채, 메인요리에 자주 사용되며 몸통의 하얀 속살이 감칠맛이 난다.

요리에 사용한 재료는 새우와 비슷하지만 유럽에서 생산되는 스캄피와는 다소 차이가 있지만 제주도 근해에서 잡히는 가재새우도 맛이 좋다.

재료(1인분): 링귀네 80g, 으깬 마늘 2개, 엑스트라 올리브유 30㎖, 스캄피 2마리, 화이트 와인 20㎖, 조개 육수 50㎖(p.184), 이태리 파슬리 찹 2줄기, 바질 3잎, 방울토마토 5개, 버터 20g, 소금, 후추 약간씩

만드는 방법

1. 팬에 올리브유를 두르고 마늘을 넣어 향을 낸다.
2. 스캄피는 반으로 갈라 내장을 제거하고 팬에 넣어 볶은 후, 화이트 와인을 넣고 와인 맛을 제거한다.
3. 면 물과 조개 육수를 넣어 살을 익힌 다음, 방울토마토를 넣어 약 불에서 무르도록 볶는다.
4. 삶은 링귀네 면을 넣고 에멀전이 잘되도록 볶고, 마지막에 이태리 파슬리와 여분의 오일을 두른 후 접시에 담아낸다.

Lorighittas(롤리기타스)

세몰라, 물, 소금, 올리브유를 넣어 만든 생파스타로, 긴 링 모양으로 밀어 만든 사르데냐의 전통 파스타이다. 기원은 오리스타노(Oristano)의 모르곤죠리

(Morgongiori)라는 작은 마을에서 만들어지기 시작했다. 시칠리아어인 '사 롤리가 (Sa Loriga)'에서 나온 말로 '철로 만든 링'을 의미한다.

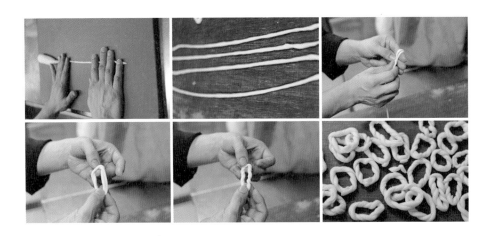

로리기타스 만들기

재료: 세몰라 100g, 미지근한 물 55g, 소금 2g

만드는 방법

1. 반죽을 치댄 후 냉장고에 1시간 숙성을 시킨 후에 반죽을 두툼한 실 모양으로 만든다.
2. 검지, 중지 손가락에 실 모양의 반죽을 두 번 감고 잘라내 떨어지지 않도록 한 쪽에 붙인다.
3. 양손가락의 반죽 매듭은 반대 방향으로 돌려 서로 꼬이도록 말아 준다.
4. 꼬인 반죽은 당겨 모양을 유지한 후, 세몰라를 뿌려 건조시킨다.

Lorighitas ai Gamberoni e Capesante con Crema di Crostacei
(롤리기타스 아이 감베로니 에 카페산테 콘 크레마 디 크로스타체이 : 새우와 관자
살을 넣은 갑각류 크림소스 로리기타스)

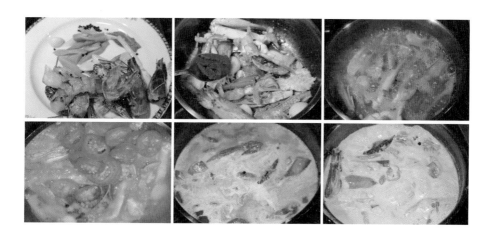

갑각류 크림소스 만들기

재료(1인분): 으깬 마늘 2개, 버터 20g, 왕새우 2마리(대하: 머리와 껍질만 사용),
꽃게 1마리(껍질을 벗겨 내장과 허파를 제거하여 4등분하여 준비), 양파 슬라이스
40g, 당근 슬라이스 20g, 샐러리 슬라이스 10g, 방울토마토 5개, 토마토 페이스
트 50g, 월계수 잎 1장, 화이트 와인 20㎖, 생크림 200㎖, 우유 100㎖, 이태리
파슬리 2줄기

만드는 방법

1. 팬에 버터를 두르고 으깬 마늘을 넣고 채 썬 양파, 당근, 샐러리를 넣어 볶는다.

2. 내장을 제거하여 한입 크기로 손질한 꽃게와 새우 머리와 껍질과 방울토마토를 넣어 볶아 준다.

3. 화이트 와인을 넣어 비릿한 냄새를 제거하고 불을 줄여 토마토 페이스트를 넣어 볶은 후, 월계수 잎, 생크림과 우유를 넣어 끓여서 반으로 졸인다.

4. 졸인 소스에 기본 간을 한 후 걸러서 사용한다.

파스타 완성하기

재료(1인분) : 롤리기타스 60g, 으깬 마늘 2쪽, 버터 20g, 왕새우 살 2마리, 작은 새우 2마리(중하), 관자 3개, 화이트와인 20㎖, 갑각류 크림소스 200㎖(p.345), 루콜라 10g, 방울토마토(노란색) 3개

만드는 방법

1. 팬에 버터를 두르고 마늘을 넣어 향을 낸 후, 새우 살과 관자 살을 볶는다.

2. 볶은 해물에 화이트 와인을 넣어 비릿한 냄새를 제거하고 준비된 갑각류 크림 소스를 넣어 농도를 조절한다.

3. 삶은 로리기타스를 넣어 소스와 잘 어우러지도록 볶으면서 최종 간을 보고 마지막에 노란색 방울토마토와 루콜라를 넣어 마무리한다.

Tip 이 요리는 모체 소스인 갑각류 크림소스 맛이 좋아야 하며, 갑각류를 오븐에서 미리 구워내 사용하면 비릿함을 제거하는 데 도움을 받을 수 있을 뿐만 아니라, 시간도 단축할 수 있다. 또한 지나친 올리브 사용과 크림을 오래 조리하면 크림소스가 분리되는 현상이 일어날 수 있으므로 주의해야 한다.

Lumache(루마케)

'달팽이'를 뜻하며 달팽이 껍질을 연상시킨다. 고미티(Gomitti)와 유사하나 모양이 크고 엄지 손가락 한마디 정도의 크기이다.

길이: 27㎜, 너비: 15㎜, 지름: 12.5㎜

Lumachelle(루마켈레)

루마케(Lumache)의 축소형으로 작은 달팽이를 의미하며, 강력분에 달걀, 계피와 레몬 껍질을 넣어 만든 반죽을 '페티네(Pettine)'라고 하는 판에 올려 모양을 만들어 낸다. 이 파스타는 생면으로 만들기도 하지만 건면으로 만들어 판매되고 있다. 움부리아, 마르케 주에서 주로 먹는 창작 파스타로, 무거운 수프에 넣어 먹거나 양배추와 감자 등에 곁들이면 잘 어울린다.

Lumachina di Mare(루마키나 디 마레)

이 파스타는 '바다 달팽이' 즉 골뱅이를 말한다. 뇨케티와 비슷하게 만드나 뇨키 만드는 판에서 대각선 방향으로 굴려 내려 만든 생파스타로, 세몰라와 미지근한 물과 소금만으로 만든다.

루마켈레 디 마레 만들기

재료: 세몰라 100g, 미지근한 물 50g, 소금 2g

만드는 방법

1. 반죽은 글루텐이 잡히도록 10여 분 치댄 후, 냉장고 안에서 1시간 동안 휴직한다.

2. 반죽을 담배 크기 형태로 밀어 다시 2㎝ 간격으로 잘라 동그랗게 비벼 완자 모양을 만든 후, 뇨키틀 위에 굴려서 만들어 낸다. 굴릴 때는 대각선 방향으로 내려 만들어 낸다. 이 파스타는 크림소스와 너무 잘 어울린다.

루마코니(Lumaconi)

달팽이 모양을 한 건파스타로, 소를 채워 사용하는 파스타 알 포르노(Pasta al Forno) 조리방법에 사용하며, 특히 그라탕 요리에 적합하다. '키오쵸올레(Chiocciole)'라고도 불린다.

Lumaconi alle Gransevole al Gratinata con Salsa Bisque
(루마코니 알레 그란세볼레 알 그라티나타 콘 살사 비스케: 킹크랩살로 소를 채운 루마코니 그라탕과 비스큐소스)

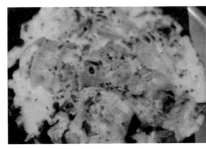 

재료(10개 분량): 루마코니 10개, 새우(중하) 80g, 킹그랩살 80g, 양파 찹 70g, 레몬 즙 20㎖, 마늘 찹 2쪽, 화이트 와인 5g, 베샤멜 100g(p.164), 비스큐소스 100㎖ (p.350), 파마산치즈 40g, 피자치즈 40g, 다진 이태리파세리 5g, 바질 4잎, 토마토소스 80㎖(p.170)

장식: 처빌 1줄기

만드는 방법

1. 킹크랩에서 살을 발라내고 뼈를 제거해 둔다. 새우는 머리, 껍질과 내장을 제거하여 다져 놓는다.

2. 팬에 올리브유를 두르고 양파, 마늘 순으로 볶다가 새우와 게살을 넣어 볶는다.

3. 레몬즙과 이태리 파슬리 그리고 바질을 넣어 간을 본 후 볼에 담아낸다.

4. 3에 베샤멜 소스와 파마산치즈로 농도를 조절하고 짜 주머니에 넣고 삶은 루마코니 면에 채워 넣는다. 오븐 팬 위에 토마토소스를 올리고 소 채운 파스타를 올린다.

5. 채운 소 위에 피자치즈를 얹고 200도 오븐에서 5분 정도 조리한 후 살라만다를 이용해서 노릇하게 색을 낸다.

6. 소스 팬에 갑각류 소스를 데우고 접시에 먼저 담고, 그 위에 그라탕 한 루마코
니를 올려 처빌로 장식한다.

Tip 양이 많은 단품요리보다는 한 두개 정도의 양으로 제공하는 코스요리로 제공하면 퀄리티가 높
은 파스타 요리가 된다.

Maccheroni alla Chitarra(마케로니 알라 키타라: 기타 줄로 만든 파스타)

아브루초 지역에서 먹는 파스타로, 두꺼운 스폴리아(Sfoglia)를 '키타라
(Chitarra)'라고 하는 기타와 같은 현으로 된 파스타 기구에 올려 방망이로 밀어 만
들어 내는 파스타를 말한다. 키타라는 아브루초의 전통 파스타 기구로, 이 지방
에서는 '페텔레(Pettele)'라는 방언으로 불린다. 남부 지방에서는 '스파게티를 마케
로니'라고 부르며 풀리아 지역에서는 '트로콜리(Troccoli)'라고 부르며 '스파게티 알
라 키타라(Spaghetti alla Chitarra)'라고도 부른다. 특히, 남부 지방에서는 소고기,
돼지고기, 양고기 등으로 만든 라구 소스를 면과 같이 종종 사용된다.

가정주부들은 키타라 위에 올려놓고 나무 밀대로 균일한 압력을 주며 면을 뽑
아낸다. 파스타를 만들기 위해 또 다른 독특한 기구들도 존재했다. 예를 들면 전
통적인 키타라 면과 차이가 있는 '린트로칠로(Rintrocilo)'는 다른 마케로니로 고전
적인 탈리아텔레로 면의 폭을 두 배로 만들 수 있는 도구이다. 이 기구는 다소 고
전적이고, 강철로 된 기구가 퍼지기 전까지 사용된 밀대의 한 종류로, 오늘날 키
에테(Chieti) 지역에서 찾아볼 수 있다. 길이: 100㎜, 너비: 3㎜

마케로니 알라 키타라 만들기

재료: 전란 반죽 혹은 노른자 반죽 100g

만드는 방법

1. 15cmx 20cm, 두께 0.3cm 정도 되는 스폴리아(Sfoglia)를 키타라 틀에 올리는데, 폭이 넓은 틀에 올려 밀대를 올려 위아래로 굴린다.
2. 면이 현 아래로 떨어지면 세몰라 가루를 뿌려 달라붙지 않도록 하여 돌돌 말아 준비한다.

Maccarinara(마카리나라)

남부 이탈리아 아벨리노의 이르피냐(Irpinia) 지역의 전통 파스타로, 세몰라와 물로 만든 반죽을 도톰하게 민 반죽을 '트로콜로(Trocolo)'라고 하는 밀대로 밀어내어 하나씩 떼어내는 전통 생면 중 하나다.

Maccheroncini(마케론치니), Macaroni(마카로니)

이 파스타는 이태리를 제외한 다른 나라에서는 '마카로니'로 알려져 있다. 이 마카로니는 나폴리에서 처음 만들어졌으며, 나폴리 사람들이 파스타를 워낙 좋아했기에 나폴리 사람을 부를 때 '만쟈 마케로니(Mangia Macheroni: 파스타 먹는 사람들)'라 불렸다.

지름: 6㎜, 길이: 45㎜, 두께: 1.5㎜

Maccheroni Inferrati(마케로니 인페라티)

생면 반죽 위에 철심을 올려 반죽을 밀어 가며 튜브 형태의 파스타를 만들어 낸다. 이 면은 크기뿐만 아니라 철심을 대각선으로 놓고 돌돌 말아 전화선처럼 만드는 부지아티와 유사하나, 인페라티는 곧은 튜브 형태 면에 가깝다. '마케로니 알 페로(Maccheroni al Ferro)'라고 불린다.

길이: 125㎜, 너비: 5㎜

마케로니 인페라티 만들기

 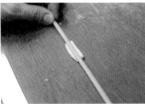 

재료: 세몰라 100g, 미지근한 물 50g, 소금 2g

만드는 방법

1. 세몰라 반죽을 담배 두께와 크기로 만든 다음, 위에 가는 철봉이나 둥근 막대를 올려 돌돌 말아 튜브 모양으로 만든다.

2. 봉이나 막대를 빼낸 후 건조시키면 된다. (지나치게 반죽이 질면 철봉에서 빼내기가 좋지않고 모양이 흐트러진다.)

Mafalda Corta(마팔다 코르타), Mafaldine(마팔디네)

마팔다 코르타는 드라이 면으로, 세몰라와 물로 만든 짧은 면으로 양쪽의 가장자리가 꼬불꼬불한 리본 형태의 파스타면이다. 긴 면이면 '마팔디네(Mafaldine)'라고도 불린다. 이 파스타는 전통적인 크림이나 토마토 소스 계열의 소스와 잘 어울린다. 혹은 긴 면을 잘라서 샐러드에 사용하기도 한다. 마팔디

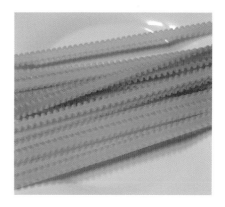

마팔디네

네는 '공주'라는 의미를 가진 파스타이기도 하다. 국내에도 이미 들어와 전문 매장에서 판매하고 있으며 라구(고기)소스 등에 가장 잘 어울린다.

Mafaldine con Ragú alla Bolognese
(마팔디네 콘 라구 알라 볼로네제: 볼로냐식 미트 소스를 곁들인 마팔디네)

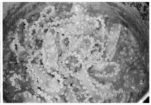

재료(1인분): 마팔디네 70g, 미트소스 200g(p.175), 이태리 파슬리 2줄기, 버터 20g, 파마산 치즈가루 20g, 토마토 콩카세 10g

만드는 방법

1. 팬에 데운 라구소스에 삶은 마팔리네를 넣어 볶다가 불을 끈 후 파마산 치즈와 버터를 넣어 맛을 낸다.
2. 마지막에 토마토 콩카세, 여분의 파마산 치즈 슬라이스를 뿌린 후 이태리 파슬리로 장식한다.

Malfatti(말파티)

말파티는 시금치, 리코타를 넣
어 만든 뇨키의 종류로 '못난이'라
는 의미를 가지고 있으며 빵가루 등
과 같이 반죽해야 하기 때문에 모양
을 잡기가 쉽지 않다. 또 크기는 지
름3-4㎝ 완자 크기 정도로 만들며,
삶을 때 쉽게 풀어질 수도 있어 조
심스럽게 조리해야 한다. 토스카나주의 말파티는 시금치, 리코타치즈와 빵가루
를 넣어 만들고 롬바르디아 주에서도 주로 먹는 뇨키의 일종이다.

Malloredus(말로레두스)

세몰라에 샤프란 물을 넣어 만든 사르데냐의 파스타로 '뇨케티 사르디
(Gnocchetti Sardi)'라고도 불린다. 반죽을 담배 모양의 2㎝ 간격으로 자른 다음 동
그랗게 굴린 후, 뇨키 틀에 올려 엄지 손가락에 힘을 주어 굴려 만든 파스타다.
모양은 길이 2㎝, 너비10.5㎜이다.

콘킬리에 리가테(Conchiglie Rigate) 모양이고 건면으로도 판매되고 있어 이태
리 전 지역에서 찾아볼 수 있는 파스타 면이다. 사르데냐 지역에서는 생반죽을
뇨키 만드는 전통기구인 '치울리리(Ciuliri)'를 사용하여 전통적으로 만들어 낸다.
사싸리(Sassari)에서는 '치죠네스(Cigiones)', 라구도로(Lagudoro)에서는 '마카로네
스 카이도스(Macarones Caidos)' 또는 '마카로네스 풍차(Macarones Punza)', 누오로
(Nuoro)에서는 '크라바도스(Cravados)'라 부른다.

말로네두스 만들기

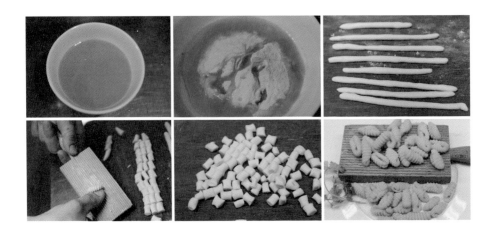

재료(1인분): 샤프란 물 50g(샤프란 2g, 물 100g), 세몰라 100g, 올리브유 10g, 소금 3g

만드는 방법

1. 샤프란 물은 샤프란 암술을 물에 넣어 노란색이 우러나도록 끓인 후 식혀서 사용한다. 샤프란이 없다면 치자 가루로 착색물을 만들어 사용할 수 있다.

2. 세몰라 가루, 샤프란 물, 소금과 올리브유를 넣어 반죽한다.

3. 글루텐이 잡히도록 10여 분간 치댄 후, 1시간 정도 냉장고에 휴직을 준 후 사용한다.

4. 담배 모양으로 만든 후, 2㎝ 간격으로 잘라 뇨키 판 위에 굴려서 모양을 만들어 낸다.

Malloredus con Coda di Bue
(말로레두스 콘 코다 디 부에: 소꼬리 소스를 이용한 말로레두스)

재료(1인분): 소꼬리(뼈 포함) 300g, 양파 30g, 당근 20g, 샐러리 10g, 고추 2개, 통마늘 3개, 통 후추 5g, 월계수 잎 2장, 토마토소스 200g(p.170), 토마토 콩카세 50g, 이태리 파슬리 찹 5g, 파마산 치즈 20g, 버터 10g

장식: 베이비 믹스 야채 약간

만드는 방법

1. 소꼬리를 찬물에 1시간가량 담가 핏물을 제거하여 찬물에 채소와 향신료를 넣어 두 시간 동안 끓여 준다. 살이 부드러워질 때까지 삶아 준다.

2. 삶은 소꼬리에서 기름을 제거하고 뼈에서 살을 제거하여 주사위 모양으로 자른다.

3. 팬에 자른 소꼬리 살, 면수 그리고 토마토 소스를 넣고 한 번 끓인 후, 삶은 면과 콩카세, 파슬리, 버터, 파마산치즈 가루 등을 넣어 맛을 낸다. 접시에 담아 믹스 베이비 야채를 올린다.

Maltagliati(말탈리아티)

말탈리아티는 '막 자른'이란 뜻을 가지고 있다. 오래 전에는 쓰고 남은 면을 이용했지만, 현재는 지역에 따라 일정한 모양을 갖춰 가고 있다. 피에몬테 지역에서 '폴리에 디 살리체(Foglie di Salice)'라고 불리는 이 면은 버드나무 잎과 비슷하게 잘라 콩 수프에 넣어 먹는다. 에밀리아 지역의 파스타는 탈리아텔레를 만들고 남은 자투리의 불규칙적인 크기나 두께로 만들어진다. 현재는 공장에서 만든 건면으로도 판매되고 있다.

길이: 60㎜, 너비: 16㎜, 두께: 1㎜

건면 말탈리아티

말탈리아티 만들기

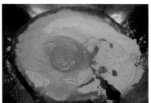

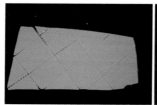

재료(1인분): 강력분 100g, 전란 1개, 올리브유 10㎖, 소금 2g

조리기구: 파스타 기계, 밀대, 탈리아 파스타(Taglia pasta)

만드는 방법

1. 강력분, 달걀, 올리브유, 소금을 넣어 반죽한다. 10분 여 동안 치댄 반죽을 1시간 정도 냉장고에 휴직을 한 후, 파스타 기계를 이용해서 스폴리아 형태로 만들어 준다.

2. 라자냐 면에 탈리아 파스타를 이용해서 마름모꼴, 사각형과 다양한 모양으로 막 자른다.

3. 실온에 1시간 동안 건조한 후 사용한다. 장시간 보관하여 사용할 경우, 급냉시켜 보관하여 사용한다.

Maltagliati con Pie di Pollo
(말탈리아티 콘 피에 디 폴로: 닭다리 살로 맛을 낸 말탈리아티)

재료(1인분): 생면 말탈리아티 80g, 닭 다리 살 100g, 으깬 마늘 2개, 로즈마리 1

줄기, 올리브유 30㎖, 폰도 부르노(Fondo Bruno: 스테이크 소스: p.180) 40g, 닭 육수 100㎖(p.177), 이태리 고추 2개, 파마산 치즈가루 10g, 버터 20g, 방울토마토 3개, 루콜라 5줄기

장식: 로즈마리 1줄기

만드는 방법

1. 닭 다리 살은 기름기를 제거하고 로즈마리 1줄기, 으깬 마늘과 올리브유를 뿌려 1시간 전에 마리네이드 한다.

2. 닭 다리 살에 소금과 후추로 간을 하여 그릴에 앞뒤를 굽는다.

3. 팬에 으깬 마늘을 넣고 향을 뺀 후 한입 크기로 자른 닭 다리 살과 고추를 넣어 볶고, 폰드 브루노와 육수를 넣어 소스를 조린다. 삶은 말탈리아티 면을 넣어 볶다가 버터를 넣고 에멀전을 하고 불을 끄고 파마산 치즈, 방울토마토와 루콜라를 넣어 마무리한다.

Manicotti(마니코티)

원통형의 건면으로 카넬로니와 유사한 모양을 하고 있으며, 마치 모양은 '옷 소매' 같고 겉에 주름이 나있는 튜브형 파스타이다. 이 파스타는 카넬로니처럼 소를 채워서 오븐에 구워내는 그라탕 요리에 사용한다.

길이: 125㎜, 너비: 30㎜, 두께: 1㎜

Minuich(미누이크)

이 파스타는 '민니키(Minnichi)', '파쉬네드(Fascined)', '마카룬 키 피르(Macarun Chi Fir)'라고도 불리며, 세몰라와 뜨거운 물을 섞어 만든 반죽을 새끼손가락 한 마디 정도의 크기로 잘라 철사로 이용해 굴려 만든 튜브 모양의 파스타로, 바실리카타 주의 전통 파스타 중 하나다.

Mischiglio(미스킬리오)

세몰라, 두류와 곡류 가루를 섞어서 만든 생면으로, 모양은 오레키에테와 비슷하나 모양을 더 길쭉하게 만드는 것이 특징이다. 바실리카타의 키아로몬테

(Chiaromonte), 파르델레(Fardelle), 칼데라(Caldera) 그리고 칼라브리아의 폴리노 (Pollino) 등에서 주로 만들어 먹는다. 미스킬리오는 기름에 튀긴 파프리카, 토마 토소스 그리고 카쵸리코타(Cacioricotta) 치즈와 잘 어울린다.

미스킬리오의 반죽은 병아리콩, 파로(Farro : 밀 종류), 잠두 콩가루, 연질밀과 세몰라 가루를 섞어서 만든다. 비율은 세몰라 30%, 연질밀 25%, 잠두콩 10%, 병아리콩 10%, 오르조(Orzo) 15% 등으로 만든다.

미스킬리오 만들기

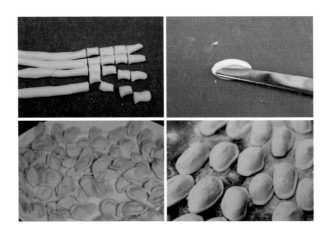

재료: 세몰라 50g, 강력분 50g, 물 50g, 올리브유 5g, 소금 2g

만드는 방법

1. 세몰라와 밀가루, 물, 소금, 올리브유를 넣어 반죽한다.

2. 10분 정도 치댄 후 랩핑을 하여 1시간 정도 냉장고에 넣어 휴직을 준다.

3. 반죽을 담배 모양으로 성형을 한 후, 2㎝ 간격으로 잘라 공굴리기 한다.

4. 동그란 반죽은 칼을 눕혀 천천히 몸 쪽으로 당겨 뒤집어 준 후 늘려 모양을 만든다.

5. 세몰라를 뿌려 건조시킨 후에 사용한다.

 Tip 파스타 면 레시피는 세몰라를 이용하여 미스킬리오 모양을 내는 데 중점을 두었다.

Mischiglio con Capesante e Gamberi(미스킬리오 콘 카페산테 에 감베리 : 새우와 관자를 넣은 바질 페스토 미스킬리오)

재료: 미스킬리오 80g, 올리브유 10㎖, 으깬 마늘 2개, 양파 찹 10g, 버터 10g, 새우 2마리 (중하), 관자 살 2개, 이태리 파슬리 찹 5g, 화이트 와인 20㎖, 생크림 150㎖, 바질 페스토 20g(p.172)

장식: 이탈리안 파슬리 1줄기

만드는 방법

1. 팬에 올리브유와 으깬 마늘을 넣어 향을 낸 후 해물을 넣어 볶는다. 화이트 와인을 넣어 신맛을 완전히 날아가면 버터를 넣고 다진 양파를 넣어 볶아 준다.
2. 생크림을 넣어 끓인 후, 삶은 미스킬리오 면을 넣어 볶고 간을 한다.
3. 농도가 나면 불을 끄고 바질 페스토를 넣어 골고루 섞은 후, 접시에 담고 이태리 파슬리를 올려 마무리한다.

Tip 해물에는 파마산치즈를 잘 쓰지 않으나 기호에 따라 파마산치즈를 넣어 맛을 내기도 한다. 해물은 볶은 후 계속해서 볶으면 질겨지므로 크림소스를 넣을 때 건져내고 볶은 파스타를 꺼내기 전에 소스에 넣어 맛을 내고 면과 같이 담아낸다.

Occhi di Lupo(오키 디 루포)

'늑대의 눈'이라고 하는 짧은 튜브 모양의 파스타로, 공장에서 제조되는 건면의 한 종류이다. 리가토니나 펜놀리와 같은 질감으로 쫄깃함이 강한 면이다.

Orecchiette (오레키에테)

세몰라로 만든 '작은 귀' 모양의 파스타로 풀리아 지역의 전통 파스타이다. 바로 만든 생면은 쫄깃하고 풍부한 식감을 준다. 가끔 세몰라가 아닌 태운 밀을 가지고 만든 오레키에테를 찾아볼 수 있는데, 이 파스타는 무청이라고 할 수 있는 치메 디 라파(Cime di Rapa)로 맛을 내서 먹는 경우가 많다. 오레키에테는 건면으로 판매되므로 쉽게 사용할 수 있다.

생면 오레키에테 만들기

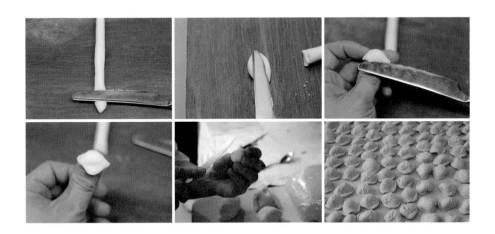

재료: 세몰라 100g, 미지근한 물 50g, 올리브유 5g, 소금 2g

조리기구: 성형용 나이프

만드는 방법

1. 세몰라 가루에 미지근한 물, 올리브유, 소금을 넣어 반죽을 한다.
2. 반죽을 치댄 후 냉장고에 1시간 정도 냉장고에 휴직을 준다. 세몰라 반죽을 담배 모양으로 성형한 후, 칼로 2cm 간격으로 잘라 가며 칼 옆면을 눕히면서 몸 안쪽으로 당긴 상태에서 엄지 손가락으로 반죽을 끼워 골무 형태로 만들어낸다. (칼을 눕혀 당길 때는 균일하게 힘을 주어 만들어야 한다. 그래야 면의 두께가 일정하다.)

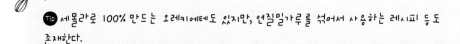

Tip 세몰라로 100% 만드는 오레키에테도 있지만, 연질밀가루를 섞어서 사용하는 레시피 등도 존재한다.

Orecchiette con Broccoli
(오레키에테 콘 브로콜리: 브로콜리를 넣은 오레키에테)

재료(1인분): 생오레키에테 70g, 으깬 마늘 2쪽, 올리브유 30㎖, 안초비 1쪽, 화이트 와인 10㎖, 데친 브로콜리 다이스 80g, 닭 육수 100㎖(p.177), 이태리 파슬

리 찹 2줄기, 삶은 감자 다이스 50g, 파마산 치즈 가루20g

장식: 선 드라이 토마토 1개, 파마산 치즈 슬라이스 5g, 처빌 1줄기

만드는 방법

1. 브로콜리는 끓는 소금물에 데쳐 물기를 제거해 둔다.

2. 감자는 소금을 넣은 끓는 물에 삶아 둔다.

3. 팬에 올리브유를 두르고 마늘을 넣어 색이 나기 시작하면 다진 안초비를 넣어 볶은 후 와인을 넣는다.

4. 큼직하게 다진 브로콜리를 넣어 천천히 볶으면서 닭 육수를 넣어 부드럽게 만든다.

5. 삶은 생오레키에테를 넣고 충분히 볶다가 마지막에 버터, 파마산 치즈와 이태리 파슬리를 넣어 마무리한다.

6. 치즈와 선 드라이 토마토와 처빌로 장식을 한다.

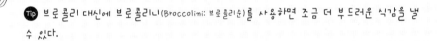

Orzo(오르조), Riso(리소)

오르조는 '보리'를, 리소는 '쌀'을 의미하나 파스타에 종류인 오르조나 리소는 작은 곡류의 낟알 모양을 본떠서 만든 세몰라로 만든 건파스타들이다. 고기국물이나 수프 등에 넣어 먹는 파스티네(Pastine)의 종류들이다.

길이: 4㎜, 너비: 1.5㎜

Ostriche(오스트리케)

굴 모양을 본 떠 만든 생파스타로, 창작 파스타이다.

오스트리케 만들기(삼색 무늬면 p.116)

재료: 비트면 50g(p.107), 시금치 면 50g(p.104), 달걀 흰자면 100g(p.95), 달걀
물 약간

조리도구: 꽃무늬 깍지, 붓, 파스타 기계

만드는 방법

1. 흰색 면은 라자냐 형태로 길게 뽑는다.

2. 시금치 면과 비트 면은 탈리아텔레 면 두께로 만든다.

3. 흰색 면 위에 달걀 물을 발라 시금치 면, 비트 면을 순서로 간격을 띄워 붙인다.

4. 붙인 반죽은 파스타 기계로 마지막으로 한 번 더 밀어낸다.

5. 밀어낸 반죽은 원형 몰드로 찍고 두 부분을 붙여 모양을 내 준다.

● 토레 안눈챠타의 파스티피쵸 디 세타로

토레 안눈챠타는 나폴리 현의 자그마한 해변가 코무네(Comune: 우리나라의

면 단위 크기 정도의 마을)로, 베수비오 산의 끝자락인 나폴리 만에 있으며, 나폴리와 소랜토의 중간 지점에 위치해 있다. 나폴리에서 사철 치르쿰 베수비아나(Cirucum Vesuviana)를 타면 1시간 정도면 도착할 수 있는 바닷가 마을이다. 도시는 베수비오 산의 분화로 79년과 1631년에 각각 파괴되었고, 1900년도 초반에 큰 지진으로 많은 시련을 겪은 곳 중에 하나다. 그러한 가운데 파스타의 명백을 이어 온 것이, 그들의 파스타 열정과 파스타 생산에 풍부한 지리적인 조건으로 오늘날의 세계적인 파스타를 만드는 곳으로 인정받고 있는 지역이다. 도시는 한때 청동과 파스타 산업의 중심지였다. 이곳을 여행한다면 역사적인 유적을 많이 만날 수 있는데, 물론 옆 지역에 폼페이(Pompei)가 위치해 있지만 로마 황제 네로의 두 번째 아내의 집인 포페아(Popea)가 있으며, 한적한 지중해의 햇빛과 바람을 즐길 수 있는 곳이기도 하다. 관광지가 아닌 이탈리아 사람들이 조용히 힐링을 하는 장소라고 현지인들에게 많이 알려져 있다.

이런 휴양지 마을에 위치한 유명한 파스타 공장인 '파스티피쵸 디 세타로(Pastificio di Setaro)'를 소개한다. 세타로는 가족들이 운영하는 파스타 공장으로,

이들이 사용하는 세몰라는 바리(Bari)에서 들어오는 것이라 했다. 물, 바닷바람, 질 좋은 세몰라가 이들의 파스타의 맛을 좌우한다는 것이다.

　오래전 이곳의 파스타는 샘물로 반죽하였고 물은 칼슘이 풍부하여 파스타 맛에 좌우됐으며, 이렇게 만든 파스타는 해풍으로 저온에서 장시간 건조한 파스타를 만들어 높이 평가된 파스타였다. 이런 요소들을 잘 접목시켜 자동화 기계에 적극 활용하여 아직까지 전통적인 방법이 가미된 파스타 자동화 시스템 속에 파스타가 만들어지고 있다고 한다. 촬영을 하는 동안에도 자신들의 파스타의 우수성을 강조했는데, 왜 그들이 파스타에 대해 열정을 토로했는지는 선물로 받은 파스타를 먹고 나서야 이유를 알 수 있었다.

　파스타는 이탈리아의 해안가를 따라 산업이 발달한 곳이 많은데, 건파스타의 시초 시칠리아가 있었고 이들의 영향을 받아 파스타 산업이 발전한 제노바의 임페리아의 해안가 마을이 있었다. 또한, 풍부한 듀럼밀과 나폴리만의 바닷바람으로 만들어 낸 나폴리 파스타도 여러 곳 중의 하나인데 그 중심에 파스티피쵸 디 세타로(Pastificio di Setaro)가 있었다.

Paccheri(파케리)

나폴리 방언으로 '찰싹 치다'는 뜻의 '파카리아(Paccarià)'에서 유래된 말이며 접미사 '-ero'가 붙으면 단어 자체의 뜻이 '가난한 사람들의' 음식이라는 의미가 된다. 튜브 모양의 파스타로 캄파냐 주, 특히 나폴리와 칼라브리아 주에서

주로 먹는 건파스타로, 소를 채워서 혹은 소스와 조리하는 파스타 아쉬타(Pasta Asciutta: 팬에 소스와 같이 볶는 방법) 방법으로 요리된다. 파스타는 부드럽고 표면에 굴곡이 있는 파케리 밀레리게(Paccheri Millerighe)도 있다. 아라비아타소스, 노르마소스, 나폴리식 라구 소스, 살시챠 크림소스 등에 잘 어울린다.

　길이: 186㎜, 너비: 75㎜, 두께: 2㎜

Paccheri con Passati Pomodori e Merluzzo(파케리 콘 파싸티 폼모도로에 메를루초: 대구 살과 토마토 소스로 맛을 낸 파케리)

재료: 파케리 8개, 으깬 마늘 1쪽, 올리브유 10g, 대구 살 다이스 80g, 화이트 와인 20㎖, 이태리 고추 2g, 이태리 파슬리 2줄기, 토마토 소스 150g(p.170)

장식: 리코타 치즈 10g(p.187), 토마토 콩카세 5g, 처빌 1줄기

조리도구: 핸드블렌더, 체

만드는 방법

1. 토마토 소스는 핸드블렌더에 갈고 체에 내려 준비한다.

2. 팬에 올리브유를 넣고 마늘을 넣어 향을 낸 후, 대구 살을 넣어 볶다가 고추를 넣고 와인을 넣어 날린 후 체에 내린 토마토소스를 넣는다.

3. 면 물을 넣어 소스를 자작하게 한 후, 삶은 파케리를 넣어 간을 보고 마지막에 다진 파슬리를 넣어 마무리 한다.

4. 접시에 담아 리코타 치즈, 토마토 콩카세와 처빌로 장식한다.

Paglie e Fieno(팔리에 에 피에노)

팔리에 에 피에노 면은 노란색과 초록색 파스타를 섞어 만든 면으로, 연질 밀에 노른자를 넣어 노란색의 '건초'를 표현하고 연질 밀가루에 시금치 즙을 넣어 착색하여 '초록색 생초'를 표현한다. 두 가지 색으로 탈리올리니나 탈리아텔레 두께로 만들어 두 가지 색으로 따로 만들어 돌돌 말아 섞은 면인데, 여기서의 팔리에 에 피에노 면은 하나의 스폴리아(Sfoglia) 반죽에 두가지 색을 연결해서 만든 창작 형태로 보면 된다.

팔리에 에 피에노 만들기

재료(1인분): 시금치 면50g(p.104), 노른자 면 50g(p.96)

조리도구: 파스타 기계, 붓

만드는 방법

1. 시금치 반죽과 노른자 반죽을 치댄 후 한 시간 정도 휴직시킨다.

2. 두 가지 반죽을 붙여 파스타 기계에 넣어 약 20㎝ 크기의 스폴리아 면을 만들어 낸다.

Tip 원래는 각각의 면을 뽑아서 같은 양을 말아서 사용한 것이 팔리아 에 피에노 면이다. 파스타 기계에 탈리아텔레 틀을 끼워 면을 뽑아낸다.

Paglia e Fieno con Funghi e Salsa Crema(팔리아 에 피에노 콘 풍기 에 살사 크레마: 버섯 크림소스를 곁들인 팔리아 에 피에노)

재료(1인분): 팔리아 에 피에노 80g, 버터 10g, 양파 찹 10g, 양송이버섯 슬라이스1개, 맛송이 슬라이스 3개, 만가닥 버섯 5g, 프로쉬토 찹 1장, 거위간 찹 10g, 삶은 껍질콩 2줄기, 송로버섯 슬라이스 3조각, 생크림 200㎖, 파마산치즈 가루 10g, 소금, 후추 약간씩

장식: 이태리 파슬리 1줄기, 껍질콩 1줄기

만드는 방법

1. 팬에 거위간, 프로쉬토, 버섯 슬라이스를 넣어 볶는다.
2. 버터, 껍질콩 2개 분량과 다진 양파를 볶다가 간을 해 준다.

3. 생크림을 넣어 끓이고 삶은 면을 넣어 볶다가 농도와 간을 조절한다.

4. 마지막에 송로버섯 슬라이스, 파마산치즈를 넣어 완성한다.

5. 파스타를 접시에 담아 이태리 파슬리, 껍질콩으로 장식을 한다.

Pansotti(판소티)

판소티는 리구리아 레코 지역의 대표적인 소 채운 파스타로, '불록 나온 배'라는 뜻을 가지고 있으며, 리구리아 방언 '판소티(Pansootí: 올챙이 배)'에서 유래되었다. 소는 고기류가 아닌 야생에서 자라는 여러가지 허브류를 섞은 혼합물인 프레보존(Preboggion)과 프레쉰세와(Prescinsêua)라 불리는 치즈를 섞어서 소를 만든다. 이 치즈는 '괄리아타(Qualiata)', 혹은 '칼리아타(Cagliata)'라고 불리는 치즈로, 리코타 치즈와 요거트의 중간 정도의 농도의 연질 치즈로 보면 된다. 이 두 가지 재료를 혼합하여 소를 만드는 것이 전통적이다. 프레보존에 사용하는 채소는 민들레, 쇄기풀, 보리지 등을 소로 사용해 왔다. 판소티는 반죽을 달걀 노른자로 쓰지 않고 약간의 흰자나 화이트 와인만을 넣어 반죽을 했다. 판소티는 전통적으로 잣과 호두로 만든 소스로 즐겨 먹었고 카쵸 에 페페(Cacio e Pepe: 후추와 페코리노 치즈로 만든 로마식 파스타 소스)와도 잘 어울린다. 길이: 90㎜, 너비: 65㎜

판소티 만들기

1. 달걀 노른자 면이나 무늬 면을 사용할 수 있는데, 삼각형으로 잘라서 준비된 소를 채우고 여백에 달걀 물을 바른 후 다른 한 장을 덮어 공기가 들어가지 않도록 하여 봉합한다.

2. 여분의 공간을 탈리아 파스타 기구로 삼각형 모양으로 잘라 내면 된다.

Pappardelle(파파르델레)

파파르델레의 어원은 '파파르시 (Papparsi)'에서 파생되어 '허겁지겁 먹어 치우다'라는 의미를 갖는다. 이 면은 건더기가 크고 진한 소스와 잘 어울리며, 이태리 대부분의 지역에 서 닭간, 토끼고기, 야생 멧돼지 등 으로 만든 진한 라구소스(Ragú)와 잘 어울린다. 폭은 2cm-3cm 정도의 폭 이 넓은 달걀로 만든 생파스타다.

길이: 200mm, 너비: 25mm, 두께: 0.5 mm

건면 파파르델레   생면 파파르델레

파파르델레 만들기

1. 노른자 반죽을 파스타 기계를 이용해서 라자냐 형태로 만든 후, 파스타 기계의 틀에 내려 만들거나 기계가 없을 때는 돌돌 말아 칼로 잘라도 무관하다.

2. 스폴리아가 달라붙지 않도록 세몰라 가루를 뿌려 자르거나 잘라 말아 놓은 면에도 여분의 세몰라 가루를 뿌려서 만든다. 기호에 따라 착색하여 만들기도 한다.

Pappardelle con Ragú di Anatra(파파르델레 콘 라구 디 아나트라: 오리 라구를 곁들인 파파르델레)

오리라구 만들기

재료(1인분): 으깬 마늘 2쪽, 올리브유 5㎖, 로즈마리 2줄기, 오리 가슴살 찹 100g, 토마토 페이스트 80g, 토마토 소스 100g(p.170), 닭 육수 200㎖(p.177), 양파 찹 60g, 당근 찹 40g, 샐러리 찹 20g, 레드 와인 40㎖, 밀가루 10g, 로즈마리 2잎, 프와그라(거위간) 10g

만드는 방법

1. 팬에 으깬 마늘, 로즈마리와 올리브유를 넣고 향을 낸 후 마늘을 걷어내고 양파, 당근, 샐러리 순으로 볶고 밀가루를 무친 오리가슴살을 볶는다.

2. 와인을 넣고 날린 후 간을 하고 토마토 페스트와 토마토 소스를 넣어 약한 불에서 천천히 볶아 준다.

3. 닭 육수를 넣고 월계수 잎을 넣고 끓어오르면 불을 줄여 약한 불에서 30여 분 정도 끓인다.

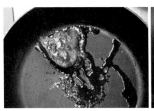  

요리 완성하기

재료(1인분): 오리라구 200g, 파파르델레 80g, 파마산치즈 가루 20g, 버터 10g

장식: 구운 프와그라 20g, 베이비 믹스 채소2g

만드는 방법

1. 팬에 오리라구를 넣고 삶은 면과 면수를 넣어 볶고 파마산 치즈와 버터로 간을 하고 접시에 담는다.
2. 다른 팬에 구운 거위간을 파스타 위에 올리고 베이비 야채를 올려 마무리한다.

Tip 거위간을 구울 때는 굽는 온도에 신경을 써야 한다. 온도가 약하면 기름이 빠져 간이 작아지고, 아주 세면 속이 덜 익고 겉만 탈 수 있다. 라구가 무겁다면 레드와인을 화이트 와인으로 토마토 페이스트 보다는 방울 토마토를 되직하게 볶아서 사용하면 좀더 가벼운 라구를 만들 수 있다. 혹은 토마토 페이스트나 소스를 넣지 않는 비앙코 스타일도 좋다.

Passatelli(파싸텔리)

빵가루, 달걀, 파마산 치즈와 레몬껍질로 만든 반죽을 틀 혹은 누름 판과 스키아챠파타테(SchiacciaPatate: 감자 으깨는 기구)를 이용해 뽑아내는 면으로, 육수에 넣어 익혀서 먹는 에밀리아-로마냐 주와 마르케 주의 페사로(Pesaro)와 우르비노 (Urbino) 지역에서 주로 먹는 전통 파스타다. 준비된 반죽을 끓고 있는 육수 위에 빠뜨려 부서지지 않게 만들어 내는 파스타이다. 전통적으로 내려온 스탐포 페르 파싸텔리(Stampo per Passatelli)라고 하는 나무 손잡이가 있는 누름 판으로 반죽을 눌러 만들었다. 북부 지방과 오스트리아 접경 지역에서는 '스페츌(Spätzle)'이라고 부른다. 이 파스타의 기원은 독일로 알려져 있다.

파싸텔리 알 주카(Passatelli al zucca: 단호박 파사텔리) 만들기
파사텔리 알 주카는 변형된 조리 방법으로, 반죽이 되지 않고 묽게 만들어 전분 질을 넣어 끈기를 생기게 만들고 휴직을 주어 짤 주머니에 넣어 만든 창작 파사텔 리라고 보면 이해하기 쉽다.

재료(1인분): 단호박 퓨레 50g, 빵가루 15g, 파마산치즈 10g, 달걀1개(중란), 밀 가루(강력) 25g, 소금 2g, 다진 이태리 파슬리 2g, 후추 약간
조리기구: 핸드블렌더, 플라스틱 짤 주머니

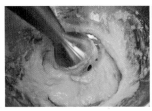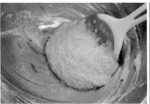

만드는 방법

1. 삶은 단호박을 체에 내려 달걀, 치즈, 밀가루, 소금과 파슬리를 넣어 핸드블렌더로 갈아 준다. (소금이 빠지면 면이 탄력이 생기지 않고 쉽게 끊어질 수 있으므로 소금을 빠트리지 않도록 한다.)

2. 반죽이 점성이 생기도록 여러 번 섞어 주고 1시간 정도 휴직 시간을 준다.

3. 숙성이 된 반죽은 짜 주머니에 담고 비등점으로 끓고 있는 소금 물에 짜 준다.

4. 면이 익어서 물 위에 떠오르면, 구멍이 뚫린 주걱으로 건져 사용한다.

Passatelli al zucca con salsa di Americana(파싸텔리 알 주카 콘 살사 디 아메리카나: 아메리카나 소스를 곁들인 단호박 파싸텔리)

재료:(1인분)

단호박 파싸델리 90g, 마늘 1개, 바지락 8개, 새우 3마리(중하), 올리브유 20g, 화이트 와인 30㎖, 다진 이태리 파슬리 3g, 살사 아메리카나 100㎖(p.167)

장식: 선 드라이 토마토 1개, 아스파라거스(슬라이스 하여 데친) 1쪽, 처빌 한 줄기

만드는 방법

1. 팬에 올리브유를 두르고 으깬 마늘을 넣어 향을 낸 후 바지락을 넣어 볶고 뚜껑을 덮는다.
2. 조개가 볶아지면서 입이 열리면 와인을 넣는다. 와인이 날아가면 소량의 기름을 두르고 새우를 넣어 볶고, 입이 열린 조갯살을 발라내고 껍질은 버린다.
3. 면 물 혹은 찬물을 넣어 소스를 자작하게 만들고 간을 조절한다.
4. 다른 팬에 아메리카나 소스를 데우고 접시에 먼저 깔아 준다. 삶은 면과 볶은 새우와 조갯살을 보기 좋게 담고, 처빌을 올려 마무리한다.

Pasta al Ceppo(파스타 알 체포)

얇은 파스타 도우를 돌돌 말아 마치 계피 나무 모양과 유사하게 만든 건파스타로, '막대로 돌돌말은 파스타' 라는 의미를 가지고 있다. 고기나 야채 라구를 곁들이면 좋고, 프레시 소시지와 마늘 소스로 만든 소스와도 잘 어울린다.

Pasta Misti(파스타 미스티)

파스타 미스티는 모둠 파스타를 말하며, 세몰라와 물로 만든 건파스타로 한 봉지 안에 3-4 종류의 파스타를 섞어 놓은 파스타다. 주로 수프에 넣지만, 간혹 파스타 일품요리로 먹기도 한다. 두께가 다른 파스타들이 들어 있기에 이 파스타로 만들 때는 알덴테(al Dente) 개념을 찾기에는 어렵기에 주문하는 손님도 그런 부분에 대해서는 아무런 불평을 하지 못한다.

파스타 공장에서 여러 종류의 파스타를 만들면서 나오는 불량 파스타를 모아 따로 포장해서 판매하는 면이기도 하다. 나폴리에서는 이 면을 '파스타 암메스카타(Pasta Ammescata: 섞은 파스타)', 혹은 '문네찰리아 (Munnezzaglia)'라 부른다.

Pasta alla Mugnaia(파스타 알라 무냐이아: 무냐이아의 파스타)

아브루초 주의 페스카라(Pescara) 도시의 내륙에 위치한 자그마한 엘리체(Elice)라는 곳에서 즐겨 먹는 생면이다. 연질 밀가루와 달걀로 반죽을 만들어 스파게티

보다 굵게 손바닥으로 누르고 펴서 만들어 먹는 파스타로, 마치 수타 자장면 면발을 보는 듯하다. 전통적으로 삶은 면발은 가족들과 식탁에 둘러앉아 소스를 끼얹어 나눠 먹는 파스타 형태로 발전했다.

무냐이아 파스타 만들기

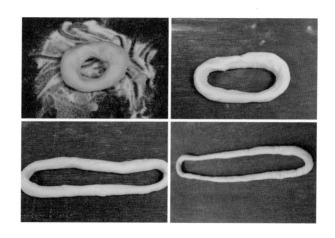

재료(5인분): 강력분 250g, 세몰라 250g, 물 280g, 달걀 1개, 소금 10g

만드는 방법

1. 작업대에 재료를 놓고 10여 분 치댄 후 랩으로 싸서 휴직을 해 준다.

2. 1시간 정도 후에 가운데 구멍을 내어 천천히 굴려 서서히 늘어나게 만든다. 늘리는 과정에서 소금물을 손에 적셔가며 면을 가늘게 늘린다. 가느다란 면이

되면 끓는 물에 삶는다.

3. 삶은 면은 가벼운 토마토 소스나 고기를 넣어 만든 라구 소스와 잘 버무린다.

Pasticcio (파스티쵸)

여러 가지 재료를 섞어 만든 파스타 파이(Pie) 혹은 파이 크러스트(Pie Crust)라
는 의미를 가지고 있는 요리를 말한다.

탈리아텔레 파스티쵸 만들기

재료(3인분): 키쉬 반죽: 박력분 100g, 버터 50g, 달걀 10g, 노른자 ½ea, 화이
트 와인 10㎖, 소금 2g

소: 살라미 찹 20g, 버터 5g, 양파 찹 20g, 삶은 감자 찹 1개, 탈리아텔레 30g,

파마산 치즈가루 20g, 생크림 200㎖, 데친 시금치 찹 40g, 완두콩 20g

조리기구: 원형 몰드

만드는 방법

1. 팬에 버터, 양파, 살라미, 삶은 감자와 시금치를 넣어 볶고 생크림을 넣어 조린 후, 삶은 탈리아텔레 면을 넣고 파스타 하듯이 되직하게 볶는다.
2. 원형 몰드에 맞게 키쉬도우를 깔고 포크로 찔러 키쉬도우를 미리 구워낸다.
3. 구워진 키쉬 도우 안에 볶은 재료를 넣어 치즈를 넣고 키쉬 반죽으로 덮은 후, 오븐에 굽는다.
4. 탈리아텔레 파스티쵸는 180도 오븐에서 10여 분 구워 낸다. 기호에 따라 토마토소스를 곁들이기도 한다.

Penne(펜네)

튜브 형태의 '펜촉' 모양의 파스타로 양끝이 사선으로 잘려 있고 소스가 튜브 안으로 잘 흡수할 수 있는 파스타로, 대중들에게 사랑받는 파스타 중에 하나다. 여러 가지 종류가 있는데, 일반적인 펜네보다 작은 것을 '펜네테(Pennette)', 큰 것은 '펜노니(Pennoni)', 줄무늬가 있으면 '펜네 리가테(Penne rigate)', 줄무늬가 없고 매끄러운 면을 '펜네 리쉐(Penne Lisce)'라고한다. 전통적으로 남부지방의 매콤한 요리

인 펜네 알라비아타(Penne all'Arrabbiata)요리에 자주 사용되며, 특히 오븐 요리에 적합하다.

길이: 53㎜, 너비: 10 ㎜, 두께: 1㎜

Penne con Salsa di Zucca dolce e Taleggio
(펜네 콘 살사 디 주카 돌체 에 탈레지오: 단호박 소스를 곁들인 펜네)

재료(1인분): 펜네 80g, 양파 찹 20g, 버터 15g, 닭 육수 100㎖(p.177), 단호박 퓨레 100g, 생크림 150㎖, 탈레지오 치즈 20g, 파마산 치즈가루 20g, 소금, 후추 약간, 이태리 파세리 찹 2g, 구운 잣 찹 30g,
장식: 선드라이 토마토 1개, 타임 1줄기, 잣 가루 약간

만드는 방법

1. 씨를 제거한 단호박은 호일에 싸서 200도 오븐에 20여 분 굽고 껍질을 벗겨 체에 내린다.

2. 팬에 버터를 넣고 다진 양파를 볶는다. 단호박 퓨레, 육수와 생크림을 넣어 부드럽게 농도를 풀어 준다. 원하는 농도가 나오면 탈레지오 치즈를 넣어 녹이고 간을 맞춘다.

3. 삶은 펜네를 넣고 다진 잣, 파슬리, 파마산치즈 가루로 간을 하고 농도를 맞춘다.

4. 접시에 담은 후, 다진 잣을 듬뿍 뿌리고 처빌과 선드라이 토마토를 올려 장식한다.

Tip 단호박은 단맛이 넉넉한 것으로 준비하고, 달지 않으면 소량의 설탕을 뿌려 오븐에 구워 체에 내려서 준비해 둔다. 잣은 기름을 두르지 않고 볶아서 다져 사용한다.

Pennoni(펜노니)

펜네와 유사한 튜브 모양의 파스타로, 펜네(Penne)보다 크며 양쪽 끝이 어슷하게 잘린 숏 파스타로 깃대의 모양을 본떠 만들어졌다.

Pennoni con Salsa di Bisque al Crema, Gamberi e Scampi
(펜노니 콘 살사 디 비스케 알 크레마, 감베리 에 스캄피: 새우와 스캄피를 곁들인 비스큐 크림소스 펜놀리)

재료(1인분): 펜노니 80g, 버터 10g, 올리브유 5g, 으깬 마늘, 스캄피 5마리(노르웨이의 자그마한 랍스터), 새우(小) 3마리, 화이트 와인 20㎖, 이태리 파슬리 2줄기, 방울토마토 3개, 비스큐 크림소스 200㎖(p.345)

만드는 방법

1. 새우는 머리, 껍질 그리고 내장을 제거한다.
2. 가재새우는 반으로 갈라 머리 부분에 내장을 들어내고 몸통의 살 부분의 실 같은 내장을 제거한다.

3. 팬에 올리브유를 두르고 으깬 마늘을 넣고 향을 낸 후, 손질한 해물과 버터를 넣어 볶아 준다. 화이트 와인을 넣어 비린내를 제거해 준다.

4. 비스큐 크림소스를 넣어 약한 불에서 한 번 끓인 후 삶은 면과 이등분한 방울 토마토와 다진 파슬리를 넣어 농도를 조절한다.

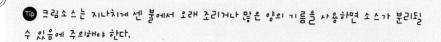

Tip 크림소스는 지나치게 센 불에서 오래 조리거나 많은 양의 기름을 사용하면 소스가 분리될 수 있음에 주의해야 한다.

Pennucce(펜누체)

펜네 리가테(Penne Rigate)의 축소판으로, 남부 이탈리아 풀리아 주 레체(Lecce) 지역에 위치한 파스타 제조사인 베네데토 카발리에레(Benedetto Cavaliere)에서 만들어 낸 파스타이다. 이 지역은 질 좋은 세몰라가 많이 재배되는 지역으로, 압착해 만든 파스타를 저온 건조하여 질 좋은 파스타를 만들어 내는 곳 중 하나다. 이 파스타는 미네스트로네(Minestrone : 야채수프)나 크림소스에 어울리는 파스타이다.

Pezze Rigate(페체 리가테)

세몰라와 물로 만든 반죽을 담배 모양으로 밀어 5㎝ 간격으로 잘라 뇨키 판에 올려 막대를 눌러 가며 만들어지며, 리가테(Rigate)라는 표현은 '금이 새겨진'이라는 뜻을 가지고 있어 뇨키 판의 틈새가 파스타 표면의 줄을 만들어 낸다.

페체 리가테 만들기

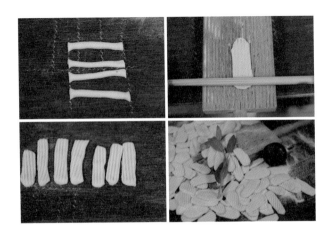

재료(1인분) : 세몰라100g, 미지근한 물 50g, 소금 2g, 올리브유 5g
조리기구 : 뇨키 판

만드는 방법

1. 세몰라에 재료를 넣어 반죽을 한 후 1시간 정도 냉장고에 휴직을 시킨다.
2. 반죽을 담배 모양의 두께로 성형을 한 후 3−3.5㎝ 간격으로 자른다.
3. 뇨키 판 위에 올린 후, 나무 젓가락으로 굴려 납작한 모양을 낸다.

4. 만들어진 페체 리가테는 세몰라 가루를 뿌려 겉을 말린다.

Pezze Rigate con Pesto di Salvia
(페체 리가테 콘 페스토 디 살비아: 세이지 페스토를 곁들인 페체 리가테)

세이지 페스토 만들기

재료(150㎖): 세이지(Sage)20g, 올리브유 100㎖, 구운 잣 20g, 으깬 마늘 ½개, 파마산 치즈가루 20g, 소금 약간

만드는 방법

1. 볼에 올리브유와 마늘, 잣과 치즈를 넣어 먼저 갈아 준다.
2. 갈아진 혼합물에 세이지 잎을 넣고 갈아 준다.

3. 마지막에 입자와 간을 조절하고 기호에 따라 오일과 파마산 치즈를 더 넣어 맛과 농도를 조절한다.

요리 완성하기

재료(1인분): 페체 리가테 60g, 마늘 1쪽, 손질한 새우 3마리(중하), 화이트 와인 20㎖, 세이지 페스토 50ml

만드는 방법

1. 팬에 으깬 마늘과 올리브유를 넣어 향을 낸 후 껍질을 제거한 새우를 넣어 볶는다.
2. 화이트와인을 넣고 신맛을 날린 후, 짜지 않은 면 물로 자작하게 소스를 만들고 삶은 페체 리가테 면을 볶는다.
3. 소스가 약간 남아 있을 때 불에서 뗀 후, 세이지 페스토와 파마산 치즈를 넣어 골고루 소스가 묻도록 한 후 접시에 담고 세이지로 장식하여 마무리한다.

Pici(피치)

피치는 '아피치아레(Appicciare)'에서 나온 말로 '들러붙다'라는 말에서 파생됐다. 피치는 세몰라에 물을 한 반죽 또는 강력분에 물로 한 반죽 모두 가능하며, 스파게티니(Spaghettini)처럼 가느다랗게 늘려 만든 파스타를 말한다. 토스카나 주에서 찾아볼 수 있으며 움브리아 지역에서는 '움브리치(Umbrici)', 몬탈치노에서는 '룽게티(Lunghetti)', 몬테풀치아노 지역에서는 '핀치(Pinci)'라고 부른다. 무거운 라구 소스 등과 잘 어울린다.

길이: 150㎜, 지름: 3㎜

피치 만들기

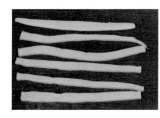

재료: 강력분 100g, 물 60g, 소금 2g, 올리브유 5g

만드는 방법

1. 밀가루와 다른 재료를 넣고 10여 분 정도 치댄다.

2. 1시간 정도 충분히 휴직을 준 후, 긴 담배 모양으로 만들어 준다.

3. 양손바닥으로 스파게티 면 굵기보다 약간 더 굵게 밀고, 길이는 20㎝ 정도로 만들어 낸다. 만든 면은 세몰라 가루를 솔솔 뿌려 겉을 말린다.

Pici con Pancetta e Fagioli
(피치 콘 판체타 에 파쫄리: 삼겹살과 완두콩을 넣은 피치)

재료(1인분): 피치면 80g, 으깬 마늘 1쪽, 로즈마리 2줄기, 완두콩 30g, 판체타 슬라이스 50g(P. 189), 만가닥 버섯 30g, 파마산 치즈 20g, 소금, 후추 약간씩

장식: 베이비 믹스 야채 약간, 파마산치즈 슬라이스 약간

만드는 방법

1. 팬에 올리브 유, 마늘, 로즈마리, 삼겹살, 완두콩, 버섯 순으로 볶는다.

2. 볶은 재료에 화이트 와인을 넣어 날아가면 면 수를 넣어 소스를 만든 후 삶은
   피치 면을 넣어 에멀전을 잘해 준다.

3. 마지막에 파마산 치즈와 버터로 맛을 낸 후, 접시에 담고 베이비 믹스 야채와
   파마산 치즈 슬라이스로 장식한다.

Pillus(필루스)

사르데냐의 리본 형태의 얇은 파스타로, 파파르델레 폭보다 좁은 면이다. 무겁
고 입자가 있는 소스와 어울리는 파스타다.

Pizzocheri(피초케리)

피초케리는 '뻣뻣하고 고집이 센 자'라는 의미를 가지고 있다. 이 면은 메밀가루로 만들지만 반죽이 어렵기 때문에 메밀가루에 세몰라나 연질 밀가루를 섞어서 사용하는 추세로 변화하고 있다. 피초케리 면은 감자, 양배추 그리고 폰티나 치즈와 같은 연질 치즈와 환상의 궁합으로 훌륭한 소스를 만들어 낸다.

피초케리는 메밀가루 80%, 연질 밀가루 또는 기타 밀가루 20%를 넣어 만드는 발텔리나(Valtellina)의 파스타로, 물을 넣어 만들며 오늘날은 우유와

통 메밀

달걀을 넣어 농도를 맞춰 만들기도 한다. 녹색 야채인 근대, 양배추와 감자를 넣어 만든 짧은 탈리아텔레 형태의 파스타다. 다른 형태의 피초케리로는 피초케리 비앙키(Pizzocheri bianchi)가 있고, 키아벤나(Chiavenna) 지역에서는 밀가루와 빵가루를 만드는 뇨케티(Gnocchetti) 모양과 유사하다. 피초케리 축제가 있는데, 라 사그라 데이 피초케리(La Sagra dei Pizzocherri)라고 하여 매년 6월 텔리오(Teglio)에서 개최된다.

소스는 전형적으로 감자, 베르차(Verza: 주름진 양배추), 비토(Bitto: 소유나 양유로 만든 손드리아 지방의 경질 치즈) 그리고 녹인 버터를 주 소스로 만들어 삶은 면을 넣어 만든다. 이 파스타는 이태리 북부 발텔리나(Valtellina) 생파스타다.

피초케리 만들기

재료: 메밀가루 80g, 강력분 40g, 달걀 1개, 소금 약간

만드는 방법

1. 재료를 나무 작업대에 올려 반죽을 한다. 우유나 생크림으로 농도를 조절하여 만든다. 반죽이 완성되면 1시간 정도 휴직을 준 후 작업한다.
2. 밀대로 밀어 길이 50㎜, 너비10㎜, 두께 1.5~3㎜로 만든다.

Puntine(푼티네)

쌀 모양의 파스타로, 세몰라와 물로 만든 건파스타이다. 샐러드나 수프 등에 사용하는데, 특히 리지(Risi: 쌀 모양 파스타) 모양과 유사하다.

Purulzoni(푸를조니)

세몰라와 물을 섞은 반죽에 페코리노 치즈와 설탕을 넣어 만든 소를 사각형 혹은 반달 모양의 라비올리로 만든 사르데냐의 갈루라(Gallura) 지방의 전통 라비올리로, 토마토소스와 바질로만 맛을 내어 제공하는 파스타다.

Rascatielli(라스카티엘리)

세몰라와 물로 만들어지는 생파스타로, 가끔 잠두가루와 감자로도 만들어진다. 반죽을 담배모양으로 길게 성형을 한 후 길이 2–3㎝ 간격으로 잘라 손가락으로 당겨서 반죽 내부에 손가락의 홈이 만들어지는 파스타이다. '스트라쉬나티(Strascinati) 형태의 파스타'로 불리며, 남부 이탈리아인 바실리카타, 풀리아 그리고 칼라브리아 주 등에서 자주 먹는다.

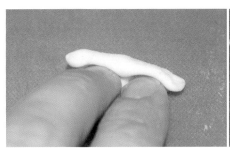 

Ramiccia(라미챠)

강력분, 달걀, 물과 소금으로 만든 생파스타로, 페투치니 형태의 실처럼 가는 긴 면으로 만든다. 돼지 갈빗살, 간으로 만든 소시지 등을 넣어 만든 소스와 잘 어울린다. 이 면은 라지오(Lazio) 주의 도시인 수비아코(Subiaco), 로비아노(Roviano), 페르칠레(Percile) 등에서 자주 등장하며, 노르마(Norma) 도시의 전통 파스타 중의 하나다. 노르마는 라티나에 속한 자그마한 코무네 이름이다.

Riccioli(리촐리)

리촐리는 '곱슬곱슬하다'라는 의미를 가진 건파스타로, 돌돌 말린 와인 오프너 모양인 카바타피와 유사하다. 착색하여 만든 건면도 이탈리아의 마트에서 쉽게 찾아볼 수 있다.

Quadretti(콰드레티), Quadrettini(콰드레티니)

이 파스타는 세몰라와 달걀로 만든 작은 사각형 모양의 파스타로 경우에 따라서 반죽에 넛맥을 갈아 넣어 만들기도 하는데, 스폴리아 두께를 약 1㎜로 밀어 사방 1.5㎝ 간격으로 자른 면을 말하며, 콰드레티니는 반으로 작게 자른 면이다. 이 파스타는 전통적으로 콩과 함께 고기수프나 국물에 넣어 먹었던 파스타이다.

콰드레티 만들기

재료(1인분): 전란 반죽 100g(p.94)

만드는 방법

1. 반죽을 파스타 기계를 이용해서 스폴리아를 만들어 탈리아 파스타(Taglia pasta)

를 이용해서 일정한 간격으로 잘라서 만든다.

2. 자른 후에 서로 달라붙지 않도록 여분의 밀가루를 뿌려 겉을 건조하여 사용한다. 이 면은 무거운 미트소스나 혹은 향초 소스 등에도 잘 어울린다.

Quadrucci (콰두루치)

생면과 건면이 동시에 존재하며, 라쟈냐 형태의 편편한 면을 작은 사각형으로 작게 잘라 수프 등에 넣어 먹는 파스타로 만들 수 있으며, 조금 큰 사각형으로 자르면 다른 형태의 파스타에 응용할 수 있다.

콰두루치 만들기

재료(1인분): 강력분 100g, 달걀 1개, 소금 4g, 올리브유 10㎖
조리기구: 파스타 기계, 탈리아 파스타

만드는 방법

1. 볼에 재료를 넣어 반죽이 한 덩어리가 되면 글루텐이 잡히도록 10여 분간 치댄다.
2. 반죽을 비닐에 싸서 냉장고에 최소 1시간 정도 휴직을 준 후 사용한다.
3. 파스타 기계에 넣고 두꺼운 스폴리아(Sfoglia) 모양으로 만들어 낸다. 면을 5x5㎝ 정도로 잘라 실온에 표면을 말려 사용한다.

Quadrucci con Salsa di Borlotti e Salsiccia(콰두루치 콘 살사 디 보를로티 에 살시챠: 소시지와 보를로티 소스를 곁들인 콰두루치)

보를로티 소스 만들기

재료: 삶은 보를로티(Borlotti) 빈스 40g, 생크림 100g, 야채육수 40g(p.185), 소금, 후추 약간씩, 파마산치즈 5g

만드는 방법

1. 삶은 보를로티, 육수, 생크림을 넣어 핸드블렌더로 갈아 준 후 체에 걸러 사용한다.
2. 소스에 소금, 후추로 간을 하고 파마산치즈 가루를 넣어 풍미를 준다.

요리 완성하기

재료(1인분): 콰두루치 70g, 으깬 마늘 2쪽, 화이트 소시지 슬라이스 1개, 양송이버섯 슬라이스 2개, 삶은 감자 다이스 60g, 파마산치즈 가루 10g, 이태리 파슬리 찹 2g, 올리브 오일 10㎖

장식: 베이비 루콜라 5g

만드는 방법

3. 팬에 올리브유를 두르고 마늘을 볶는다. 마늘이 색이 나고 향이 나면 마늘을 들어내고 소시지, 로즈마리와 양송이를 넣어 볶는다.
4. 면 물을 넣어 재료가 무르도록 볶은 후 보를로티 퓨레를 넣어 농도를 맞춘다.
5. 삶은 감자와 콰두루치를 넣어 볶다가, 마지막에 파마산치즈를 넣어 간을 조절한다.
6. 접시에 담고 베이비 루콜라를 올려 완성한다.

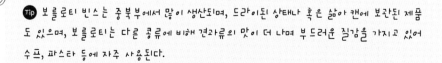

Tip 보를로티 빈스는 중북부에서 많이 생산되며, 드라이된 상태나 혹은 삶아 캔에 보관된 제품도 있으며, 보를로티는 다른 콩류에 비해 견과류의 맛이 더 나며 부드러운 질감을 가지고 있어 수프, 파스타 등에 자주 사용된다.

Radiatori(라디아토리)

　라디아토리는 라디에이터(Radiator)인 '냉각 장치' 모양을 하고 있는 건면으로 판매되지만, 틀을 구입한 작은 파스타 공장에서도 생면으로 만들 수 있다. '아르모니케(Armoniche)'라고도 불린다. 이 파스타는 겉에 충분히 소스가 달라붙도록 고안된 파스타이다. 무거운 소스에 잘 어울리며, 샐러드에도 잘 어울린다.

Radiatore gratinate alla Ragú di Agnello
(라디아토레 글라티나테 알라 라구 디 아넬로: 양 라구를 곁들인 라디아토레 그라탕)

라구 만들기

재료(1인분): 마늘 2쪽, 로즈마리 2줄기, 양파 찹 50g, 당근 찹 30g, 샐러리 찹 20g, 버터 20g, 양고기(Chuck: 어깨 살) 찹 100g, 토마토 페이스트 70g, 레드와인 20㎖, 닭 육수 100㎖(p.177), 소금, 후추 약간씩, 파마산 치즈 가루 20g

만드는 방법

1. 팬에 버터를 두르고 으깬 마늘과 로즈마리를 넣어 향을 낸 후 마늘은 들어내고 다진 양파, 당근, 샐러리 순으로 볶는다. 볶으면서 기본 간을 해 준다.
2. 두툼하게 자른 양고기를 볶고 간을 한 후, 레드와인을 넣고 신맛을 날린 후 페이스트를 넣어 약한 불에서 볶아 준다.
3. 육수를 넣어 20여 분 끓인 후 마지막에 버터와 파마산 치즈로 맛을 낸 후 마무리한다.

요리 완성하기

재료(1인분): 양고기 라구 150g, 라디아토레 60g, 화이트 소스 60g(p.164), 피자 치즈 40g, 파마산치즈 5g, 소금, 후추 약간, 올리브 유 20ml

장식: 베이비 루콜라 10g, 파마산 치즈 가루 5g

만드는 방법

1. 팬에 라구소스와 면수를 넣어 데운 다음, 삶은 라디아토레면을 넣어 볶은 후 버터, 올리브 유를 넣고 마지막으로 간을 본다.

2. 잘 볶아진 면은 오븐용 팬에 넣고 화이트소스와 피자치즈를 올려 180도에 예열된 오븐에 10분 정도 조리한다.

3. 오븐에서 꺼낸 라디아토레 그라탕 위에 루콜라와 치즈를 올려 마무리한다.

Ravioli(라비올리)

셰프 쥬셉피나   리코타 라비올리

라비올리는 얇게 민 스폴리아 두 장에 소를 채워서 만든 파스타 종류로, 원형·반달·사각형으로 만들거나 혹은 배꼽 모양으로 만든 토르텔리, 토르텔리니와 같은 모양의 종류도 있다. 이탈리아에서는 지역에 따라 모양도 들어가는 소도 다양하지만, 같이 곁들이는 소스 만큼은 심플한 것이 잘 어울린다. 들어가는 소의 맛을 느끼기 위해서는 세이지 버터 소스와 같은 가벼운 향초 소스 등이 잘 어울리며, 속 재료의 맛을 음미하는 데는 스폴리아가 얇으면 좋겠지만 지역에 따라 두께를 두껍게 만드는 지역도 있다.

Ravioli di Cuore al Carne e Petto di Anatra(라비올리 디 쿠오레 알 카르네 에 페토 디 아나트라: 오리가슴살과 소고기로 채운 하트 라비올리)

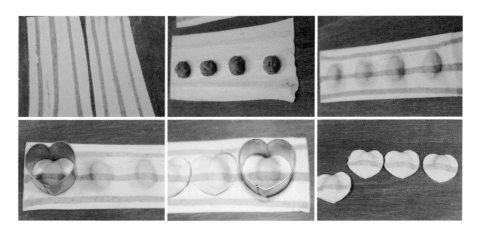

하트 라비올리 만들기

재료: 시금치 면 50g, 노른자 면 100g(착색 무늬면 만들기 p.115)

소 재료: 소고기 안심(자투리)100g, 오리 가슴살 30g, 양파 20g, 마늘 2개, 로즈마리 1줄기, 올리브유 20㎖, 파마산치즈 20g, 이태리 파슬리 2줄기, 달걀 ½개

소금, 후추 약간씩, 빵가루 20g

조리기구: 파스타 기계, 붓, 하트 형 몰드, 핸드블렌더

소 만들기

1. 팬에 으깬 마늘과 올리브유와 로즈마리를 넣어 향을 낸 후 다진 소고기, 오리 가슴살, 다진 양파를 넣어 볶아 준다.

2. 소금과 후추로 간을 한 후 내용물을 익힌다.

3. 소량의 육수를 넣고 수분이 없을 때까지 졸인 후 볼로 옮긴 후 소량의 달걀 물, 다진 파슬리, 빵가루, 파마산치즈 등을 넣어 핸드블렌더로 갈아 되직한 소를 만들어 낸다.

라비올리 만들기

1. 노른자 스폴리아(Sfoglia) 면 위에 시금치 탈리아텔레 면 3가닥을 간격을 띄어 붙인 후, 파스타 기계로 밀어 2장을 준비한다.

2. 한 장은 색이 밑으로 가도록 놓고, 붓으로 달걀 물을 바르고 원형으로 만든 완자를 간격을 띄어 올린 후 여분의 면으로 덮는다.

3. 공기가 들어가지 않도록 봉합한 후, 하트 몰드로 찍어서 잘라 낸다. 라비올리의 빈 공간을 눌러 공기를 빼 준다.

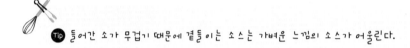

Tip 들어간 소가 무겁기 때문에 곁들이는 소스는 가벼운 느낌의 소스가 어울린다.

Ravioli al Zucca(라비올리 알 주카: 버터넛 스쿼시을 넣은 라비올리)

재료: 노른자 반죽 100g(p.96), 버터넛 스쿼시 110g, 이태리 파슬리 찹 2g, 파마 산치즈 가루 20g, 소금, 후추 약간씩

조리기구: 파스타 기계, 라비올리 몰드

만드는 방법

1. 호박은 씨와 껍질을 제거하여 스팀으로 쪄낸다.

2. 체에 내려 파슬리, 파마산 치즈, 소금과 후추로 간을 한다.

3. 스폴리아(Sfoglia) 면을 만든 후, 반 스푼 정도의 소를 면 위에 간격을 띄어 올려놓는다.

4. 반으로 접어 반달 모양으로 라비올리 몰드로 찍어 낸다. 끝 부분은 흘러나오지 않도록 눌러 준다.

Ravioli al Zucca con Salsa di Noce(라비올리 알 주카 콘 살사 디 노체: 피칸소스를 곁들인 호박 라비올리)

피칸소스 만들기

재료(150㎖): 피칸 50g, 올리브유 90㎖, 마늘 2쪽, 파마산 치즈 20g, 이태리 파슬리 찹 2g, 안초비 1마리, 소금 약간

만드는 방법

1. 팬에 기름과 슬라이스 마늘을 넣고, 약한 온도부터 마늘이 노릇하게 될 때까지 튀긴 후 들어내어 호두를 넣고 튀긴다.

2. 호두가 연한 갈색이 되어 튀겨지면 불에서 꺼내 얼음물에 식히고 안초비, 파마산치즈, 소금과 파슬리를 넣어 갈아 준다.

3. 곱게 간 피칸 소스에 파마산 치즈로 맛을 더하고 최종 간을 본다.

버터넛 스쿼시 소스 만들기

재료: 버터넛 스쿼시 퓨레(삶아 체에 내린) 30g, 생크림 70g, 소금, 후추 약간씩

만드는 방법

1. 스쿼시 소스는 생크림과 퓨레를 넣어 한번 끓인 후, 농도를 잡고 간을 하여 체에 내려 사용한다.

요리 완성하기

재료(1인분): 버터넛 라비올리 10개, 버터넛 소스 20g, 피칸 소스 40g

장식: 리코타 치즈 20g, 처빌 2줄기, 오세트라 캐비어 5g(p.163)

만드는 방법

1. 삶은 라비올리는 물기를 제거하고 접시에 담아 스쿼시 소스와 미지근한 피칸
   소스를 뿌린 후, 리코타 치즈와 처빌, 오세트라 캐비아, 선 드라이 토마토를
   올려 완성한다.

Tip 피칸소스는 팬에 직화로 데우면 기름과 퓨레가 분리되므로 중탕으로 데우는 것이 좋다.

Ravioli di Rosa (라비올리 디 로사: 장미 모양 라비올리)

장미모양 라비올리는 창작 파스타로 착색한 스폴리아를 이용해 장미 꽃송이처

럼 만들었다고 해서 장미 라비올리라고 붙였다. 스폴리아면 한쪽에 소를 채워 면을 봉합하고 탈리아 파스타로 여분의 면을 잘라 내고 돌돌 말면 쉽게 장미 라비올리를 만들 수 있다.

단품요리, 혹은 작게 만들어 코스요리에 사용하면 시그니처 메뉴로서 손색이 없다.

Ravioli di Rosa al Carne in Brodo(라비올리 디 로사 알 카르네 인 브로도: 고기 육수에 넣은 장미 모양 라비올리)

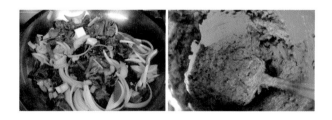

소 만들기

재료(15개 분량): 소고기 안심(자투리)100g, 양파 슬라이스 60g, 당근 슬라이스 40g, 샐러리 슬라이스 10g, 으깬 마늘 2쪽, 올리브유 20㎖, 이태리 파슬리 찹 2줄기, 소금, 후추, 파마산 치즈 가루 20g, 버터 20g

만드는 방법

1. 팬에 올리브유를 두르고 마늘을 넣어 향을 낸 후 양파, 당근, 샐러리 순으로

볶고 안심을 넣고 소금, 후추로 간을 해 준다.

2. 소량의 소고기 육수를 넣어 완전히 익혀 준다. 수분이 없어질 때까지 졸여서 핸드블렌더로 갈아 준다.

3. 파마산치즈와 다진 파슬리를 넣어 마지막 간을 맞춘다.

4. 준비된 소는 짤 주머니에 담아서 사용한다.

Tip 샐러리는 껍질을 잘 벗겨야 한다. 섬유질이 강하기 때문에 껍질이 남아 있으면 소에 실처럼 남아있어 불쾌감을 준다. 농도가 묽다면 마른 빵가루를 넣어 물기를 조절할 수 있다.

장미 라비올리 만들기

만드는 방법

1. 전란 스폴리아(Sfoglia)를 20㎝ 정도 크기로 만들어 물을 바르고 짜 주머니에 담긴 소를 짠다.
2. 한 장에 2줄 정도 만들 수 있으며, 소를 덮어 봉합을 잘해 준다. 탈리아 파스타로 잘라 준다.
3. 잘라진 면은 마치 꽃송이처럼 돌돌 말아 주고 끝은 떨어지지 않도록 붙인다.

요리 완성하기

재료(1인분): 소고기 육수 200㎖(p.179), 장미 라비올리 1개, 파마산치즈 가루 5g, 이태리 고추 1개

장식: 메추리알 수란 1개, 타임 2줄기

만드는 방법

1. 소량의 물에 식초를 넣어 메추리알로 수란을 만든다.
2. 소고기 육수에 만든 라비올리를 넣는다. 고추를 넣고 라비올리가 익어 떠오르면 파마산치즈와 소금, 후추로 간을 하여 마무리한다.
3. 수프 볼에 육수와 라비올리를 담고, 위에 메추리알로 만든 수란과 처빌을 담아 완성한다.

Reginette(레지네테)

레지네테는 '작은 여왕'이라는 뜻으로, 리본 모양의 파스타로 마팔다(Mafalda) 혹은 마팔디네(Mafaldine)와 같은 개념의 파스타로 보면 된다. 세몰라로 만든 건

면으로, 마팔다(Mafalda) 공주의 탄생을 기념하기 위해 만들어졌다. 이런 면들은 건면으로 판매되고 있지만 생면으로만 만들 수 있다. 폭은 1㎝ 정도의 파스타로 가장자리에는 주름이 나 있는 것이 특징이며, 무거운 소스와 아주 잘 어울리는 파스타다. 남부 이탈리아인 나폴리에서 탄생한 파스타로 라자냐 리챠(Lasagna Riccia)와 비슷한 면인데, 레지네테보다 폭이 넓다.

길이: 100~250㎜, 너비: 10㎜, 두께: 1㎜

생면 레지네테 만들기

재료: 노른자 반죽 100g(P.94)
기구: 파스타 기구, 꽃잎 몰드

만드는 방법

1. 노른자 반죽을 파파르델레(Papardelle) 두께와 폭으로 잘라 양쪽 끝을 꽃잎 모양으로 눌러서 모양을 만들어 낸다.
2. 모양을 잡기 위해 겉모양을 건조한 후 사용한다.

Tip 주름이 있어 일반 파파르델레면 보다 식감이 더 쫄깃거린다.

Reginette con Scombro e Porri
(레지네테 콘 스콤브로 에 포리: 서양 대파와 고등어 소스로 맛을 낸 레지네테)

재료: 고등어 ½마리, 대파 슬라이스 ½개, 마늘 슬라이스 2개 분량, 올리브유 20

㎖, 레몬 껍질 ⅛개, 화이트 와인 20㎖, 처빌 3줄기, 버터 20g, 소금, 후추 약간씩

장식: 선 드라이 토마토 2개, 처빌 한 줄기

만드는 방법

1. 고등어는 뼈와 가시를 제거하여 레몬 껍질, 화이트 와인, 마늘 슬라이스로 30
   분 동안 마리네이드를 한다.

2. ⅛을 제외한 고등어는 슬라이스하고, 팬에 올리브유를 두르고 마늘 향을 낸
   후 대파 슬라이스를 넣어 볶다가 고등어를 볶으면서 간을 한다.

3. 화이트 와인을 넣어 날린 후, 삶은 면과 면수를 넣어 소스와 면이 잘 어우러지
   도록 볶는다. 마지막에 버터를 넣어 에멀전을 한 후 접시에 담아낸다.

4. 남은 고등어는 간을 한 후 노릇하게 굽고, 완성된 파스타 위에 장식하여 마무
   리한다.

Tip 포리는 서양대파로 대파와 맛이 비슷하여 자주 사용한다. 대파는 고등어 요리에 잘 어울리
며, 특히 그릴이나 오븐에 구워서 사용하면 특유의 비릿한 맛을 제거하는 데 도움이 될 뿐만 아
니라, 단맛이 생겨 고기요리에 잘 어울린다.

Rigatoni(리가토니)

세몰라와 물로 만든 튜브 모양의 건면으로 표면에 홈이 있는 것이 특징이다.
펜네보다 크며 리가토(Rigato)에서 유래한 말로 '선을 그은'이라는 뜻을 가지고 있

다. 남부 이탈리아와 시칠리아 등지에서 많이 먹는다. 무겁고 강한 파스타인 미트소스 등과 잘 어울린다.

길이: 45㎜, 너비: 15 ㎜, 두께: 1 ㎜

Rigatoni gratinate al Purea di Patate con Salsa di Pomodoro
(리가토니 그라티나테 알 푸레아 디 파타테 콘 살사 디 폼모도로: 감자로 소를 채운 리가토니 그라탕과 토마토소스)

재료(1인분): 리가토니 8개, 감자 100g, 생크림 50㎖, 파마산치즈 20g, 버터 10g, 데친 시금치 20g, 볶은 베이컨 5g, 파자치즈 30g, 토마토 소스 100㎖(P.170)

장식: 선 드라이 방울토마토 1개, 바질 1줄기

조리기구: 짜 주머니, 핸드블렌더

만드는 방법

1. 감자는 삶아 뜨거울 때 체에 내려 녹인 버터, 데운 생크림, 파마산 치즈가루, 소금을 넣어 핸드블렌더로 감자 메쉬를 만든다.

2. 1에 데쳐 다진 시금치, 살짝 볶은 베이컨도 같이 섞어 주고 간을 본다.

3. 준비된 소는 삶은 리가토니 면에 짜 넣는다.

4. 면 위에 피자치즈를 올려 180도 오븐에서 5분 정도 조리한다. 색이 나면 꺼내 데운 토마토 소스를 접시 위에 깔고 그라탕한 리가토니를 올린다.

5. 마지막에 선 드라이 토마토와 바질을 올려 장식한다.

Rocchetti(로케티)

실패 혹은 실타래 모양의 파스타로, 드라이 면으로 판매되는 면이다. 하지만 생반죽으로 모양을 잡는 것도 가능하다. 생면으로 만든 면은 쫄깃하다.

로케테 만들기

재료(1인분): 세몰라 100g, 소금 2g, 올리브유 5g, 샤프란 물 45g

조리도구: 뇨키 틀, 나무 젓가락

만드는 방법

1. 세몰라에 소금, 샤프란 물, 올리브유를 넣어 반죽을 한다.

2. 10여 분 정도 치댄 후, 냉장고에 1시간 정도 숙성을 시킨 후 사용한다.

3. 나무 젓가락 두께로 만들어 2㎝ 간격으로 자른 후, 뇨키틀 위에 올려놓고 젓가락으로 감아서 굴린다. 끝이 봉합되지 않도록 하는 것이 이 면의 특징이다.

4. 세몰라 가루를 뿌려서 달라붙지 않도록 하며, 겉을 말린 후 사용한다.

Rocchetti con Salsa di Crema e Porcini
(로케티 콘 살사 디 크레마 에 포르치니: 포르치니 크림 소스를 곁들인 로케티)

재료(1인분): 로케티 80g, 올리브유 10㎖, 양파 찹 20g, 버터 20g, 프로쉬토 찹 10g, 포르치니 버섯 슬라이스 50g, 생크림 200㎖, 이태리 파슬리 3줄기, 파마산 치즈 가루 20g, 소금, 후추 약간씩

장식: 토마토 콩카세 5g, 부드러운 샐러리 잎 1장

만드는 방법

1. 팬에 올리브유를 두르고 프로쉬토를 볶는다. 다시 버터와 양파를 넣어 볶다가 슬라이스한 포르치니 버섯을 넣어 볶다가 소금, 후추로 간을 한다.

2. 생크림을 넣어 졸인 후, 삶은 로케타를 넣어 크림화를 시킨 다음 불을 끄고 파마산 치즈, 다진 파슬리로 맛을 낸다.

3. 접시에 담고 콩카세와 샐러리 잎으로 장식을 한다.

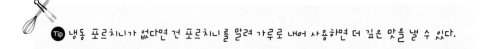

Tip 냉동 포르치니가 없다면 건 포르치니를 말려 가루로 내어 사용하면 더 깊은 맛을 낼 수 있다.

Rotolo(로톨로)

얇은 스폴리아(Sfoglia) 위에 소를 올려놓고 돌돌 말아 만든 파스타 롤(Roll)이다. 우리나라 김밥 모양처럼 속을 다양하게 채운 스폴리아 롤을 말하며, 기호에 따라 원하는 재료와 간격으로 잘라 내용물이 보이도록 하여 오븐에 조리하여 그라탕을 하여 만들어 낸 파스타 종류다.

Rotolo alle Verdure al gratinata
(로톨로 알레 베르두레 알 그라티나타: 채소 로톨로 그라탕)

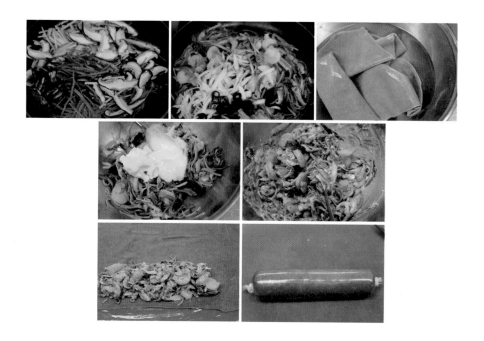

로톨로 소 만들기

재료(15㎝ 크기, 2롤): 시금치 반죽 100g(P.104), 양파 쥴리엔 50g, 당근 쥴리엔 40g, 애호박 쥴리엔 60g, 생표고버섯 슬라이스 3개, 피망 슬라이스 ½개, 블랙 올리브 슬라이스 10g, 새우(중하) 5마리, 으깬 마늘 1개, 이태리 파슬리 찹 2g, 바질 2줄기, 베샤멜 소스 80g(P.164), 게살 40g, 소금, 후추, 올리브유 60㎖, 레몬 ¼개, 파마산치즈 가루 20g

만드는 방법

1. 새우는 내장과 껍질을 제거하여 반으로 갈라 준비한다. 모든 채소는 체를 썰어 준비한다. 호박은 돌려 깎아 씨를 제거하고 체를 썬다.

2. 팬에 올리브유를 두르고 으깬 마늘을 넣어 색이 나면 양파를 먼저 넣어 볶으면서 단단한 것부터 볶기 시작하고, 중간중간에 간을 하고 부족한 오일을 첨가하여 볶아 준다. 마지막에 새우와 게살을 넣어 볶고 다시 한 번 간을 한다.

3. 볼에 야채를 담아 식힌 후 레몬즙, 베샤멜 소스, 파마산치즈, 이태리 파슬리와 다진 바질을 넣어 최종 간을 본다. 베샤멜은 야채가 서로 달라붙는 역할을 하기 때문에 부족하면 더 사용해도 무관하다.

4. 작업 테이블에 비닐을 깔고 삶아 물기 제거한 시금치 면을 올리고 소를 올려 김밥 말듯이 돌돌 말아 준다. 양쪽을 단단하게 묶는다.

5. 자르기 편하게 하기 위해서 냉동실에 넣어 살짝 얼린다.

요리 완성하기

재료(1인분): 로톨로(두께 3㎝ 자른) 3조각, 베샤멜 소스 80g, 파마산 치즈 50g, 비스큐 소스 60g(p.168)

장식: 바질 오일 10g, 선 드라이 토마토 1개, *단테 1개

만드는 방법

1. 얼린 로텔로는 한입 크기로 잘라 비닐을 제거한 후 로텔로 위에 베샤멜 소스와 파마산 치즈를 뿌린다.

2. 예열된 180도 오븐에서 5분 정도 구운 후, 살라만다에서 로텔로 표면을 갈색으로 내준다.

3. 접시에 비스큐소스를 깔고 로텔로를 올린 후, 선드라이 토마토, 단테를 올리고 바질 오일을 마지막으로 뿌려 마무리한다.

* 단테는 밀가루, 오일과 물을 섞어 팬에 구운 것으로 물:오일:밀가루를 10:9:1.2의 비율로 섞어 코팅 팬에 구워서 만들어 내는 튀일의 종류. 바질 오일은 올리브 기름에 바질 잎을 약불에 튀겨 믹서기에 갈고 소창에 걸러 만들어 사용할 수 있다.

Tip 단품으로는 3개 정도가 적당하며 코스 요리에 사용할 경우 1조각을 제공하면 적당하다.

Ruote(루오테), Rotelline(로텔리네)

세몰라와 물로 만든 드라이 면으로 '마차 바퀴'라는 뜻이다. 20세기 초반에 이탈리아의 공업이 발달하면서 기계나 공구의 모양을 본떠 만든 파스타들이 많이 나오게 되었는데, 그중 하나로 마차 바퀴, 공업용으로 쓰는 기구와도 비슷하다

루오테

하여 붙여진 이름이다. 토마토소스나 가벼운 소스 그리고 차가운 샐러드와 잘 어울리며, '로텔레(Rotelle)'라고도 불린다

길이: 6.5㎜, 지름: 23.5㎜, 두께: 1㎜

Sagnarelli(사냐렐리)

이 파스타는 리본 모양의 파스타로, 직사각형 모양을 하고 있으며 모서리는 톱니 모양으로 잘라서 만든다. 무거운 크림소스와 잘 어울린다.

사냐렐리 만들기

 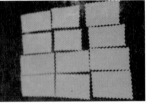

재료: 강력분 100g, 노른자 3개, 물 10g, 소금 3g, 올리브유 5g

만드는 방법

1. 재료를 혼합하여 글루텐이 잡히도록 10여 분 정도 치댄 후, 1시간 정도 냉장고에 휴직을 해둔다.

2. 파스타 기계를 이용해서 마지막 전 단계에서 스폴리아(Sfoglia)면으로 뽑아낸다.

3. 파스타 면의 크기는 두께는 약0.2mm, 크기는 4x7cm로 잘라 세몰라를 뿌려 실
   온에서 건조시킨 후 사용한다.

Sagnarelli con Ragú di Salmone
(사냐렐리 콘 라구 디 살모네: 연어라구를 곁들인 사냐렐리)

연어 라구 만들기

재료(1인분): 마늘 1쪽, 이태리 파슬리 찹 5g, 이태리 고추 2개, 타임 5줄기, 연
어 살 찹 100g, 양파 찹 20g, 화이트 와인 20㎖, 토마토 페이스트 30g, 야채육수
100㎖(P.183), 방울토마토 5개

만드는 방법

1. 팬에 올리브유와 마늘, 타임을 넣어 향을 뺀 후 연어 살, 이태리 고추, 양파를
   볶다가 와인을 넣는다.
2. 토마토 페이스트를 넣어 약한 불에서 볶는다.
3. 방울토마토와 육수를 넣어 졸이고, 마지막에 간을 본 후 불을 끈다.

요리 완성하기

재료: 사냐렐리 80g, 연어라구 150g, 파마산치즈 가루10g, 버터 10g

장식: 처빌 1잎, 리코타치즈 10g(p.187)

만드는 방법

1. 연어라구에 삶은 면과 약간의 면수를 넣어 볶다가 파마산 치즈가루, 파슬리와
   버터를 넣어 마무리한다.
2. 접시에 담고 프레시 리코타 치즈와 처빌을 올려 마무리한다.

Sagne Incannulate(사녜 인칸눌라테)

　듀럼 밀과 물로만 만든 면으로, 반죽하여 부드러워지면 두께 0.3cm x 1.5cm x 20cm 크기로 잘라 나무 판에 올려 손바닥으로 돌려 만든 파스타이다. '사녜(Sagne)', '라가네 인칸눌라테(Lagane Incannulate)', '사녜 토르테(Sagne Torte)'라고도 불린다. 어울리는 소스로는 여러 가지 고기를 넣어 끓인 라구나 토마토 소스 등이 있으며, 이밖에도 다양한 소스와 잘 어울린다. 생면이 아닌 드라이 면으로도 판매되고 있다. 풀리아(Puglia) 주의 전통 파스타로 몰로제(Molise) 지방에서도 즐겨 먹으며, 요즘에는 포괄적인 의미로 '푸질리'라는 용어를 사용하는 곳도 있다.

사녜 인칸눌라테 만들기

재료: 오징어 먹물 50g(P.111), 노른자 반죽 50g(p.96)

조리기구: 붓, 파스타기계, 탈리아 파스타

만드는 방법

1. 두 가지 반죽을 두툼한 직사각형으로 두 덩어리로 만든 후, 오징어 먹물 면, 노른자 면 순으로 붙인 후 1시간 동안 무거운 것을 올려둔다.
2. 반죽의 폭을 4㎝ 간격으로 잘라 파스타 기계에 넣어 스폴리아(Sfoglia)를 만들어 낸다.
3. 내린 면은 탈리아 파스타를 이용해서 파파르델레 크기로 자른다.
4. 자른 면은 꽈배기 모양으로 돌돌 말아 완성한다.
5. 세몰라 가루를 뿌려 서로 달라붙지 않도록 하며, 성형한 반죽은 쉽게 풀리지 않도록 실온에 건조시킨다.

Sagne a Pezzi(사녜 아 페치)

이 파스타는 라쟈냐를 작게 잘라 만든 파
스타로, 아브루초(Abruzzo) 주의 루스티켈라
(Rustichella) 회사에서 만들어진 건면이다. 구부
러진 모양 때문에 무거운 소스나 되직한 퓨레 형

태의 소스가 잘 어울릴 듯해 보이지만, 올리브 오일이나 버터에도 잘 어울린다.
여러 가지 버섯과 고기 파테가 잘 어우러져 고소한 맛을 내는 파스타이다.

Sagne a Pezzi con Crema, Funghi e Paté di Carne
**(사녜 아 페치 콘 크레마 풍기 에 파테 디 카르네: 버섯크림과 고기 파테를 넣은
사녜 아 페치)**

고기 파테 만들기

재료(4인분): 올리브유 10㎖, 으깬 마늘 2개, 소고기 안심(자투리) 50g, 다진 삼
겹살 70g, 다진 닭고기 40g, 이태리 파슬리 2줄기, 소금, 후추 약간씩, 화이트

와인 30㎖, 달걀 ½개, 파마산 치즈 20g, 마른 빵가루 10g

만드는 방법

1. 팬에 올리브유를 두르고 마늘을 넣어 향을 낸 후 다진 삼겹살, 소고기, 닭고기 순으로 볶으면서 소금과 후추로 간을 한다.
2. 와인을 넣어 풍미를 좋게 하고 이태리 파슬리를 넣어 볶은 후, 고기가 다 익으면 볼로 옮긴다.
3. 소량의 달걀과 파마산치즈, 빵가루 등을 넣어 핸드블렌더로 곱게 갈아 주고 수분이 많아 질척할 때는 빵가루를 더 넣어 수분을 잡아 주고 갈은 파테에 최종 간을 해둔다.

요리 완성하기

재료(1인분): 사녜 아 페치 70g, 으깬 마늘 1쪽, 새송이버섯 슬라이스 ½개, 고기 파테 40g, 생크림 150㎖, 올리브유 20㎖, 이태리 파슬리 찹 약간, 느타리버섯 5개, 생표고버섯 슬라이스 1개, 양파 찹 10g, 버터 10g, 파마산 치즈 가루 20g, 소금, 후추 약간씩

장식: 깻잎 2장 슬라이스, 파마산 치즈 슬라이스 10g

만드는 방법

1. 팬에 올리브유를 두르고 슬라이스 마늘을 넣어 향을 낸 후, 슬라이스한 표고버섯과 새송이 그리고 느타리버섯을 넣어 앞뒤로 진하게 구우면서 소금과 후추로 간을 한다.

2. 버터를 넣고 다진 양파를 넣고 볶은 후, 면수를 약간 넣고 버섯이 무르도록 볶고, 파슬리와 생크림 그리고 표고버섯, 고기 파테를 넣고 소스에 풀어 준다.

3. 삶은 사녜 아 페치를 준비된 소스에 넣어 잘 어우러지도록 볶는다.

4. 마지막에 불을 끄고 파마산 치즈로 맛을 낸다.

5. 파스타를 접시에 담고 채 썬 깻잎과 파마산 치즈를 뿌려 마무리한다.

스카르피노크(Scarpinocc)

소 채운 파스타로 밀가루, 우유, 달걀 등으로 반죽을 만들고 소는 치즈, 빵가루, 마늘, 스파이스 (Spice) 등을 넣어 만든다. 소스는 녹인 버터에 풍부한 치즈를 뿌려 먹어도 좋은 파스타이다. 롬바르디아 주의

발 세리아나(Val Seriana) 지역에서 주로 먹는 파스타로, '신발'을 뜻하는 '스카르파 (Scarpa)'에서 파생된 파스타이다. 오늘날에는 공장에서도 소량만 만들어 유통되고 있다.

단호박 스카르피노크 만들기

재료(2인분): 단품용 20개

라비올리 반죽: 세몰라 100g, 우유 60g, 소금 3g

라비올리 소: 단호박 200g, 파마산 치즈 10g, 소금, 후추 약간씩, 다진 이태리 파슬리 3g

조리 도구: 파스타 기계, 원형 몰드, 붓

만드는 방법

1. 세몰라 반죽을 0.3㎝ 두께의 스폴리아(Sfoglia)로 만든 후, 원형 몰드로 반죽을 찍어낸다.

2. 원형 반죽 위에 단호박 소를 올린 후, 물을 발라 반달로 모양을 만든다. 소가 있는 밑 부분을 위로 잡고 빈 반죽 부분을 접어서 가운데를 눌러 준다.

3. 돛단배 모양처럼 만들어 낸다.

Scarpinocc al Zucca dolce con Salsa Avocado(스카르피노크 알 주카 돌체 콘 살사 아보카도: 아보카도 소스를 곁들인 스카르피노크)

아보카도 소스 만들기

재료: 아보카도 ½개, 생크림 100㎖, 파마산치즈 2g, 소금, 후추 약간씩

만드는 방법

1. 아보카도는 잘 익은 것으로 준비한다. 반으로 갈라 씨를 제거하고 과육만을
   꺼내고 데운 생크림과 파마산 치즈를 넣어 핸드블렌더로 곱게 갈아 준다.
2. 소스에 소금, 후추로 간을 맞춘다.

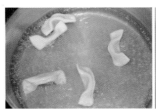

요리 완성하기

재료(1인분): 스카르피노크 10개, 처빌 2줄기, 송로 버섯 슬라이스 4조각, 토마
토 콩카세 4g, 아보카도 소스 50g

만드는 방법

1. 삶은 리비올리 면을 건져 물기를 제거하고 접시에 담고 아보카도 소스를 뿌
   린다.
2. 송로버섯 슬라이스, 처빌, 토마토 콩카세로 장식을 한다.

Schiaffoni(스키아포니)

리가토니보다 훨씬 큰 스키아포니는 튜브 모양의 건파스타로, 두께는 1.45㎜,
길이 50㎜ 그리고 폭27㎜ 정도이다. 가로파노(Garofano)라는 회사에서 만들어 출

시하고 있다. 이 면을 '파케리(Paccheri)'라고도 부르며, 남부 이탈리아인 나폴리
(Napoli)와 아벨리노(Avellino) 등지에서 주로 먹는다.

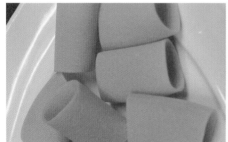 

Scialatielli(쉬알라티엘리)

캄파냐 주, 특히 나폴리의 대표적인 전통 생파
스타로 세몰라와 달걀 그리고 우유를 첨가하여
만들어졌으며 두께는 2.4㎜, 길이는 15㎝ 크기
의 면이다. 두꺼운 편으로 마치 키타라(Chitarra)
에 올려서 내린 면처럼 도톰한 것이 특징이다.

Scucuzzu(스쿠쿠추)

세몰라, 달걀과 물을 넣어 만든 건면으로, 강
력분을 반죽하여 만든 생면도 있다. 크기는 병
아리콩 모양을 하고 있으며 야채 육수에 넣어 삶
아서 조리하는데, 특히 리구리아 주에서 자주

등장한다. 아치니 페페(Acini Pepe)나 사르데냐의 전통 파스타인 프레굴라(Fregula) 모양의 파스타와 유사하다.

Seadas(세아다스)

사르데냐의 전통 디저트로, 반죽에 양유치즈 를 넣어 튀긴 후 꿀과 분설탕을 뿌려서 먹는다. 양치기 들로부터 유래된 음식으로, 치즈뿐만 아 니라 초콜릿을 채워서 만들기도 한다. '세바다스 (Sebadas)'라고도 불린다.

Sedani(세다니), Sedanini(세다니니)

세몰라로 만든 드라이 면으로, 튜브 형태의 파스타로 겉에 홈이 있으며 약간 구부러져 있는 파스타로 세다니는 '작은 샐러리 줄기'를 의미한다. 원래 이 파스 타는 '코끼리 상아'라는 의미를 담고 있는 '찬네 델레판테(Zanne d'Elefante)'라는 이 름이었는데, 상아 채집이 금지되면서 이름을 변경했다. 세다니는 세타니니보다 큰 파스타를 의미한다.

길이: 40㎜, 너비: 6.5㎜, 두께: 0.8㎜

Semi di Melone(세미 디 멜로네)

'멜론 씨'라는 의미를 가지고 있으며, 세몰라와 물로 만든 불규칙적인 씨 모양의 건면으로, 파스티네(Pastine) 형태이며 수프나 샐러드에 사용된다.

Semola Battuta(세몰라 바투타)

세몰라, 달걀, 치즈, 다진 파세리를 넣어 만든 작은 생면으로, 반죽하여 병아리콩 모양으로 작게 만들어 야채, 고기 육수에 넣어서 먹는 면이다. 특히 풀리아 주의 포지아(Foggia) 등지에서 주로 찾아볼 수 있으며 아이들을 위한 음식에 자주 이용한다.

Slicofi(슬리코피)

밀가루, 물과 오일로 만든 반죽을 0.3㎜로 얇게 밀어 사방7㎝x7㎝ 크기로 잘라 소를 채워 삼각형으로 만든 파스타로, 소는 감자, 빵가루, 치즈, 허브 또는 삶은 햄을 채워 만든다. 기원은 슬로베니아이며, 인접한 프리울리-베네치아 줄리아(Friuli-Venezia Giulia) 주나 트리에스테(Trieste)와 산 다니엘레(San Danielle) 그리고 카르소(Carso) 등지에서 찾아볼 수 있다. '뇨키 디 이드리아(Gnocchi di Idria)', '뇨키 디 파스타 리피에니 디 파타테(Gnocchi di Pasta Ripieni di Patate)' 혹은 '실리크로피(Slikrofi)'라고 불리며 현재는 크로아티아의 레스토랑에서 쉽게 볼 수 있다. 삶은 파스타는 녹인 버터에 볶고 접시에 담아 구운 빵가루를 뿌려 먹는 요리다.

Smeraldine(스멜랄디네)

뇨키의 한 종류로 삶은 감자, 전분, 생바질을 넣어 만든 뇨키로 '스멜랄디네 알

바실리코(Smeraldine al Basilico)'라고 부른다.

Smeraldine al Basilico con Salsa Crema
(스멜랄디네 알 바실리코 콘 살사 크레마: 크림소스로 맛을 낸 바질 스멜랄디네)

재료(1인분)

뇨키 반죽: 삶은 감자 70g, 박력분 3og, 달걀 ½개, 바질 10g, 파마산 치즈 10g, 소금, 후추 약간씩

소스: 양파 찹 5g, 버터 10g, 생크림 200㎖, 이태리 파슬리 찹 5g, 고르곤 졸라 치즈 10g, 소금, 후추 약간씩, 파마산 치즈가루 10g

만드는 방법

1. 바질은 잎을 떼서 소량의 달걀 물을 넣고 핸드블렌더로 갈아 준비한다.
2. 삶은 감자는 체에 내려 밀가루, 바질 퓨레, 파마산치즈, 소금, 후추를 넣어 반죽을 한다. 글루텐이 생기지 않도록 단시간에 반죽이 하나가 되도록 한다.
3. 반죽은 가래떡 모양으로 만든 후 2㎝ 간격으로 잘라 밀가루를 뿌려둔다.
4. 팬에 다진 버터와 양파를 볶다가 생크림을 넣어 조린다. 소금과 후추로 기본 간을 한 후, 삶은 뇨키를 넣고 파슬리와 파마산치즈를 넣어 농도와 맛을 조절한다.

Sombrero(솜브레로)

멕시코 모자를 본떠 만든 창작 파스타로 소스에 볶는 파스타 방법보다는 샐러드에 같이 곁들이는 것이 좋다. 주로 장식용으로 많이 사용한다.

솜브레로 만들기

재료: 세몰라 반죽100g(p.98), 시금치 반죽 50g(p.104), 비트 반죽 50g(p.108)

조리기구: 파스타 기계, 원형 몰드, 붓

만드는 방법

1. 삼색 무늬 면을 각각 얇은 스폴리아 형태로 밀어 준다. 시금치 면과 비트 면은 1㎝ 굵기의 탈리아텔레 면 형태로 자른다.

2. 세몰라 반죽 위에 물을 바르고, 탈리아텔레 시금치 면과 비트 면을 번갈아 가면서 붙인다. 색깔 배열을 위해 흰색, 녹색, 빨간색으로 나올 수 있도록 한다.

3. 파스타 기계로 다시 내려 준다.

4. 내린 면은 원형 몰드로 찍어내고, 원형 반죽 한 모퉁이를 구부려 양쪽을 붙인 후 갓 모양으로 만든다.

5. 실온에 3시간 정도 말려서 사용한다.

Spaccatelle(스파카텔레)

이 파스타는 그라미내(Gramigne)와 유사하지만, 크기가 두 배다. 마치 초승달 모양을 하고 있고 끝부분이 휘어진 짧은 면이다. 가운데에 말려 들어간 부분 때문에 소스와 매치가 잘되는 파스타로, 시칠리아의 전통 파스타 중 하나다.

길이: 36㎜, 너비: 24㎜, 지름: 4.2㎜

Spaghetti(스파게티), Spaghettini(스파게티니)

스파게티니는 가늘고 긴 원통형의 파스타를 의미하며, 세몰라와 물로 만든 건 파스타도 있지만 기계를 이용하여 생면으로도 만들어진다. 이태리어 스파게토 (Spaghetto)의 복수 형태이며 '얇은 실'이라는 의미를 가진 '스파고(Spago)'에서 파생된 단어이다. 스파게토니(Spaghettoni)는 스파게티보다 더 굵은 면이고 스파게티니(Spaghettini)는 가는 면으로 보면 된다. 현재에는 가는 스파게티니가 자주 사용되는데, 통상적으로 '스파게티'라고 부르는 경향이 있지만, 구체적으로는 '스파게티니(Spaghettini)'라도 부르는 것이 맞는 표현이다.

길이 26㎜, 지름 2㎜

Spaghettini alla Carbonara con Tatufo nero(스파게티니 알라 카르보나라 콘 타르투포 네로: 송로버섯을 넣은 카르보나라 스파게티)

재료(1인분): 스파게티니 80g, 프로쉬토 슬라이스 20g, 올리브 유 10㎖, 양파 찹 20g, 버터 5g, 이태리 파슬리 찹5g

혼합물 만들기: 노른자 3개, 파마산 치즈 20g, 으깬 통후추 5g, 송로버섯 찹 2g, 면 물 50㎖

장식: 베이비 믹스 야채 3g, 송로버섯 슬라이스 2g

만드는 방법

1. 팬에 올리브유를 두르고 프로쉬토 슬라이스를 볶는다.
2. 소량의 버터를 두르고 양파를 넣어 볶는다.

3. 팬에 삶은 면을 넣어 볶다가 간을 한 후, 잘 풀어 둔 혼합물을 넣어 에멀전 (Emulsion)이 잘 되도록 불에서 땐 후 조리한다.

4. 농도는 면 물을 넣어 조절한다.

5. 접시에 파스타를 담고 장식으로 베이비 믹스 채소와 송로버섯 슬라이스를 올린 후 마감한다.

Tip 팬에서 스파게티와 노른자 혼합물을 넣어 볶는 데 자신이 없을 때는 삶은 면과 혼합물을 중탕으로 천천히 조리하면 노른자가 쉽게 익지 않아 실패할 수 있는 요인을 없앨 수 있다. 초보자라면 이 방법을 권하고 싶다.

● 로마 카르보나라의 맛집 로쉬올리(Roscioli)

로마 캄포 데이 피오리(Campo dei Fiori) 광장 입구에 위치한 알리멘타리 (Alimentari: 식재료 상점)를 같이 판매하는 식당이다. 이곳은 전통 카르보나라를 팔다 보니 유명세를 치르면서 세계적으로 잘 알려진 로마의 맛 집 중 한 곳이다. 이곳은 3가지 재료의 맛에 무척 신경을 쓰고 있는데, 건스파게티, 페코리노치즈, 그리고 관찰레(Guanciale)까지 신중하게 재료들을 선별하여 사용한다.

사용되는 스파게티는 1900년대 초반에 세워진 베네데토 카발리에리(Benedetto Cavaliere) 회사에서 만들어진 것이며, 이태리 남부 레체(Lecce) 부근으로 지도로

본다면 장화 뒷굽 모양에 생산 공장
이 있다. 이 지역은 세몰라의 생산
이 풍부하여 질 좋은 밀의 조달이 용
이하다. 스파게티면보다 다소 굵은
스파게토네(Spaghettone)면을 사용하
고 있다.

두 번째 재료는 염장 볼살인 관찰
레다. 몬테 코네로(Monte Conero)
지역에서 생산된 1.2~1.4kg 하는
것을 선택하는데, 이 지역은 중부지
방인 앙코나(Ancona)의 산맥 이름이
다. 이 지역은 움부리아-마르케의
아펜니노 산맥으로 해발 572 미터
에 위치해 있고 아드리아해와 인접
한 곳으로, 이곳의 관찰레를 최고의
상품으로 친다.

마지막 재료로 페코리노 치즈
을 넉넉하게 사용하는데, 특히 최
소 16달 동안 숙성시켜 만든 치즈를 사용하고 있다. 물론 파마산 치즈를 섞어
서 사용하는 경우도 많은데, 최소 16달을 숙성시킨 페코리노 로마노와 루비코네
(Rubicone) 지역의 솔리아노 포싸 페코리노(Sogliano Fossa Pecorino) 치즈를 5:1 비
율로 섞어 사용하고 있다. 포사 페코리노 치즈는 로마와 멀리 떨어진 지역인 산

마리노(San Marino) 공화국 근교에서 생산되며, 이 치즈는 지하 숙성고에서 숙성된 정성이 많이 들어간 치즈다. 3가지 재료로 그들의 파스타 맛을 최대한 끌어 낸다고 한다. 3가지 재료를 묶어서 세트로 구성해 판매도 하고 있다.

기타 부수적인 재료로 노른자는 유기농을, 그리고 후추는 향이 뛰어난 말레이지산인 사라왁 페페(Pepe Sarawak)를 쓰고 있다고 광고한다.

2016년 2월 이곳을 방문하여 시식한 파스타는 로마의 전통 파스타인 톤나렐리(Tonnarelli)를 이용한 카르보나라로 톤나렐리 알라 카르보나라(Tonnarelli alla Carbonara)였다. 톤나렐리 면은 노른자로 반죽을 한 생파스타로 치즈가 듬뿍 들어가 있고, 면수와 페코리노 치즈, 검은 후추가루, 노른자가 어우러진 농후한 크리미한 상태의 소스와 잘 엉겨져 나왔다. 덜익은 파스타가 매콤하고 짭조름한 맛이 크리미한 노른자 소스에 엉겨져 입안에 들어갔을 때는 이탈리아에 온 것을 실감했다. 이건 지극히 이탈리안적인 파스타였다는 것이다.

홀 주변은 로마의 전통적인 알리멘타리 식품들로 진열되어 있어 다소 협소하여 복잡하다. 로쉬올리는 알리멘타리 식당 외에 바와 파스티체리아도 근처에 있어 관광객들에게 주목을 받고 있다. 진정한 이탈리안식 카르보나라에 도전하고 싶다면, 이곳에서 한 번 시식해도 좋을 듯하다.

Spaghettini con Crema alla Bottarga
(스파게티니 콘 크레마 알라 보타르가: 보타르가를 넣은 크림소스 스파게티)

재료: 스파게티니 80g, 양파 찹 10g, 버터 20g, 생크림 200㎖, 보타르가(숭어알 갈은 것) 40g, 이태리 파슬리 2줄기, 후추 약간

만드는 방법

1. 팬에 버터를 넣어 다진 양파를 넣어 볶다가 생크림을 넣어 조리다가 갈아 놓은 보타르가를 넣어 소금, 후추로 간을 한다.
2. 삶은 스파게티 면을 넣어 볶다가 다진 이태리 파슬리를 넣어 농도를 잡아낸다.
3. 접시에 담고 여분의 보타르가를 뿌리고 파슬리로 장식하여 마무리한다.

Tip 비릿한 맛과 짭조름한 맛이 매력적인 파스타이며, 보타르가는 크림소스가 아닌 갈색 버터 소스로 맛을 낸 오일 파스타에도 잘 어울린다.

Spaghettini con Cozze e Zafferano
(스파게티니 콘 코체 에 차페라노: 홍합과 샤프란을 넣은 스파게티)

재료: 스파게티니 80g, 피홍합 15개, 으깬 마늘 2개, 화이트 와인 20㎖, 올리브
유 30㎖, 이태리 파슬리 2줄기, 샤프란 2g

만드는 방법

1. 홍합은 수염을 제거하고 겉의 이물질을 제거하여 손질한다.
2. 팬에 올리브유, 으깬 마늘을 넣어 향을 뺀 후 마늘을 꺼내고 홍합을 넣어 뚜껑
   을 덮고 기름에 볶은 후 와인을 넣어 조린다.
3. 와인이 날아가고 홍합 입이 열리면 여분의 물을 넣어 홍합 살을 익히면서 샤
   프란을 넣어 향과 색을 낸다.
4. 소스의 간을 본 후, 홍합 껍질 반쪽을 들어내고 삶은 면을 넣어 볶는다.
5. 마지막에 이태리 파슬리, 후추 그리고 여분의 올리브유를 넣어 에멀전을 해
   준다.
6. 접시에 담아 이태리 파슬리로 장식한다.

Stelline(스텔리네), Stellette(스텔레테)

스텔리네 파스타는 '작은 별' 모양의 파스타로, 파스타 중앙에 구멍이 있는 것이 특이하고 스텔레테는 '아주 작은 별'을 의미한다. 이 파스타는 수프나 고기 국물에 넣어 단시간에 조리하여 먹는 파스타에 적합하다. 비슷한 파스타로 아베마리아(Avemaria)도 있다.

길이: 4㎜, 너비: 4㎜, 두께: 0.5㎜

스텔리네

Stracci(스트라치)

밀가루와 물 혹은 달걀을 넣어 만든 생파스타로, 중부와 남부 지역에서 주로 찾아볼 수 있으며 라지오 주의 카메라타(Camerata)에서는 '사녜 스트라체(Sagne Stracce)'로 불리며, 양파와 토마토를 넣어 소스를 만들어 먹는다. 또 중부지방의 쵸챠리아(Ciociaria)에서는 유리지치, 야생 시금치, 카르돈(Cardon)과 같은 채소와 같이 파스타를 먹기도 하며, 마르케 지역에서는 양 내장으로 만든 소스와 같이 제공한다. 스트라치는 '헝겊', 혹은 '천'이라는 의미로, 규칙적으로 모양을 내는 것이 아니라 말탈리아티(Maltagliati)처럼 막 자른 면 중에 하나다.

스트라치 만들기

재료: 강력분 100g, 흰자 50g, 올리브유 10g, 소금 2g

조리기구: 파스타 기계, 밀대, 탈리아 파스타(Taglia Pasta)

만드는 방법

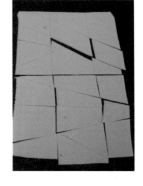

1. 강력분, 흰자, 올리브유, 소금을 넣어 반죽한다.
   10분여 동안 치댄 후 1시간 정도 냉장고에서 휴직
   을 한다. 또는 진공 포장하여 1시간 휴직하여 사용
   한다.

2. 파스타 기계를 이용해서 0.3㎜ 두께로 밀어 스폴리
   아(Sfoglia) 형태로 만들어 준다.

3. 면을 탈리아 파스타를 이용해서 마름모꼴, 사각형
   과 다양한 모양으로 마구 자른다.

4. 실온에 1시간 건조를 한 후 사용한다. 장시간 보관하여 사용할 경우에는 급냉
   시켜 보관하는 것이 좋다.

Zuppetta con Stracci(주페타 콘 스트라치: 스트라치를 넣은 해산물 수프)

재료: 스트라치 40g, 으깬 마늘 2쪽, 이태리 고추 2개, 올리브유 30g, 이태리 파슬리 2줄기, 화이트 와인 30㎖, 조개 육수 100㎖, 물 오징어 몸통 ½개, 냉동 관자 살 1개, 대구 살 80g, 모시조개 3개, 왕새우 1마리, 토마토 소스 100g(p.170), 바질 슬라이스 2잎

장식: 바질 1줄기, 선 드라이 토마토 1개

만드는 방법

1. 왕새우는 등쪽에서 반으로 갈라 내장을 제거하여 약간의 밑간을 한 후 그릴에 굽고, 오븐에서 180도에서 5분 정도 구워 준다.

2. 냄비에 올리브유를 두르고 으깬 마늘을 넣어 향을 낸 후 조개, 생선살 순서로 넣어 볶는다.

3. 이태리 고추를 넣어 볶고 와인을 넣은 후, 육수와 토마토 소스를 넣어 끓인다. 삶은 스트라치를 넣어 2-3분 정도 더 끓여 준다.

4. 꺼내기 전에 슬라이스 바질을 넣고 한 번 끓인 후, 최종 간을 본다.

5. 간을 한 수프는 예열된 용기에 담고, 마지막에 새우를 얹고 바질로 장식을 한다. 기호에 따라 빵을 곁들이기도 한다.

Tip 주페타(Zuppetta)는 주파(Zuppa: 수프)의 축소형으로, 작은 양의 수프를 뜻한다.

Strascinati(스트라쉬나티)

세몰라 가루로 만든 생파스타로, 남부 이탈리아인 캄파냐, 풀리아, 바실리카타와 칼라브리아 등지에서 주로 먹는다. 콩이나 야채 수프 등과 전통적인 파스타 소스와도 잘 어울린다. 듀럼 밀뿐만 아니라 통밀가루를 사용하기도 하며, 풀리아 주에서는 그라노 아르소(Grano Arso: 볶은 밀가루)를 이용하여 파스타를 만들기도 한다. 나무 판 위에서 직사각형의 반죽을 손가락으로 당겨서 홈을 내어 만든 파스타로, 한 손가락을 이용해서 만들면 '카바텔리(Cavatelli)', 두 손가락으로 만들면 '체카텔리(Cecatelli)'라고 부르며 캄파냐 주에서는 '팔마티엘리(Palmatielli)', '파르마티엘리(Parmatielli)'라고 부른다. 바실리카타주에서는 세 손가락으로 만들면 '칸탈로니 루카니(Cantarogni Lucani)'라고 하며, 특히 캄파냐주의 칠렌토(Cilento)에서 네 손가락을 사용을 하여 만든 면인 '코르테체(Cortecce)'도 있다. 손가락 몇 개를 사용했는지에 따라 파스타 이름이 다양하게 불린다.

스트라쉬나티 만들기

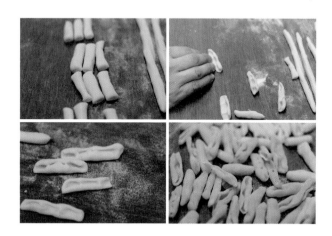

재료: 세몰라 100g, 미지근한 물 50g, 소금 2g, 올리브유 5g

만드는 방법

1. 재료를 모두 섞어 반죽을 한다.

2. 글루텐이 잡히도록 치댄 후, 냉장고에 넣어 1시간 정도 휴직을 한다.

3. 담배 모양으로 성형을 한 후 3㎝ 간격으로 잘라 손가락 3개를 이용해서 반죽
   을 눌러 몸 쪽으로 당겨서 밖으로 튕기면서 만들어 낸다.

4. 세몰라 가루를 넉넉히 뿌려 달라붙지 않도록 한 후에 건조시킨다.

Strascinati con Salsa di Pomodoro(스트라쉬나티 콘 살사 디 폼모도로: 토마토소스와 스카모르차를 곁들인 스트라쉬나티)

재료(1인분): 스트라쉬나티 80g, 토마토소스 150g(p.164), *스카모르차 치즈 30g, 이태리 파슬리 찹 3g, 으깬 마늘 1쪽, 올리브유 5g, 파마산치즈 가루 10g, 살시챠(이태리 프레시 소시지: p.198) 찹 20g(p.198), 바질 1줄기, 만가닥버섯 10g, 소금, 후추 약간씩

장식: 바질 1줄기, 다진 이태리 파슬리 약간

만드는 방법

1. 팬에 올리브유, 으깬 마늘을 넣고 향을 내고 걷어낸 후, 살시챠와 버섯을 볶는다.

2. 토마토소스를 넣고 한 번 끓인 후 삶은 면을 넣어 볶아 준다.

3. 이태리 파슬리, 파마산 치즈로 간을 한 후 접시에 담고, 스카모르차 치즈를 올리고 180도 오븐에서 5분 정도 조리한다.

4. 바질과 다진 이태리 파슬리를 뿌려 완성한다.

* 스카모르차는 단단한 모차렐라 형태로 서양배 모양을 하고 있는 치즈로, 남부 이탈리아에서 주로 생산되는 연질치즈다.

Strettine(스트레티네)

강력분에 쇄기풀, 달걀 그리고 소금으로 만든 면으로, 탈리아텔레와 흡사한 두께이며 길이도 같다. 에밀리아-로마냐 주에서 먹으며 흰색의 고기소스와 잘 어울린다. 주로 쇄기풀을 이용하지만, 시금치로 대체하여 만드는 경우도 있다.

Stringozzi(스트린고치)

생면으로 보릿가루 혹은 연질 밀가루에 달걀, 물과 소금으로 반죽하여 얇게 밀어 길이 20㎝, 폭 2㎜ 크기로 잘라 만든 끈 모양의 긴 면이다. 또는 반죽을 하여 구멍을 내서 올리브유를 바르고 계속 손으로 늘리며 마치 수타 자장면처럼 길고 가늘게 만드는 경우도 있다. 주로 움부리아(Umbria) 주의 폴리뇨(Foligno)와 스폴레토(Spoleto) 등지에서 볼 수 있고, 에밀리아-로마냐(Emila-Romagna)와 라지오(Lazio) 북부에서도 눈에 띈다. 허브와 검정색 송로버섯 또는 포르치니(Porcini) 버섯 그리고 미트소스와 잘 어울린다. 이 면의 이름은 지방마다 다양하게 불리는데 '치리올레(Ciriole)', '스트란고치(Strangozzi)', '움부리첼리(Umbricelli)' 그리고 '스트로차프레티(Stozzapretti)'라고 불리며, 에밀리아-로마냐 주에서는 '스트린고티(Stringotti)'로도 불린다.

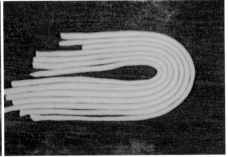

Strozzapretti (스트로차프레티)

'신부의 교살자'라는 의미를 가진 파스타로, 북부인 프리울리 지역에서부터 중부와 남부까지도 존재한다. 이 파스타에는 여러 가지 설이 있는데 그중 하나는 로먀냐 지역의 주부들이 성직자들에게 소작료의 일부로 면을 만들어 바쳤으며, 남편들은 힘들게 만든 파스타를 먹고 살이 찐 성직자를 보고 조롱을 한 데서 나왔다는 얘기가 있다.

생면으로 강력분에 물과 소금으로 반죽하여 밀대로 얇게 밀어 만드는데, 너비 1.5㎝, 길이 6㎝ 크기로 반죽을 잘라 손으로 돌돌 말아 튜브 형으로 만들거나 곧게 만들거나 또는 배배 꼬아 만들기도 한다. 특히 남부 지방에서는 밀가루가 아닌 감자, 빵가루 그리고 다양한 곡류의 가루로 만들어 지역에 따라 다양하게 사용된다.

스트로차프레티 만들기

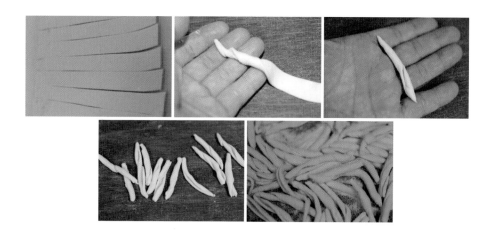

재료(1인분): 세몰라 100g, 미지근한 물 50g, 소금 2g

조리기구: 파스타 기계, 나무 판

만드는 방법

1. 세몰라 반죽을 하여 1시간 정도 휴직을 한 후, 파스타 기계를 이용해 스폴리
   아(Sfoglia) 형태로 밀어 준다.

2. 반죽은 1.5㎝x6㎝ 크기로 잘라서 끝 부분부터 꽈배기 모양으로 돌돌 말아 준다.

3. 말린 면은 다시 손바닥으로 밀어서 형태를 만들어 준다.

4. 면은 세몰라 가루를 뿌려 실온에서 3시간 정도 건조한 후에 사용한다.

Strozzapretti con Aringa
(스트로차프레티 콘 아링가: 청어로 맛을 낸 스트로차프레티)

재료: 스트로차프레티 80g, 청어 ½마리, 으깬 마늘 3개, 케이퍼 5g, 이태리 고추 2g, 이태리 파슬리 3줄기, 방울토마토 5개, 화이트 와인 30㎖, 소금, 후추 약간씩, 처빌 1줄기, 레몬1/6개, 세몰라 30g, 버터 30g

장식: 처빌 1줄기, 튀긴 청어 ¼쪽

만드는 방법

1. 청어는 머리와 내장, 비닐을 제거한다. 손질한 청어는 3장 뜨기를 해서 뼈와 살에 붙은 잔가시를 제거한다. 제거한 청어는 필렛에 후추, 레몬 껍질 슬라이스, 화이트 와인, 파슬리 등으로 조리하기 30분 전에 마리네이드를 한다.

2. 반쪽을 2등분으로 나눈다. 반쪽은 소스로 반쪽은 간을 한 후, 세몰라 가루를 입혀 버터를 두르고 바싹하게 구워 낸다.

3. 팬에 올리브유를 두르고 마늘을 넣어 향을 낸 후, 슬라이스 한 청어를 볶고 이태리 고추와 케이퍼를 넣어 볶으면서 화이트 와인을 넣고 간을 한다. 와인이 날아가면 면 물을 넣어 자작하게 소스를 만들어 놓는다.

4. 삶은 면과 방울토마토, 이태리 파슬리를 넣는다. 방울토마토가 약한 불에서 으깨지며 하나의 소스가 되도록 볶아 준다.

5. 접시에 담고 튀긴 청어를 올리고 처빌로 장식한다.

Sturuncatura(스투룬카투라)

케롭(Carob: 초콜릿 빛 빈스류로 카로브나무 열매) 가루 혹은 호밀가루를 주로 하여 얇게 밀어 페투첼레 두께로 잘라 생면으로 만들며, 공장에서 만드는 건면은 세몰라로 만들어 링귀네(Linguine) 혹은 트레네테(Trenette)와 유사한 긴 면으로 만들어진다. 칼라브리아의 전통 파스타로, 전통적으로는 호밀과 통경질밀가루의 거친 부분을 섞어서 만들기도 한다. 건면으로 조리할 때는 안초비, 마늘과 고추로 소스를 만들어 즐긴다.

Sucamele(수카멜레)

세몰라로 만든 생파스타로 가끔 강력분으로도 만들어지는데, 특히 반죽에 이스트를 넣어 반죽하는 것이 특징이다. 반죽을 잘라 손바닥으로 밀어 가는 짚 형태로 만들거나 탈리올리니(Tagliolini) 모양으로 만들어 태양에 말려 삶아서 먹는 파스타로, 꿀과 계피를 곁들여서 먹는다. 남부 지방인 레체(Lecce)와 시칠리아 등지에서 자주 먹으며 아랍의 영향을 받은 파스타의 중의 하나이다. 시칠리아에서는 '수싸멜리(Sussameli)'라고 하며 기름에 튀겨서 다진 피스타치오와 당절임한 과일과 같이 즐겨 먹는다.

Sugeli(수젤리)

연질밀, 소금, 올리브유와 물을 넣어 만든 생파스타인 작은 뇨키로, 반죽을 1.5㎝ 두께의 원통형으로 만들어 작게 잘라 손가락으로 눌러 당겨 만든다. 카바텔리(Cavatelli)나 오레키에테와 유사한 배 모양의 뇨키다. 리구리아 주, 피에몬테 주의 쿠네오(Cuneo) 지역에서 주로 먹으며, 발효시켜 만든 리코타 치즈인 브루소

(Brusso)와 같이 곁들여서 먹는다.

Tacconi(타코니)

옥수수가루, 강력분과 물로 만든 파스타로, 몰리제(Molise) 지역에서는 세몰라로 만들며 캄파냐 주에서는 연질밀로만 만든다. 공장에서는 세몰라로 만들어 건면으로 유통되고 있는데, 너무 얇지 않게 반죽을 밀어 2센티 크기의 직사각형으로 잘라 만든다. 작게 만들면 '콰드루치(Quadrucci)', '타코넬레(Taconelle)'라고도 불리며, 작은 면은 수프 등에 넣어 먹는다. 이 파스타는 마르케, 움브리아, 아브루초, 몰리제, 캄파냐와 시칠리아 주 등지에서 주로 먹는다.

생면 타코니   건면 타코니

Tacui(타쿠이)

밤 가루와 연질밀가루, 소금과 물로만 만들어진 생반죽을 밀어 마름모꼴로 만든 리구리아 지역의 전통 파스타다. 리구리아의 풍부한 바질과 호두로 만든 소스로 만들어 완성한다.

Tagliatelle(탈리아텔레)

달걀을 넣은 리본형 생파스타로, 탈리아텔레 어원은 '자르다'를 뜻하는 '탈리아레(Tagliare)'에서 나왔다. 이 파스타는 에밀리아-로마냐주의 볼로냐에서 탄생했으며, 볼로네제(Bolognese) 라구 소스와 잘 어울리는 파스타다. 탈리아텔레는 이태리 전역에서 찾아볼 수 있으며, 남부는 연질밀가루보다는 세몰라 가루로 만드는 경우가 많고 지역에 따라 불리는 이름이 다르다. 탈리아텔레는 팬에 준비된 소스에 버무린 파스타 아쉬타(Pasta Asciutta) 방법으로 주로 조리하지만, 기호에 따라 육수에 넣어 조리한 인 브로도(In Brodo) 방법으로 먹기도 한다. 주로 쉽게 생면으로 만들 수 있지만, 세몰라를 이용한 건면으로도 쉽게 이용할 수 있다.

길이: 250㎜, 너비: 10㎜

생면 탈리아텔레   건면 탈리아텔레

생면 탈리아텔레 만들기

재료(1인분): 강력분 100g, 노른자 3개, 물 10g, 올리브유 5g, 소금 2g

만드는 방법

1. 재료를 모두 섞어 반죽한 후 글루텐이 잡히도록 치댄다. 냉장고에 1시간 정도 휴직을 준 후, 20㎝ 크기의 스폴리아(Sfoglia) 형태로 밀어낸다.

2. 탈리아텔레 틀을 끼워 제단을 한다. 세몰라 가루를 뿌려 실온에 건조 시킨 후 사용한다. 나중에 사용할 때는 급냉동시키거나 건조기에 말려서 사용한다.

Tagliatelle con Ragú di Pesce
(탈리아텔레 콘 라구 디 페쉐: 생선라구를 곁들인 탈리아텔레)

재료: 생면 탈리아텔레 80g, 도미 살 찹 100g, 양파 찹 60g, 당근 찹 40g, 샐러리 찹 20g, 으깬 마늘 2쪽, 올리브유 40g, 화이트 와인 20㎖, 이태리 파슬리 2줄

기, 야채 육수 200㎖(p.185), 버터 10g, 파마산 치즈 가루 20g

장식: 이태리 파슬리 1줄기

만드는 방법

1. 팬에 올리브유를 두르고 으깬 마늘을 넣어 향을 낸 후 다진 양파, 당근, 샐러리 순으로 볶는다.

2. 볶은 야채의 숨이 죽으면 생선 살을 넣어 볶다가 화이트 와인을 넣은 후 와인을 날린다.

3. 육수를 부어 가며 약한 온도에서 서서히 끓이면서 간을 해준다.

4. 삶은 탈리아텔레 면을 넣어 볶다가 마지막에 파마산 치즈로 맛을 낸다.

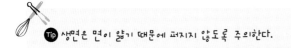

Tip 생면은 면이 얇기 때문에 퍼지지 않도록 주의한다.

Tagliolini(탈리올리니)

탈리올리니는 탈리아텔레보다 얇은 면으로, 에밀리아-로마냐, 마르케 주에서 전통적으로 먹었던 달걀을 넣어 만든 생파스타다. 기본적으로 연질밀 100g, 전란 1개를 넣어 만든 반죽으로 만들어진다. 피에몬테 타야린(tajarin)면과 유사하나, 타야린이 약간 두껍고 100% 노른자를 이용해서 만든 면이다. 또한 같은 면으로 탈리엘리니(Taglierini)가 있다. 이 파스타는 얇기 때문에 단시간 조리해야 하는데, 신경 쓰지 않으면 금세 퍼진다. 하지만 부드럽고 쫄깃한 식감이 매력적인 달걀 파스타이다. 건면으로 탈리올리니도 판매되지만, 텔리올리니 팔리에 에 폴리에(Tagliolini Paglie e Foglie) 면도 파스타 공장에서 만들어진다.

길이: 250㎜, 너비: 2㎜, 두께: 0.8㎜

탈리올리니   탈리올리니 팔리아 에 피에노   탈리엘리니

생면 탈리올리니 만들기

생면 탈리올리니

재료: 전란 반죽 100g 혹은 노른자 반죽 (p.94, p.96)

만드는 방법

1. 전란 반죽, 혹은 노른자 면을 파스타 기계를 이용해서 스폴리아를 만든 후, 탈리올리니 틀에 끼워서 잘라 낸다.
2. 반죽의 농도를 질게 하면 작업하기 힘들므로 되게 하고 중간 중간에 세몰라 가루를 뿌려 달라붙지 않도록 한다.

Tagliolini allo Scoglio
(탈리올리니 알로 스콜리오: 해산물을 곁들인 탈리올리니)

알로 스콜리오는 '암초'를 뜻하며, 암초 주위에 서식하는 해산물인 새우, 홍합, 스캄피새우 등을 이용한 해산물 파스타를 말한다. 원하는 해산물을 가지고 소스를 만들어 사용하면 알로 스콜리오라는 용어를 메뉴판에 사용할 수 있다.

재료: 탈리올리니 80g, 으깬 마늘 2쪽, 올리브유 40g, 홍합살 참 50g, 관자 참 3개, 새우 참 3마리, 민트 슬라이스 3줄기, 화이트 와인 20㎖, 소금, 후추 약간씩,

토마토 콩카세 20g, 다진 이태리 파슬리 2g, 버터 20g

만드는 방법

1. 팬에 올리브유를 두르고 마늘을 넣어 색을 내고 다진 해물을 볶는다.

2. 볶으면서 와인을 넣어 비릿한 맛을 제거하고 간을 한다. 자작하게 면수를 넣고 토마토 콩카세를 넣어 약 불에서 은근히 조린다.

3. 삶은 면과 슬라이스 한 민트를 넣고 볶으면서 부족한 오일은 버터로 대신하여 에멀전에 신경을 쓴다.

4. 짜지 않은 면수를 넣어 가면서 걸죽한 오일 소스를 만들어 완성한다.

Tip 해산물 라구는 지나치게 오래 조리하면 신선한 해물이 자칫 질겨질 수 있으므로 주의해야 한다. 또 민트는 해물의 비릿함을 제거하는 데 도움을 줄 수 있다.

Tagliolini Verde(탈리올리니 베르데)

탈리올리니도 착색을 할 수 있는데, 초록색으로 착색하기 위해서는 시금치, 근데, 바질, 루콜라 등으로 퓨레를 만들어 착색할 수 있다.

길이: 250㎜, 너비: 2㎜, 두께: 0.8㎜

탈리올리니 베르데 만들기

재료: 시금치 반죽 100g(p.104)

만드는 방법

1. 반죽을 라자냐 모양으로 잘라서 탈리올리니 틀을 끼워 잘라 낸다. (리본형 파스타로 사용할 시금치 반죽은 수분을 적게 넣어 만드는 것이 성형하기 좋다.)

2. 잘라 낸 면을 바로 사용할 때는 달라붙지 않도록 세몰라를 뿌려 원하는 만큼 말아서 준비한다.

3. 오래 보관하여 사용할 경우에는 아바티토레(Abattitore)에 넣어 급속 냉동시켜
   냉동실에 보관했다가 사용하거나 건조기에 넣어 건조하여 사용할 수 있다.

Ordura di Tagliolini(오르둘라 디 탈리올리니)

삶은 탈리올리니 면에 스카모르차 치즈(Scamorzza), 프로쉬토 등을 채워 새 둥지
모양으로 만들어 달걀 물과 빵가루를 입혀 노릇하게 튀겨 낸 크로켈테 디 탈리올
리니(Crochette di Tagliolini)로 캄파냐주의 전통 파스타 요리다.

오르두라 디 탈리올리니 만들기
재료: 강력분 100g, 전란 1개, 올리브유 10g, 소금 3g, 다진 파슬리 10g
조리기구: 밀 방망이, 파스타 기계

만드는 방법

1. 재료를 볼에 넣어 치댄 후 반죽하여 냉장고에 1시간 정도 휴직을 한다.

2. 파스타 기계를 이용해서 스폴리아(Sfoglia)를 만든 후, 탈리올리니 틀을 끼워 면을 넣어 성형한다.

3. 탈리올리니 면은 달라 붙지 않도록 밀가루를 뿌려 준다.

Ordura di Tagliolini Fritti(오르둘라 디 탈리올리니 프리티: 탈리올리니 튀김)

아이들을 위한 간식으로 자주 이용되었으며, 흘러나오는 치즈와 바삭한 질감이 매력적이다.

재료(1인분): 오르둘라 탈리올리니 100g, 피자치즈 60g, 다진 살라미 20g, 다진 파슬리 3g, 밀가루 약간

빵가루 50g, 달걀 2개, 튀김용 기름

만드는 방법

1. 탈리올리니는 끓는 물에 삶아 물기를 제거하고 식힌다.
2. 소량의 밀가루를 뿌려 면이 달라붙도록 하여 30g씩 뭉친 후, 그 속에 다진 살라미와 모차렐라 치즈를 넣어 봉합을 한 다음, 달걀 물과 빵가루를 입혀 치즈가 새어 나오지 않도록 성형한다.
3. 180도 튀김 기름에 넣어 노릇하게 튀겨 낸다.

Tajarin(타야린)

피에몬테 주의 전통 파스타로 연질밀가루로 만들며, 달걀이나 화이트 와인을 넣어 만들기도 한다. 반죽을 얇게 밀어 탈리올리니보다 약간 두껍게 만든 면으로, 전통적으로 고기를 넣어 만든 라구소스와 잘 어울린다. 특히 알바(Alba) 지역에서는 흰색 송로버섯을 넣어 소스를 만들거나 뿌려서 제공하는 경우도 있다. 이 파스타는 랑게(Langhe), 몽페라토(Monferato), 아스티(Asti)와 알레산드리아(Alessandria)에서 주로 찾아볼 수 있다. 피에몬테에서는 탈리알리니(Tagliarini)는 '타야린'으로 불린다. 그리고 독특한 것은 옥수수 가루를 넣어 만든 타야린 디 멜리가(Tajarin di Meliga)도 있으며, 가는 면들은 알덴테 상태가 지나지 않도록 주의해야 하는 생면들 중의 하나다. 타야린은 전통적으로 연질밀가루와 노른자만으로 만들었으나 현재는 조금씩 변화하는 경향이 있다.

Tallutza(탈루차)

사르데냐의 전통 생파스타로, 세몰라와 물 그리고 소금으로 만들어진다. 리구리아의 코르제티(Corzetti)와 모양이 유사하나 문양이 새겨지지 않은 동전 모양의 파스타로, 마르밀라(Marmilla) 중심부에서 탄생했다. 두께 0.4~0.5㎝ 정도의 스폴리아 반죽을 원형의 몰드로 잘라서 사용하는 파스타다.

탈루차 만들기

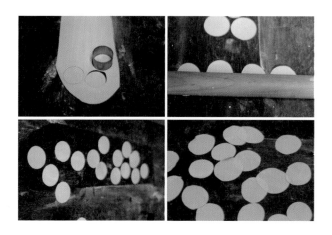

재료: 세몰라 100g, 미지근한 물 50g, 소금 2g, 올리브유 10g

조리도구: 파스타 기계, 밀 방망이, 원형 몰드

만드는 방법

1. 세몰라에 소금, 올리브유, 미지근한 물을 넣어 10분 정도 치댄다.

2. 치댄 반죽은 1시간 정도 냉장고에서 휴직을 한 후 파스타 기계를 이용해서 스폴리아 형태로 밀어준다.

3. 민 스폴리아 반죽을 원형 몰드로 찍어서 만든다. 면이 마르도록 실온에서 1시간 정도 건조한 후 사용한다.

Tallutza con Coda di Bue
(탈루차 콘 코다 디 부에: 소꼬리를 곁들인 탈루차)

소꼬리 삶기

재료: 소꼬리 200g, 로즈마리 2줄기, 월계수 잎 3잎, 찬물과 비프 육수 적당량

만드는 방법

1. 소꼬리는 찬물에 담가 핏물을 제거한다.
2. 비프 육수에 소꼬리, 로즈마리, 월계수 잎을 넣어 약 2시간 동안 삶은 후 건져 낸다.

요리 완성하기

재료: 탈루차 50g, 올리브유 30㎖, 소고기 안심 80g, 삶은 소꼬리 200g, 화이트 와인 30㎖, 적 양파 슬라이스 40g, 당근 슬라이스50g, 샐러리 슬라이스 20g, 마늘 5개, 로즈마리 2줄기, 토마토 소스 200㎖(p.170), 월계수 잎 2줄기, 삶은 병아리콩 30g, 이태리 고추 2개, 버터 10g, 파마산치즈 가루 10g, 버터 10g
장식: 처빌 줄기 2줄기

만드는 방법

1. 냄비에 올리브유, 마늘, 로즈마리로 향을 낸 후 삶은 소꼬리, 주사위 모양으로 자른 소고기, 양파, 당근, 샐러리와 고추를 넣어 볶는다.
2. 삶은 소꼬리 육수, 삶은 병아리 콩과 토마토 소스를 넣어 10여 분 정도 끓여준다.
3. 삶은 탈루차 면을 넣어 간을 본 후 담아낸다. 농도를 조절하고 마지막에 버터

와 치즈를 넣고 불에서 내려 완성한다.

4. 마지막에 처빌을 올려 장식한다.

Tip 병아리 콩은 하루 전 날 물에 담가 불려서 삶아 사용하고, 시간적인 여유가 없다면 삶은 병아리 콩(캔 제품)을 사용할 수 있다. 소꼬리의 살을 쉽게 무르게 하기 위해서는 압력 솥을 사용하면 시간을 단축시킬 수 있다.

Taparelle(타파렐레)

이 파스타는 편편한 모양의 오레키에테 모양을 하고 있는 파스타로, 새끼손가락 한 마디 크기로 자른 세몰라 반죽을 두 손가락으로 당겨서 편편하게 만든다. 바실리카타 주의 전통 파스타 중의 하나이다.

Tempesta(템페스타)

점같이 작은 형태의 파스타로, 세몰라와 물로 만든 건면이다. 주로 아이들을 위한 수프나 고기국물 등에 넣어 사용한다.

Testaroli(테스타롤리)

토스카나와 리구리아 지역에서 주로 먹는 파스타로, 마싸-칼라라(Massa-Carrara), 라 스페지아(La Spezia) 지역인 루니쟈나(Lunigiana)와 제노바 등에서 주로 만들어 먹는다. 듀럼 밀가루와 소금, 물로 만들지만 때론 밤 가루를 넣어 만들기도 한다. 로마시대부터 존재했던 파스타이며, '테스토 페르 테스타롤리(Testo per Testaroli)'라고 하는 달군 팬이나 테라코타용 팬에 밀가루 반죽을 부어서 굽고 마름모꼴로 잘라서 만든 것이다. 주로 리구리아 주에서는 바질 페스토를 곁들여 먹거나 토마토소스, 포르치니 버섯으로 만든 소스 혹은 파마산 치즈나 올리브 오일로 양념하여 제공한다. 제노바의 파리나타(Farinata) 요리와 유사하다.

테스타롤리 만들기

재료: 세몰라 70g, 강력분 30g, 물 100g, 소금 2g, 올리브유 5㎖

만드는 방법

1. 밀가루에 소금, 물과 올리브유를 붓고 거품기로 섞는다.
2. 반죽은 30분 정도 휴직을 준다.

3. 코팅된 팬이나 기름칠한 철판에 반죽을 붓고 굽는다.

4. 두께는 0.3-0.5㎝ 정도로 굽고 식힌 후 겉이 마를 때까지 둔다.

5. 겉이 마르면 마름모꼴로 잘라 사용한다.

Testaroli con Salsa Crema e Patate
(테스타롤리 콘 살사 크레마 에 파타테: 감자와 크림소스를 넣은 테스타롤리)

재료(1인분): 테스타롤리 80g, 삶은 감자 120g, 양파 찹 20g, 버터 10g, 생크림 200㎖, 루콜라 20g, 파마산 치즈 가루 20g, 소금, 후추 약간씩

만드는 방법

1. 팬에 버터를 두르고 다진 양파를 볶는다. 생크림을 넣어 한 번 끓인 후 소금과 후추로 간을 한다.
2. 감자는 푹 삶아지도록 준비하고, 말린 테스타롤리는 소금물에 물러지도록 단시간 삶아 준비한다. 삶은 감자와 테스타롤리를 넣어 볶는다.
3. 마지막에 농도가 나면 파마산치즈 가루로 맛을 낸 다음, 루콜라를 넣어 마무리한다.

Tianelle(티아넬레)

안토니오 마렐로(Antonio Marella)라는 남부 바리에 위치하고 있는 자그마한 파스타 공장에서 만들어 낸 수제 파스타로, 이들 대부분의 파스타는 풀리아 북쪽 무르제(Murge), 타볼리에레 델레 풀리아(Tavoliere delle Puglie) 지역에서 수확한 질 좋은 세몰라로 만든 반죽을 동판으로 압출하여 37-38도 정도의 저온에서 만들어 내는 건파스타들이 대부분이다.

티아넬리 만들기

재료: 포도 반죽 30g, 비트 반죽 30g, 흰자 반죽 100g, 시금치 반죽 30g, 당근 반죽 30g(착색 무늬면 만들기: p.115)

조리도구: 파스타 기계, 꽃잎 몰드, 붓

만드는 방법

1. 모든 반죽은 파스타 기계로 스폴리아(Sfoglia) 형태로 밀어낸다.

2. 흰자 면 위에 물을 바르고 얇게 자른 여러 색의 탈리아텔레 면을 간격을 띄어 붙인다.

3. 붙인 반죽은 파스타 기계에 다시 한 번 밀어낸다. 밀어낸 반죽은 꽃잎 몰드로 찍어낸다.

4. 둥근 부분을 반으로 접으면 티아넬레 면을 만들 수 있으며, 세몰라 가루를 뿌려 실온에서 건조시킨 후 사용한다. 이 파스타는 창작 파스타로, 장식 파스타로도 사용이 가능하다.

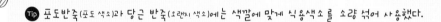

Tip 포도반죽(포도 색소)과 당근 반죽(오랜지 색소)에는 색깔에 맞게 식용색소를 소량 섞어 사용했다.

Tonnarelli(톤나렐리)

이 파스타는 아브루초(Abruzzo) 지역에서는 '스파게티 알라 키타라(Spaghetti alla Chitarra)'라고 불린다. 이 파스타를 만들기 위해서는 '키타라(Chitarra)'라고 불리는 키타 모양의 파스타 기구가 필요하다. 로마에서는 '톤나렐리'라고 불리는 면이며, 생면과 건면 모두 판매된다.

키타라

Torcelli(토르첼리)

연질 밀가루, 달걀과 소금으로 만든 파스타로, 반죽하여 헤이즐넛 크기로 잘라 손에 기름을 바르고 얇은 스파게티 모양으로 성형하여 만든 에브라이카(Ebraica: 이스라엘) 요리의 하나다. 이 파스타는 미트소스와 잘 어울리며, 마르케 주의 앙코나(Ancona)에서는 '스트론카텔리(Stroncatelli)'라고 부르며 고기 국물에 파스타를 삶고 샐러리나 토마토와 같이 만들어진다.

Tordelli(토르델리)

반달 모양의 라비올리로, 송아지고기, 근대, 소시지와 치즈를 넣어 만들거나 우유에 적신 빵을 사용한다. 특히 리구리아 주에서는 리코타 치즈로 소를 만든다. 직경 5㎝ 정도의 얇은 원형 라비올리로 반죽 중앙에 소를 채워 반달로 접고 포크로 가장자리를 봉합하여 만든 라비올리로, 토스카나 주의 루카(Lucca), 베르실리아(Versilia) 등지에서 자주 먹으며 라구소스와 잘 어울린다.

토르델리 만들기

토르델리

재료: 라비올리 반죽 100g(p.95), 으깬 마늘 2개, 만가닥 버섯 50g, 올리브유 20㎖, 로즈마리 2줄기, 소고기 안심(자투리) 50g, 닭 가슴살 찹 100g, 모르타델라 찹 70g, 프로쉬토 찹 10g, 파마산치즈 가루 20g, 양파 슬라이스 30g, 소고기 육수 100㎖(p.179), 달걀 ½개

만드는 방법

1. 팬에 올리브유를 두르고 으깬 마늘을 넣어 향을 낸 후 프로쉬토, 로즈마리, 양파, 버섯, 소고기, 모르타델라, 닭 가슴살을 넣어 볶아 준다. 육수를 넣어 내용물을 익혀 준다.

2. 내용물이 익으면 로즈마리를 건져내고 소금과 후추로 간을 한 후, 핸드블렌더로 갈아 준 다음 파마산치즈와 달걀을 넣어 소를 완성한다.

3. 파스타 반죽을 스폴리아로 만든 후 원형 몰드로 찍어서 라비올리 반죽을 준비한다.

4. 준비한 소를 올려 반으로 접어 봉합한 후에 공기를 제거하고 포크로 눌러 봉합한다.

5. 가벼운 버터소스를 만들어 삶은 토르텔리를 넣어 치즈로 마무리한다.

Tortelli(토르텔리)

토르텔리는 파스타 반죽을 네모로 잘라 소를 채워 대각선으로 접고 양쪽 끝을 반원으로 만들어 붙이면 토르텔리니와 비슷한 모양이 된다. 작은 케이크 모양으로 만들어 내는 소 채운 파스타이며, 작은 모자를 의미하는 '카펠라치'라고도 불린다. 잘 어울리는 소스로는 버터와 세이지 소스, 포르치니 크림소스와 흰 송로

버섯 등이 있다. 이런 소 채운 파스타는 같은 모양인데, 크기에 따라 각각 다른 이름으로 불린다. 크기가 작은 것부터 정리하면 '토르텔리니(Tortellini)', '토르텔리(Tortelli)', '토르텔로니(Tortelloni)' 순이다.

길이: 35㎜, 너비: 30㎜

Tortelli alla Piacentina
(토르텔리 알라 피아첸티나: 피아첸자 스타일의 토르텔리)

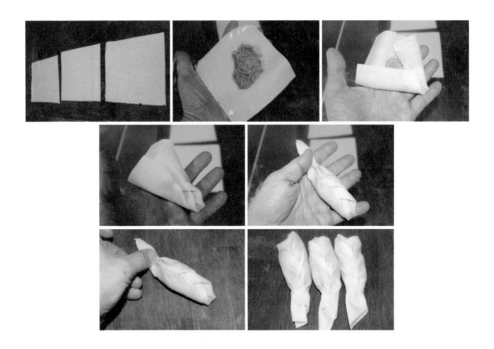

피아첸자의 소 채운 전통 파스타로 사순절 기간, 기독교의 금식의 전날 등에 주로 먹는 것이 허락된 파스타이다. 리코타치즈, 시금치, 그라노 파다노 치즈, 육두구와 달걀 등을 넣어 만들고, 녹인 버터, 세이지 잎 그리고 그라노 파다노 치즈로 양념을 해서 주로 먹으며 미트소스와도 잘 어울린다. 연질밀과 달걀을 넣어 만든 도우에 리코타 치즈나 마스카르포네 치즈로 소를 채워 만든 것으로, 에밀리아–로마냐 주의 피아첸차(Piacenza) 도시의 꼬리 모양을 한 라비올리다.

소 만들기

재료: 으깬 마늘 1개, 세이지 1줄기, 올리브유 20㎖, 소고기 안심(자투리) 100g, 소금, 후추 약간씩, 파마산 치즈가루 20g, 버터 5g, 소고기 육수 100㎖(p.179), 이태리 파슬리 찹 2g, 달걀 ½개

만드는 방법

1. 팬에 마늘과 올리브유를 넣어 볶다가 고기를 넣어 볶으면서 간을 한다.
2. 육수를 부어 익힌 후 수분이 없도록 졸인 후, 달걀을 넣고 핸드블렌더로 갈고 치즈로 맛을 조절한다.

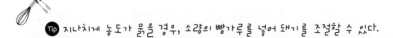

Tip 지나치게 농도가 묽을 경우, 소량의 빵가루를 넣어 돼기를 조절할 수 있다.

Tortelli alla Piacentina al Manzo di Carne con Burro
(토르텔리 알라 피아첸티나 알 만조 디 카르네 콘 부로: 버터소스로 맛을 낸 피아첸
자 스타일의 소고기 토르텔리)

피아첸자 스타일의 토르텔리 만들기

재료(8개 분량): 토르텔리 소 120g, 노른자 면 200g(p.96), 노른자 1개

만드는 방법

1. 노른자 반죽을 얇은 스폴리아(Sfoglia) 형태로 8㎝ x 8㎝ 정사각형 크기로 잘라
   소를 면 끝부분에 올리고 면 끝부분을 접고 지그재그로 봉합한다. (겹치는 부
   분이 많으므로 두꺼워져 면의 두께는 가급적 얇아야 한다.)

요리 완성하기

재료: 버터 40g, 그라노 파다노 40g, 야채 육수 50ml(p.183), 로즈마리 2줄기, 화이트 와인 20ml, 소금, 후추 약간, 올리브 유 20ml

장식: 처빌 1줄기, 선 드라이 토마토 1개

만드는 방법

1. 접시에 버터를 녹인 후 야채육수와 삶은 토르텔리를 넣고 볶는다. 마지막에 치즈를 넉넉히 뿌린 후 버터, 올리브 유를 넣어 에멀젼을 하고 접시에 담고, 선 드라이 토마토와 처빌을 올려서 장식한다.

Tortellini(토르텔리니)

연질밀을 사용해 만든 배꼽 모양의 소 채운 라비올리로, 에밀리아-로마냐 주에서 주로 먹는다. 여러 가지 유래가 전해 내려오는데, 그중 에밀리아 지역의 여관 주인이 투숙한 손님의 방을 열쇠 구멍으로 훔쳐보다가 여인의 배꼽을 보고 얼른 주방으로 들어가 아름다운 배꼽 모양으로 파스타를 만들었다는 재미있는 유래가 있다.

전통적으로 내려오는 토르텔리니의 소 재료는 모르타델라 햄과 돼지고기, 프로쉬토와 파마산치즈, 달걀과 넛맥이다. 토르텔리보다 작은 크기로 볼로냐와 모데나 지역의 대표적인 파스타다.

길이: 25㎜, 너비: 21㎜

Tortellini di Carne di Manzo
(토르텔리니 디 카르네 디 만조: 소고기 토르텔리니)

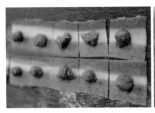  

소고기 토르텔리니 만들기

재료(2인분): 소고기 안심(자투리) 100g, 마늘 2쪽, 올리브유 20g, 로즈마리 2줄기, 양송이 2개, 양파 30g, 다진 이태리 파슬리 5g, 파마산 치즈 30g, 삼색 무늬면 100g(p.116), 달걀 ⅓개, 야채육수 약간, 소금, 후추 약간씩,

만드는 방법

1. 팬에 마늘, 올리브유를 넣고 향을 낸 후 다진 양파, 다진 파슬리, 소고기, 로즈마리를 넣어 볶다가 양송이 슬라이스를 넣어 더 볶아 준다. 약간의 야채 육수를 넣어 내용물을 완전히 익혀 준다.

2. 마지막에 소금과 후추로 간을 한 후, 로즈마리 줄기를 건져내고 파마산 치즈를 넣어 핸드블렌더로 갈아 준다.

3. 삼색 무늬면은 3x3㎝ 자르고 소를 달걀 물을 바른 면 위에 조금씩 떼어 삼각형으로 접는다. 양쪽 끝 부분을 봉합하여 배꼽모양으로 토르텔리니를 만들어 낸다.

Tortelloni(토르텔로니)

소를 채워 만든 라비올리로, 토르텔리보다 큰 형태의 파스타로 크기가 약간 큰 편을 제외하고는 다른 차이는 없지만, 이 토르텔로니는 고기 소를 사용하지 않기 때문에 리코타 치즈, 단호박 등과 같은 부드러운 재료 등을 주로 소로 채워서 만들어진다. 잘 어울리는 소스로는 세이지 버터, 포르치니 크림, 호두 페스토 등이 있다.

길이: 45㎜, 너비: 38㎜

Tortelloni di Pancetta con Burro
(토르텔로니 디 판체타 콘 부로: 버터 소스를 곁들인 삼겹살 토르텔로니)

토르텔로니 만들기

소 만들기(2인분): 삼겹살 70g, 모르타델라 30g, 으깬 마늘 2쪽, 양파 슬라이스

20g, 이태리 파슬리 2줄기, 올리브유 10g, 달걀 ⅓개, 파마산 치즈 가루 20g, 빵
가루 30g, 달걀 약간, 소금, 후추 약간씩, 전란 반죽 100g(p.94)
조리도구: 핸드블렌더, 파스타 기계, 탈리아 파스타, 붓

만드는 방법

1. 팬에 올리브유, 마늘을 넣어 향을 낸 후 삼겹살, 모르타델라를 볶으면서 이태
   리 파슬리를 넣고 완전히 익힌다.
2. 약간의 육수를 넣어 푹 익힌 후, 볼로 옮겨 소량의 달걀 물을 넣어 핸드블렌더
   로 갈아 준다.
3. 파마산 치즈로 간을 하고 농도는 빵가루로 조절한다.
4. 전란 반죽을 얇은 스폴리아 형태로 밀어 5x5㎝ 크기로 자른 후, 소를 중앙에
   놓고 물이나 달걀 물을 면에 바르고 대각선으로 접어 붙이고 양끝을 붙여 완성
   한다.

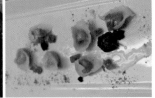

토르텔로니 요리 완성하기

재료: 토르텔로니 10개, 버터 40g, 파마산 치즈 40g, 야채 육수 50ml, 소금, 후
추 약간씩

만드는 방법

1. 팬에 버터가 녹으면 삶은 면 물을 자작하게 넣고 토르텔로니를 넣어 볶는다.
2. 마지막에 파마산 치즈와 소량의 버터를 넣어 에멀전을 하고 접시에 담아 완성한다. 소스는 파마산치즈와 버터 양을 늘려 끈적하게 에멀전을 잘 해야한다.

Tortiglioni(토르틸리오니)

세몰라로 만든 건면으로, 튜브 형태의 파스타로 몸통이 삐뚤어져 있으며 겉에는 홈이 있는 것이 특징이다. 이탈리아 전 지역에서 볼 수 있으며, 특히 남부 이탈리아 인 캄파냐 주에서 주로 만든다. 라틴어로 '돌리다'를 뜻하는 'Torquere'에서 유래되었으며, 생면으로 만들 때는 나무 판에 사각형 면을 올려 나무 스틱으로 감아 돌돌 말면 완성된다. 파스타를 만드는 선반 모양을 보고 만들어 냈으며, 특히 무거운 소스와 잘 어울린다. 생면으로는 비트 반죽과 달걀 흰자 반죽을 따로 준비하여 겹쳐서 반죽을 만들었다.

길이: 45㎜, 너비: 10.5㎜, 두께: 1.25㎜

토르틸리오니 만들기

재료(2인분): 달걀흰자 반죽 50g(p.95), 비트 반죽 50g(p.108), 세몰라 가루 약간

조리기구: 파스타 기계, 뇨케티 판, 나무 젓가락

만드는 방법

1. 비트 면과 흰자 반죽을 번갈아 가며 단면으로 잘라 붙이고, 1시간 후에 스폴리아(Sfoglia) 면으로 만들고 3x4㎝ 크기로 자른다.
2. 자른 면은 젓가락으로 말아서 뇨키 판에 올려 대각선으로 굴려 면과 면을 달라붙도록 하여 완성한다.
3. 세몰라 가루를 뿌려 건조시킨다.

Tovagliole(토발리올레)

이 파스타는 식탁에서 사용하는 냅킨 모양을 본떠서 만든 창작 파스타로, 소를 채워 만든 라비올리 형태의 파스타이다.

토발리올레 만들기

재료: 노른자 반죽 50g(p.113), 비트 반죽 30g(p.107), 시금치 반죽 50g(p.104)

소: 단호박 100g, 이태리 파슬리 찹 2g, 소금, 후추 약간씩, 파마산 치즈 20g

조리기구: 붓, 파스타 기계

만드는 방법

1. 반죽은 노른자 반죽, 비트 반죽, 시금치 반죽 순으로 붙인 후 파스타 기계를
   이용해서 얇은 스폴리아(Sfoglia) 형태로 얇게 밀어 준다. 반죽을 5x5㎝ 크기로
   자른다.

2. 소는 오븐에 구운 단호박은 껍질을 제거한 후 체에 내린다.

3. 2에 파마산 치즈, 이태리 파슬리, 소금, 후추로 간을 하여 준비한다.

4. 마름모꼴 면 위에 소량의 단호박 소를 올린 후, 밑 부분을 윗부분에 붙이는데
   1㎝ 정도 아랫부분에 봉합한다. 붙인 면의 양쪽을 접어 냅킨 모양으로 만들어
   낸다.

 파스타는 헤이즐넛 가루를 넣은 크림소스와 잘 어울린다.

Treccia(트레챠: 매듭 파스타)

트레챠는 '여러 가닥으로 꼰 끈', '매듭'이라는 의미를 가지고 있으며, 주로 디저
트나 빵의 모양을 낼 때 종종 사용되는 모양이다.

트레챠 만들기

재료: 세몰라 50g, 강력분 50g, 물 30g, 달걀 30g, 소금 4g, 올리브유 5g
조리 기구: 파스타 기계

만드는 방법

1. 세몰라, 강력분, 물, 소금과 올리브유를 넣어 반죽을 한다. 치댄 반죽을 1시간 정도 냉장고에 휴직한 후, 파스타 기계를 이용해 스폴리아(Sfoglia) 모양으로 만든다.

2. 반죽을 탈라아텔레 두께로 잘라 3가닥으로 성형한다. 처음에 3가닥 끝을 붙인 후 매듭을 만들듯이 서로 교차하면서 꼬아 만든다. 양쪽 끝은 떨어지지 않도록 한 번 더 눌러 준 후, 세몰라 가루를 뿌려 건조한다.

Treccia con Funghi misti e Gamberi
(트레챠 콘 풍기 미스티 에 감베리: 버섯과 새우를 넣은 매듭모양 트레챠)

재료(1인분): 트레챠 80g, 올리브유 20㎖, 양송이버섯 슬라이스 1개, 만가닥 버섯 20g, 표고버섯 슬라이스 20g, 으깬 마늘 1쪽, 베이컨 슬라이스 20g, 새

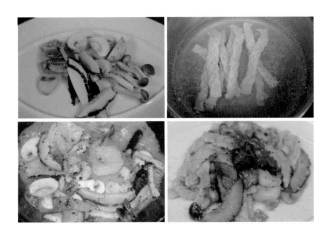

우 2마리(머리, 껍질 그리고 내장을 제거한 중하), 이태리 파슬리 찹 5g, 닭 육수 50g(p.177), 파마산 치즈 가루 20g, 버터 20g

장식: 선 드라이 토마토 1개, 처빌 1줄기

만드는 방법

1. 팬에 올리브유를 두르고 으깬 마늘을 넣어 향을 낸 후, 슬라이스한 버섯과 베이컨, 새우 순으로 넣어 볶아 준다.
2. 버섯에 소금과 후추로 간을 한 후, 면 물과 닭 육수를 넣어 버섯이 무르도록 볶는다.
3. 삶은 트레챠를 넣어 에멀전을 잘해 준 후, 다진 파슬리, 버터와 파마산 치즈로 간을 한다.
4. 선 드라이 토마토와 처빌을 올려 장식을 한다.

Trenette(트레네테)

리구리아 주 제노바의 전통 파스타로 링귀네(Linquine)와 유사하며, 세몰라와 물로 만든 건면 혹은 생면으로도 만들어진다. 전통적으로 페스토소스, 껍질 콩과 감자를 넣어 먹으며, 골수가 들어간 미트소스인 토코(Tocco)와도 잘 어울린다. 트레네테가 없으면 링귀네나 바베테로 대체해서 사용해도 무관하다. 라 스페지아(La Spezia) 지역에서는 빈스로 만든 라구(Ragú)에 곁들여 먹기도 한다.

Trenette alla Trasteverina
(트레네테 알라 트라스테베리나: 테베레스타일의 트레네테)

재료(1인분): 트레네테 90g, 으깬 마늘 2쪽, 올리브유 20㎖, 방울토마토 5개, 참치 살 다이스 50g, 양송이버섯 슬라이스 3개, 화이트 와인 20㎖, 다진 안초비 ½마리, 소금, 후추 약간, 이태리 파슬리 5줄기, 버터 10g

장식: 처빌 1줄기

만드는 방법

1. 팬에 올리브유와 마늘을 넣어 볶는다. 향이 난 마늘은 들어내고 4등분한 버섯을 넣어 앞뒤가 노릇할 때까지 볶다가 참치 살을 넣어 볶는다.

2. 화이트 와인을 넣고 와인 맛이 날라가면 면 물과 4등분한 방울토마토를 넣어

은근히 졸여 준 후 간을 하여 소스를 준비한다.

3. 삶은 트레네테 면을 넣어 볶은 후 버터를 넣어 에멀전을 해 준다. 기호에 따라 파마산 치즈로 맛을 낸다.

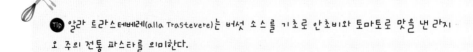

● Tip 알라 트라스테베레(alla Trastevere)는 버섯 소스를 기초로 안초비와 토마토로 맛을 낸 라지오 주의 전통 파스타를 의미한다.

Trilli(트릴리), Trilluzzi(트릴루치)

세몰라와 물로 만든 생파스타로, 스트라쉬나티(Strascinati) 형태의 파스타이다. 카바텔리와 모양이 유사하며, 캄파냐주의 아벨리노(Avellino) 도시에서는 '트릴리'로 불린다. 담배 모양으로 만든 세몰라 반죽을 두 손가락을 이용해서 면을 당겨 홈을 줘서 만들어 낸다. 두 손가락을 이용해서 만든 면을 '트릴리', 한 손가락으로 만든 면을 '트릴루치'라 부른다.

트릴리 만들기

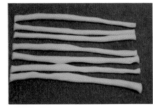  

재료: 세몰라 100g, 미지근한 물 50g, 소금 2g, 올리브유 5g

만드는 방법

1. 재료를 혼합해서 10여 분 동안 치댄 후, 최소 1시간 냉장고에 휴직을 준다.

2. 반죽은 담배 모양으로 잘라 준비하고, 다시 2㎝ 간격으로 잘라 두 손가락으로 누르고 당겨 홈을 만들어 낸다.

3. 세몰라 가루를 뿌려 건조하여 사용하거나 건조기에 넣어 수분을 제거하여 사용한다.

Trilli con Salsiccia e Broccoli
(트릴리 콘 살시챠 에 브로콜리: 프레시 소시지와 브로콜리로 맛을 낸 트릴리)

재료(1인분): 트릴리 80g, 으깬 마늘 2쪽, 데친 브로콜리 다이스 50g, 이태리 고추 2개, 이태리 파슬리 3줄기, 살시챠 70g(p.198), 파마산치즈 가루 10g, 닭 육수 50㎖, (p.177) 올리브유 10g, 소금, 후추 약간씩, 버터 20g

장식: 이태리 파슬리 1줄기

만드는 방법

1. 팬에 올리브유를 두르고 마늘을 넣어 향을 낸 후, 살시챠, 이태리 고추 순으로 볶고 화이트 와인을 넣는다.

2. 약간의 면 물과 닭 육수 그리고 브로콜리를 넣어 소스를 만든다.

3. 삶은 트릴리와 다진 파슬리를 넣어 에멀전을 하면서 볶는다.

4. 마지막에 파마산 치즈와 버터를 넣고 간을 조절한다.

Tripolline(트리폴리네)

트리폴리네는 리본 형태의 양쪽 가장자리가 꼬불꼬불하여 마팔디네와 유사한 건면이다. 폭이 넓어 무거운 소스나 입자가 있는 소스와 잘 어울린다.

Trofie(트로피에), Trofiette(트로피에테)

세몰라 혹은 연질밀인 강력분을 이용한 생면으로, 특히 리구리아주의 전통적인 파스타로 카몰리(Camogli: 제노바의 레코(Recco)와 인접한 해변가 마을) 지역에서 만들어졌으며, 리구리아와 접한 토스카나의 일부 지역에서도 종종 등장한다. 이 파스타는 단단하게 꼬인 어뢰 모양으로, 양손바닥으로 비벼서 만들거나 손바닥으로 세워 손바닥의 측면으로 반죽을 비벼 가며 만들어 마치 강원도의 올챙이 국수와 흡사해 보인다. 오늘날에는 세몰라 가루로 파스타를 만들지만, 옛날에는

건면 트로피에테

밤 가루로 만들기도 했다. 그러나 모양이 균일하지 않아 고루 익지 않고 부서지는 단점이 있기 때문에 세몰라 가루로 만든 건면을 사용하는 것보다는 강력분으로 만든 면을 사용하는 것을 권장한다.

잘 어울리는 소스로는 리구리아 지역에서 재배되는 바질로 만든 향초 소스인 페스토 알라 제노베제(Pesto alla Genovese)를 들 수 있다. 또한, 브로콜레티(Broccoletti)나 로마네스코 브로콜리(Broccoli Romanesco) 등으로 만든 소스 등이 잘 어울린다. 트로피에를 작게 만들면 트로피에테가 된다.

길이: 40㎜, 너비: 5.5㎜

트로피에 만들기

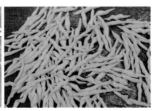

재료(1인분): 강력분 100g, 물 50g, 소금 2g, 올리브유 5g

만드는 방법

1. 반죽을 치댄 후, 1시간 정도 휴직을 준다.

2. 반죽은 1㎝ 간격으로 자르고 바닥으로 비벼 올챙이 모양으로 만든다.

3. 손바닥을 세워 반죽을 위아래로 굴려 가면서 모양을 가름하게 만들어 낸다.

Tip 특히 쫄깃함과 부드러운 식감이 일품인 파스타이다.

Trofie con Pesto alla Genovese
(트로피에 콘 페스토 알라 제노베제: 바질 페스토 소스를 곁들인 트로피에)

재료: 트로피에 60g, 바질 페스토 50g(p.172), 파마산치즈 가루 20g, 소금, 후추 약간

장식: 선 드라이 토마토 1개, 처빌 1줄기

만드는 방법

1. 트로피에는 삶아서 물기를 제거하고 믹싱 볼에 담는다.

2. 믹싱 볼에 트로피에, 파마산 치즈, 면 물, 바질 페스토를 넣어 중탕으로 소스와 면이 잘 섞이도록 저어 준다.

3. 파스타를 접시에 담고 처빌과 말린 방울 토마토를 올려 완성한다.

Tip 팬에서 페스토 소스와 면을 단시간 볶아서 조리하는 팬 조리법이 미숙하다면, 중탕에서 믹싱 볼에 파스타와 소스를 넣어 잠열에 의해 조리하는 것을 권장한다. 이것은 페스토의 초록빛을 유지할 수 있기 때문이다.

Troccoli(투로콜리)

세몰라와 물과 소금만으로 넣어 만든 반죽에 트로콜라투라(Troccolatura)라는 밀대를 이용해 반죽을 잘라 만든 면이다. '스파게티 알라 풀리네지(Spaghetti alla Puglinesi)'라고도 부른다. 또는 키타라(Chitarra)에 올려서 면을 잘라 만들기도 하는 전통 파스타이다.

Trottole(트로톨레)

세몰라와 물로 만들어지는 팽이 모양의 건파스타로, 무거운 소스나 건더기가 있는 소스와 잘 어울리는 파스타이다.

Tufoli(투폴리)

세몰라로 만든 건면으로, 약간 휘어진 파이프 모양을 하고 있다. 투폴리는 소를 채워 그라탕 형태의 파스타로 사용하는데, 투폴리 크기의 반절인 '메지 투폴리(Mezzi Tufoli)'도 있으며 작은 투폴리는 수프 등에 넣어 먹기도 한다. 나폴리에서는 '식도'라는 의미인 '칸넬로네(Cannerone)'라고 불린다.

Umbricelli(움브리첼리)

움부리아(Umbria) 주의 전통 파스타로, 공장에서 만든 건면과 연질밀에 달걀을 넣어 만든 두꺼운 스파게티 형태의 파스타로, 두 가지 종류가 존재한다. 다른 지방에서는 '피치(Pici)', '스트란고치(Strangozzi)' 등으로도 불린다. 움브리첼리는 수고 핀토(Sugo Finto)나 미트소스와 잘 어울린다. 수고 핀토는 고기를 넣지 않고 만들어진 소스로 양파, 당근, 샐러리 등을 이용해서 만든 야채 라구(Ragú)다. 특히 소프리토(Soffrito)와 같은 개념으로 볼 수 있다.

Vermicelli(베르미첼리), Vermicellini(베르미첼리니)

베르미첼리   베르미첼리니

세몰라로 만든 건면으로, 스파게티와 같은 모양이며 두께나 길이에 따라 차이가 있어 이름이 달라진다. 베르미첼리는 '작은 벌레'라는 의미를 가지고 있으며,

특히 남부 지방의 페쉐 푸기토(Pesce Fuggito) 소스와 잘 어울린다. 이 소스는 토마토 과육을 넣어 끓인 토마토 소스에 달걀을 넣어 만든 소스를 말한다. 베르미첼리니는 '길이를 짧게 자른 카펠리 단젤로(Capelli d'Angelo)'라고 보면 된다. 이탈리아에서는 주로 수프에 넣어 먹는데, 해외에서 많이 사용되는 면으로 스페인에서는 해산물 피데우아(fideua)에 사용한다.

Vesuvio(베수비오)

나폴리 그라냐노 도시에 위치한 아펠트라 (Afeltra) 파스타 공장에서 만들어 낸 건파스타로, 베수비오 산을 형상화한 것이다.

Vipere Cieche(비페레 치에케)

강력분, 물 그리고 소금 만을 넣어 만든 생면으로, 피치(Pici)와 같은 길쭉하고 불규칙한 모양이다. 라지오 주의 리에티(Rieti) 지방과 아부르초(Abruzzo)의 치코라노(Cicolano) 지역에서도 즐겨 먹는 생파스타로, 가벼운 토마토소스와도 잘 어울린다. '눈먼 독사'라는 의미를 가지고 있으며, 모양도 뱀 모양을 하고 있다.

비페레 치에케 만들기

재료: 강력분 100g, 물 50g, 소금 2g

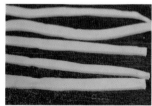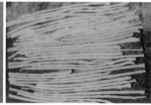

만드는 방법

1. 재료를 섞어 작업대에서 10여 분가량 치댄다. 부드럽게 반죽이 되면 랩에 싸서 냉장고에 1시간 정도 휴직시킨다.

2. 반죽은 막대 모양으로 잘라, 길이 약 15㎝ 정도의 담배 모양으로 만든다.

3. 달라붙지 않도록 세몰라를 뿌린다.

Vincisgrassi(빈치스글라시)

움부리아(Umbria)와 마르케(Marche) 주의 전통 파스타로, 연질밀에 마르살라(Marsala) 와인 혹은 빈코토(Vincotto : 포도주스를 농축시켜 만든 시럽)를 넣은 라쟈냐 면에 고기 라구(Ragú), 닭 내장으로 만든 소스와 베샤멜 소스를 곁들여 만든 오븐 라쟈냐 요리를 말한다. 마르케(Marche) 지역에서는 '프린치스글라스(Princisgrass)'라고도 부른다.

Volarelle(볼라렐레)

세몰라와 물로 만든 생파스타로, 크기 1.5㎝의 정사각형 혹은 마름모꼴로 잘라 만든 편편한 면을 말한다. 올리브 오일에 튀겨서 먹거나 수프에 넣는 쿠르통(Crouton) 대신 사용할 수 있는 파스타로, 콰드루치(Quadrucci)와 유사하다. 아브루초(Abruzzo), 몰리제(Molise) 그리고 풀리아(Puglia) 주 등지에서 주로 먹으며, 육수국물에 삶아서 먹거나 콩류와 같이 삶아서 먹기도 한다.

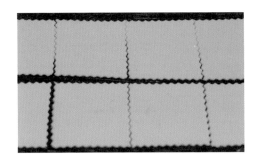

Zembi d'Arzillo(젬비 다르칠로)

제노바(Genova)의 파스타 일종으로, 생선 살, *유리지치, 리코타치즈와 향초 등으로 소로 채워 만든 곱사등 모양의 라비올리다. 해산물 소스로 맛을 내며, 가끔 버섯소스와 종종 곁들여 내기도 한다.

* 유리지치: '보라지네(Borragine)'라는 녹색 잎 채소로, 리구리아와 캄파냐 주에 주로 자라며, 라비올리 소나 수프로 또는 나폴리 등지에서는 잎을 데쳐 올리브유, 마늘과 절인 멸치를 넣어 볶아서 먹기도 한다.

Ziti(지티)

　지티는 '신랑'이라는 의미를 가진 말로, 결혼식 점심 식사에 단골로 먹는 파스타이다. 칸델레(Candele: 양초)'라고 부르기도 하며, 20㎝ 정도로 하는 튜브 모양의 지티를 요리하기 전에 4등분해서 사용한다. 캄파냐 주에서 주로 먹는다.

참고 문헌

KBS누들로드(이탈리아 파스타 편), 누들 시공사, 2004.

이영미, 파스타(잘 먹고 잘사는 집), 김영사 2004.

카즈 힐드브란드, 제이콥 케네디, 파스타의 기하학, 미메시스, 2011.

호텔 뉴오타니, 집에서 만드는 호텔 파스타, 도서출판 달리 2015.

안토니오 심, 셰프 안토니오의 파스타, 도서출판 대가, 2013

Paste fresche e gnocchi, giunti, 2015

Slow food, Natalia piciocchi, la tua pasta fresca fatta in casa, LSWR 2014.

Natalia Piciocchi, la tua pasta fresca fatta in cucina, 2014.

Thomas Mcnaughton with Paolo Lucchesi, Flour+Water, Ten Speed Press, 2014.

ALMA, Teniche di Cucina, Academia Universa Press, 2011.

Encyclopedia of pasta, The Regents of University of Califonia 2009.

Oretta Zanini de Vita, Encyclopedia of Pasta, University of California Press, 2009.

Roberta Schira, la Pasta Fresca e Ripiena Tecniche, Ricette e Storia di un'Arte Antica, 2009.

Silvano Serventi and Françoise Sabban, The Story of a Universal Food, Columbia university press, 2002.

Touring club italiano, ricettario della cucina regionale italiana, , 2001.

Barilla, pasta history, technologies and secrets of Italian tradition 2000.

I.C.I.F Textbook (pasta part), 2001.

Eva Agnesi, É Tempo di Pasta, Museo Nazionale delle Paste Alimentari Roma, 1998.

알폰소의 파스타 공작소

Roma non fu costruita in un giorno.

Inoltre, la pasta non è nato in un giorno.

로마는 하루 아침에 만들어 지지 않았고 파스타 또한 하루 아침에 탄생하지 않았다.